미르카, 수학에 빠지다

SUGAKU GIRL: GALOIS RIRON

미르카, 수학에 빠지다

사랑과 갈루아 이론

유키 히로시 지음 • 김소영 옮김

이지북
EZbook

차례

형태 탐구

두 세계를 잇는 다리

⑦ 라그랑주 분해식의 비밀

⑧ 탑 쌓기

⑨ 마음의 형태

⑩ 갈루아 이론

수학 공식처럼 풀기 어려운 청춘의 사랑

여름은 밤.
달이 뜨면 더할 나위 없이 좋고,
칠흑같이 어두운 밤에도
반짝반짝 반딧불이가 여기저기 날아다니는 광경은 보기 좋다.
_세이 쇼나곤, 『베갯머리 서책』

잊지 못할 밤이 있다.
하늘에 별이 가득한 밤. 폭풍이 몰아치는 밤.
여럿이 같이 보내는 밤. 둘이서 보내는 밤.
홀로 보내는 밤.
수많은 밤이 있다.

그녀의 이야기를 해 보자.
나는 수학을 만났고, 수학을 통해 그녀를 만났다.
그리고 그녀를 통해……
나 자신을 만났다.

나에게 둘도 없이 소중한 건 무엇일까?
나에게 둘도 없이 소중한 사람은 누구일까?

그 어떤 대가를 치르더라도 놓고 싶지 않은 것.
그 무엇과도 바꿀 수 없는 것.

그건 대체 무엇일까?
그녀의 말, 그녀의 모습, 그녀의 미소.
내 한평생을 버티게 해 줄 그 찰나.

그의 이야기를 해 보자.
그는 유급한 덕분에 수학을 만났다.
모든 것을 쏟아 부었던 입시에 두 번 실패했다.
수학을 만나 불과 몇 년 만에 최고 난이도의 문제를 풀고
새로운 수학을 만들어 냈다.

하지만……
재능은 타고났으나 운은 타고나지 못했다.
스승 복은 있어도 시대 복은 없었다.

지금 그는 세상에 없다.
젊은 나이에 세상을 등진 그.
활활 타오르는 일생을 살다 간 그.

결투 전날 밤, 그는 편지를 썼다.
남겨진 시간 동안 그가 전하고 싶었던 말은
새로운 시대의 수학이 되었다.

그에게 둘도 없이 소중한 것. 그것은……
수학에 둘도 없이 소중한 것이었다.

내 이야기를 해 보자.
나는 여기에 있다.
나는 지금 여기에 있다.

과거는 이제 없고 미래는 아직 오지 않았다.
그렇다면…… 나는 오늘을 살고자 한다.

그의 생은 그가 살았다.
나의 생은 내가 살고자 한다.

시대가 다르고 능력이 달라도.

나에게 둘도 없이 소중한 것을
목숨 걸고 전하기 위해.

새로운 것은 언제나 사소한 것에서 비롯된다.
이를테면, 도도한 사촌동생이 내 준 퀴즈에서…….

네가 사랑한 사다리 타기

물론 모르는 것에 이름을 붙이면
그것에 주의를 기울이는 데 도움이 될지도 모른다.
그러나 이름을 붙였다는 사실만으로 의미를 알았다는 생각이 든다면
이름을 붙이지 않는 게 낫다.
_마빈 민스키

1. 사다리 타기

양 끝 교차

"오빠, 이런 사다리 만들 수 있어?" 유리가 물었다.

"응? 그게 무슨 말이야?"

나는 유리가 내민 그린 그림을 들여다봤다.

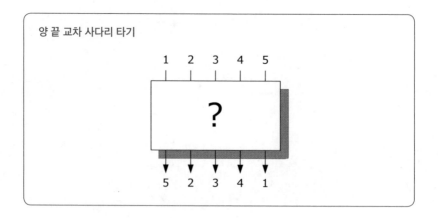

양 끝 교차 사다리 타기

"숨겨진 곳을 사다리로 채우는 거야." 유리가 말했다.

"음……." 나는 화살표 끝을 봤다. "오른쪽 끝에 있는 5가 왼쪽 끝으로 내려오네. 2, 3, 4는 일직선으로 내려오고. 왼쪽 끝에 있는 1은 오른쪽 끝으로 내려오는구나. 좋아, 양 끝은 교차하지만 나머지 3개는 바로 밑으로 떨어지도록 '사다리 타기'를 만들라는 거야?"

"맞아, 사다리 타기가 뭔지는 알지, 오빠?"

"뭐라고? 이래 봬도 고등학교 3학년이라고."

"헤헷!"

사촌동생 유리는 중학교 3학년이다. 우리 집 가까이 살고 있어서 주말이면 자주 놀러 온다. 내 방에서 같이 수다를 떨거나 퀴즈를 풀며 놀기도 하고, 책을 읽거나 수학 문제를 풀기도 한다. 어렸을 적부터 워낙 가깝게 지내서 유리는 날 친오빠처럼 잘 따른다.

이제 곧 여름방학. 기말시험을 코앞에 둔 토요일, 여기는 내 방.

유리는 티셔츠에 청바지를 입고 있다. 평소에는 머리를 묶고 다니는데 오늘은 웬일인지 양 갈래로 땋았다. 야무지게 땋은 머리를 보니 꽤 어려 보인다.

"유리, 오늘은 머리를 땋았네?"

내가 말하자 유리는 양쪽으로 머리끝을 잡고 휘휘 돌렸다.

"20세기 복고풍 패션, 트윈테일로 해 봤어."

"트윈테일?"

"그건 됐고. '양 끝 교차 사다리 타기'의 답은?"

"식은 죽 먹기지."

나는 노트에 거침없이 그림을 그렸다.

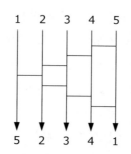

양 끝 교차 사다리 타기(나의 풀이)

"벌써 풀다니! 재미없다옹." 유리는 귀여운 고양이 말투로 답했다.

"설명해 줄게. 먼저 '왼쪽으로 내려가는 계단'을 그리듯이 4개의 가로줄을 그으면 상단 오른쪽 끝에 있는 5를 하단 왼쪽 끝으로 연결할 수 있다고 생각했어. 그다음에는 '오른쪽으로 내려가는 계단'을 그리듯이 3개의 줄을 더 그으면 상단 왼쪽 끝에 있는 1을 하단 오른쪽 끝으로 가져가는 거지. 이렇게 하니까 1과 5는 교차하고, 나머지는 이동하지 않고 곧장 내려올 수 있지."

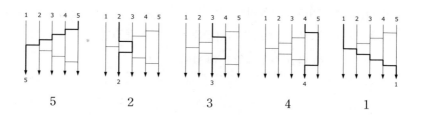

"그것도 맞네. 내가 준비한 답은 조금 다르지만."

유리는 그렇게 말하더니 자기가 그린 그림을 보여 주었다.

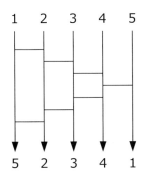

양 끝 교차 사다리 타기(유리의 풀이)

"네가 그린 것도 확실히 양 끝 교차가 되네." 내가 말했다.

"그렇지? 아, 이런 방법도 있어."

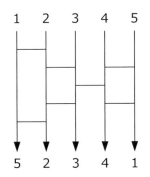

양 끝 교차 사다리 타기(유리의 다른 풀이)

2. 무궁무진한 사다리 타기

수 세어 보기

"이번에는 이 오빠가 퀴즈를 내 볼게." 내가 말했다.

"이게 무슨 말이야?"

"수학을 사랑하는 사람들에게 '수를 세는 것'은 기본이지. 사다리 타기 얘기가 나오니까 당연히 사다리를 모두 몇 가지나 만들 수 있을지 궁금해지더라고."

"사다리야 무수히 만들 수 있는 거 아니야? 가로줄을 아무리 그어도 사다리는 사다리잖아. 가로줄을 몇만 개 긋더라도……."

"그야 그렇지만, 가로줄을 긋는 방법이 다르다 해도 결과적으로 똑같은 사다리가 되는 것까지 따로 세면 재미없잖아. 조금 전에 우리가 했던 것처럼 말이야."

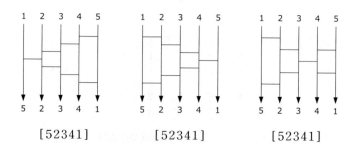

[52341]   [52341]   [52341]

"이 3개는 가로줄은 각각 다르게 그었지만 똑같은 사다리로 보는 거야. 1, 2, 3, 4, 5를 5, 2, 3, 4, 1로 바꿨다는 뜻으로 해석하면 3개가 똑같다는 거지. 그러니까 이 3개 사다리는 모두 '52341'이라는 이름을 붙일 수 있어."

"오호."

"결과적으로 **패턴**이 똑같은 모든 사다리는 한 종류로 세는 거야. 사다리 타기의 본질은 가로줄을 어떻게 긋느냐가 아니라 결과에 있는 것이니까."

"알았어. 역시 고3 수험생이라 다르긴 다르네."

"그게 뭔 소리야?"

나는 고등학교 3학년. 고등학교에서 맞이하는 마지막 여름방학은 대입 시험의 승부를 가르는 시기라고들 한다. 수학은 내가 좋아하는 과목이니까 별 문제 없지만, 이번 여름방학에는 다른 과목에 비중을 두어 공부해야 한다. 어쩔 수 없는 일이긴 하지만 입시를 위해 내가 좋아하는 공부를 자제해야 한다는 게 이해가 안 된다. 그렇게까지 해야 하는 것인지…….

기말시험이 끝나면 종업식에 이어 여름방학이다. 공부의 흐름을 유지하기 위해 입시학원에 다닐 계획이다. 매일 강의를 듣고 학교 도서실에 가서 문제집을 풀고, 학원 모의고사로 실력도 체크하고…… 고3 수험생의 여름 스케줄은 엄청 빡빡하다.

"사다리의 개수라…… 그냥 '경우의 수'를 구하면 되는 거 아냐?" 유리가 말했다.

"그렇다고 할 수 있지."

"그럼 간단하지. 120가지야."

"정답. 세로줄이 5개인 사다리는 모두 120가지가 맞아. 기특한데? 어떻게 풀었는지 설명할 수 있겠어?"

"얼마든지. 사다리 타기를 했을 때 수가 어떻게 나열되는지를 알아보는 거잖아? 왼쪽 끝에는 1, 2, 3, 4, 5 가운데 하나의 수가 내려와. 그리고 5가지에서…… 왼쪽에서 두 번째 자리에는 나머지 4개의 수 가운데 하나가 내려오고. 그런 식으로 하면 3가지, 다음엔 2가지 가운데 하나의 수가 내려오고, 마지막으로 오른쪽 끝에는 하나의 수가 내려오지. 이걸 전부 곱하면 돼. 5의 **계승**이니까 5!야."

$$5! = 5 \times 4 \times 3 \times 2 \times 1 = 120$$

"맞아. '각각 5가지 경우'를 떠올려서 잘 설명했어."

"헤헷, 언젠가 오빠가 가르쳐 준 거잖아. 경우의 수. 이건 순서를 의식하는 거니까 **순열**이야!"

"맞아. 잘했어."

유리의 궁금증

"앗, 오빠, 잠깐만!"

유리의 밤색 머리가 금빛으로 번쩍 빛났다.

"사다리 타기의 가짓수가 120개라는 거 확실한가?"

"맞아. 세로줄 5개짜리 사다리 타기, 모든 경우는 5의 계승으로 120가지."

"그런데……." 유리가 말했다. "사다리 타기는 정말 모든 순열을 만들 수 있어? 만들지 못하는 패턴은 없나?"

나는 살짝 놀랐다. 역시 유리는 조건의 미흡한 부분이나 논리적 차이를 기막히게 잘 찾아내는 능력이 있다.

"좋아, 네가 궁금해하는 게 뭔지 알겠어. 맞는 말이야. 순열의 모든 패턴을 만들 수 있는지는 잘 생각해 볼 필요가 있어. 사다리 타기에는 '옆에 있는 막대기에만 줄을 그을 수 있다'라는 제약이 있지. 그러니까 이런 제약이 있어도 120가지를 만들 수 있다고 말해야겠지."

"맞아, 모든 순열을 만들 수 있다 해도 조건을 꼼꼼히 확인해 봐야지. 그런데 나는 설명을 잘 못 하겠어."

"유리의 질문 '사다리 타기를 해서 모든 패턴을 만들 수 있는가?'에 대한 답은 별로 어렵지 않을 것 같은데?"

"그런가? 하지만 나는 모르겠다고."

"알았어. 그럼 같이 생각해 보자."

"웅!" 유리는 씩씩하게 대답하고는 뿔테 안경을 썼다.

"얘들아! 시원한 거 마실래?" 부엌에서 엄마의 목소리가 들렸다.

"마실래요! 오빠, 주스 마시면서 하자!"

유리가 벌떡 일어나 내 손을 잡아끌었다.

3. 순리대로 사다리 타기

스무디

거실로 나갔더니 탁자 위에 커다란 유리잔에 굵직한 빨대가 꽂힌 화려한 색깔의 음료가 놓여 있다.

"이게 뭐예요?" 내가 물었다.

"스무디야. 얼려 두었던 바나나, 블루베리, 라즈베리, 딸기를 믹서에 넣은 다음 요거트 넣고 얼음 조금 넣어서 간 거야. 마셔 보면 놀랄걸?"

"시원하고 맛있어요." 유리가 한 모금 마셔 보더니 웃으며 말했다.

"오, 맛있네." 나도 달콤 시원한 맛에 감탄했다.

"가고 싶은 학교는 정했니?" 엄마가 유리에게 물으셨다.

"네, 오빠가 다니는 학교로 가려고요."

"오, 그래? 유리는 똑똑하니까 걱정 없을 거야."

"헷, 그렇게 똑똑한 건 아니에요."

"너 유리 공부 제대로 봐 주고 있는 거야?" 엄마가 나를 향해 물었다.

"잘하고 있으니까 걱정 마세요."

"그렇다면 다행이고."

엄마는 이렇게 말하시고는 부엌으로 향했다.

둘도 없는 것

"참, 네 남친은 어느 학교로 간대?" 다른 지역으로 이사 간 유리의 남자 친구에 대해 물었다.

"아, 걔? 음……."

유리는 어느 인문계 고등학교라고 알려 주었다.

"아, 우리 학교에 안 오는구나."

"오빠, 걔는 남자 친구 아니라고!"

"여전히 '교환 수학'은 하고 있어?"

교환 수학이란 수학 문제를 서로 교환해서 푸는 걸 말한다. 유리가 전에 알려 준 적이 있다. 어떤 식으로 하는지 자세히는 모르지만, 서로 문제를 내고 각자 노트에 문제를 푼 다음 주고받는 모양이다. 서로의 풀이와 답을 확인하고 느낀 점이나 지적할 내용도 적어 주는 식이다.

"뭐, 그렇지." 유리는 빨대로 스무디의 살얼음을 쑤시면서 말했다.

"오빠, '둘도 없다'라는 말이 있잖아."

"음…… '다른 것으로 대신할 수 없을 만큼 소중하다'라는 뜻이잖아."

"오빠한테 '둘도 없는 것'은 뭐야?"

"시간일까? 나한테 시간은 귀중하니까."

사실이다. 시험 공부를 하고 있으면 시간이 후딱 지나는 게 더없이 아쉽고 무섭다. 지나간 시간은 돌아오지 않는다. 지나간 시간을 되돌릴 그 어떤 방법도 없다. 그리고 시간은 그 무엇과도 바꿀 수 없다. 교환 불가능. 그게 바로 시간의 가치다.

"다른 것으로 대신할 수 없을 만큼 소중한……."

유리는 진지한 얼굴로 뭔가를 생각하고 있다.

모든 패턴을 만들 수 있는가?

"참! 오빠, 아까 그 문제 풀어 보자."

"그럴까? 우선 우리가 생각할 문제를 명확히 이해하자."

사다리 타기로 만들 수 있는 패턴

세로줄이 5개인 사다리로 120가지 패턴을 모두 만들 수 있는가?

"문제를 명확히 이해한다고 해서 답을 알아낼 수 있을까?"

"어쨌든 사다리 패턴을 제대로 만들어 보면 돼."

"음…… 어떤 패턴이든 만들 수는 있을 거야. 예를 들어 1, 2, 3, 4, 5를 3, 5, 1, 4, 2로 변환하는 패턴이라든지. 그런데 120가지나 되는 걸 어떻게 일일이 확인해?"

"다 확인하기는 힘들겠지. 테트라라면 할 수 있을 테지만."

"테트라 언니랑 비교하지 말아 주었으면 해."

"실제로 다 확인해 보지 않고도 증명할 수 있어야 해. 나는 '만드는 방법'에 대해 알려 주고 싶은 거야. 어떻게 할래?"

"그 말은, 오빠는 벌써 알아냈다는 거야?"

"응, 거의 알았어. 아까 유리가 설명한 말 속에서 힌트를 얻었지."

'왼쪽 끝에는 1, 2, 3, 4, 5 가운데 하나의 수가 내려와.'

"그게 힌트라고?"

"일단 '왼쪽 끝에는 5개 가운데 하나의 수가 내려온다', 이걸 실제로 해 보면 되지. 왼쪽 끝에 임의의 수를 넣어서 사다리 타기를 해 볼까?"

"1부터 5 중에서 아무거나 하나 골라서 하라는 말이지? 할 수 있지!"

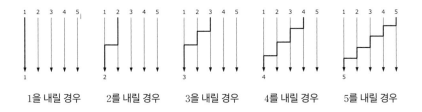

| 1을 내릴 경우 | 2를 내릴 경우 | 3을 내릴 경우 | 4를 내릴 경우 | 5를 내릴 경우 |

임의의 수가 왼쪽 끝으로 내려오게 한다

"맞아. 그렇게 '왼쪽으로 내려가는 계단'을 만들면 돼."

"흠, 그리고?"

"그리고…… 이제 똑같은 걸 반복하기만 하면 돼. 다음은 왼쪽 끝에 있는 수를 염두에 두고 왼쪽에서 두 번째 자리도 임의의 수를 내리는 거야. 할 수 있지?"

"아, 그런 거야? '왼쪽으로 내려가는 계단'을 만들면 할 수 있지, 할 수 있어!"

"그래. 그럼 [35142]를 만들어 볼까?"

나는 줄을 긋고 순서에 따라 그림을 그렸다.

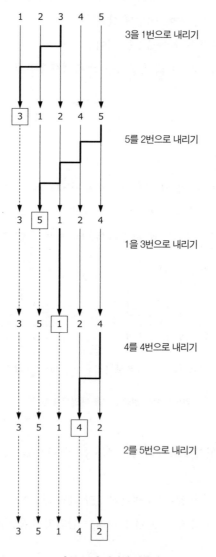

[35142] 사다리 만들기

"오, [35142] 사다리가 만들어졌네!"

"이 방식을 자세히 살펴보면, 3개 사다리가 합쳐진 걸 알 수 있어. 말하자면 [31245]와 [15234]와 [12354]가 합쳐져서 [35142]가 만들어진 거야."

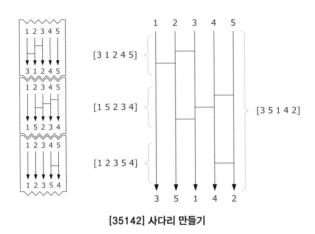

[35142] 사다리 만들기

"음…… '왼쪽으로 내려가는 계단'으로 만든 사다리를 3개 이어서 [35142]를 만들었다는 거야?"

"그렇지." 내가 고개를 끄덕였다.

"아니, 3개가 아니야." 유리가 히죽 웃었다.

"왜?"

"아까 오빠가 설명한 대로 말하자면 5개야!"

[31245], [15234], [12345], [12354], [12345]

"아, 그러네. 아무것도 추가하지 않은 사다리 '12345'가 들어간다는 거지."

"맞아! 수학은 엄밀해야 하잖소, 왓슨 씨." 유리는 명탐정 홈즈인 양 말했다.

"자네 말이 맞네, 홈즈." 나도 유리의 말장단에 맞춰 주었다. "하지만 [12345]는 **몇** 개가 있어도 결국은 똑같아."

"응, [12345]는 '내리기'니까." 유리가 말했다.

"내리기?"

"이제 [12345]를 내리기라고 부르자!"

"그러든가. 어쨌든 이런 식으로 옆에 있는 수를 바꾸면 어떤 패턴도 만들 수 있다는 사실을 알 수 있어."

앗! 그 순간 갑자기 머릿속에 무언가가 스치고 지나갔다.

"왜 그래, 오빠?"

"유리야! 이건 거품 정렬의 역이야!"

"거품 정렬?"

"응. 테트라가 가르쳐 준 정렬 알고리즘이야. 거품 정렬은 옆에 있는 수와 비교해 가면서 순서를 바꿔 나가는 알고리즘이야. 다시 말해서 '임의의 패턴으로 나열된 수를 작은 수부터 재정렬하는' 알고리즘인데, 지금 우리가 한 사다리 만들기 방식은 거품 정렬과 정반대지. 인접한 수를 교환해서 '작은 수부터 정렬한 다음에 임의의 패턴으로 다시 나열'하니까!"

거품 정렬   임의의 패턴으로 나열된 수를 작은 수부터 순서대로 정렬하기

사다리 타기   작은 수부터 순서대로 나열된 수를 임의의 패턴으로 정렬하기

"흠…… 테트라 언니가 가르쳐 주었구나." 흥분한 나와는 달리 유리의 말투가 시큰둥하다.

"그건 그렇다 치고…… 사다리 타기 문제는 내가 생각한 것보다 훨씬 방대한 것 같네. 세로줄 5개로 120가지나 만들 수 있다니까 여러 가지 더 시험해 보고 싶은데?"

"세로줄의 수를 줄이면 시험해 보기 편하겠지."

"아, 그렇겠네. 세로줄 3개로 해 볼래."

4. 우리가 사랑하는 사다리 타기

3줄 사다리

"세 줄짜리 사다리 만들었어?" 내가 물었다.

"응. 그런데 합쳐서 6가지밖에 안 되네."

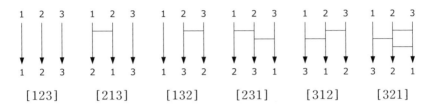

세로줄 3개짜리 사다리

"3!＝3×2×1＝6이니까." 내가 말했다.

"정렬해 보니까 재미있다. 가로줄 개수에 따라 그룹을 지어 볼 수도 있을 것 같아." 유리가 말했다.

"그룹이라니?"

"아까 오빠가 수학을 사랑하는 사람에게 수를 세는 건 기본이라고 했지? 가로줄의 개수를 세어 보면······."

- 가로줄이 0개인 그룹 [123]
- 가로줄이 1개인 그룹 [213]과 [132]
- 가로줄이 2개인 그룹 [231]과 [312]
- 가로줄이 3개인 그룹 [321]

"여기에 어떤 비밀이 있을 것 같아! 왓슨 씨, 당신이라면 이걸 어떻게 분석하겠소?"

"홈즈 놀이는 이제 그만. 유리야, [321]은 가로줄이 3개라고 생각하기보다는 [213]과 [132] 그룹에 넣는 게 맞을 것 같아."

"가로줄 3개짜리를 가로줄 1개짜리랑 같은 그룹에 넣는다고?"

"너는 가로줄의 개수에서 뭔가를 찾으려고 하는데, 구조는 마음의 눈으로 찾아야 해."

- [213]은 1과 2의 교환
- [132]는 2와 3의 교환
- [321]은 3과 1의 교환

"그리고 모두 2개의 수가 자리를 바꾼 것이니까 [213], [132], [321]을 한 그룹으로 묶는 게 맞지 않을까?"

"오, 그렇네! **뒤집기** 그룹이네!" 유리가 고개를 끄덕였다.

"뒤집기라니?"

"닌자 박물관에 가면 비밀 회전문이 있잖아. 문이 빙그르 뒤집히면서 다른 방으로 바뀌는 거."

"아하! 그래서 2개를 맞바꾸는 게 '뒤집기'라는 거야? 그럼 나머지 [231]과 [312]는?" 나는 웃으며 물었다.

"음…… **돌리기**라 할까? 3개의 수가 순서대로 돌았잖아?"

"돌리기라니……." 나는 헛웃음을 지었다.

"자, 그러니까 세로줄이 3개인 사다리는 이렇게 돼."

- [123]은 '내리기' 사다리
- [213], [132], [321]은 '뒤집기' 사다리
- [231], [312]는 '돌리기' 사다리

"그러니까 내리기, 뒤집기, 돌리기란 말이지……. 유리야, 사다리의 가로줄 대신 곡선을 교차해서 그리면 줄의 개수가 헷갈리지 않겠네."

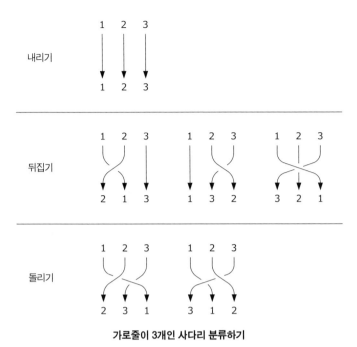

내리기

뒤집기

돌리기

가로줄이 3개인 사다리 분류하기

사다리 타기의 2제곱

유리가 재미난 이름을 붙여서 그런지 나도 아이디어가 떠올랐다.

"유리야, 2개의 수를 맞바꾸는 사다리를……."

"뒤집기."

"그래, 그 뒤집기 사다리를 2개 연결해 보자. 그리고 이걸 '2제곱'이라고 부르는 거야. 그러면 뒤집기 사다리의 2제곱은 내리기가 돼!"

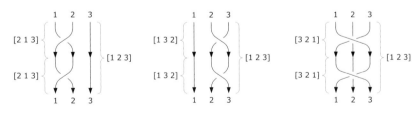

'뒤집기'를 2제곱하면 '내리기'가 된다

- [213]에 [213]을 연결하면 [123]이 된다.
- [132]에 [132]를 연결하면 [123]이 된다.
- [321]에 [321]을 연결하면 [123]이 된다.

"우와, 이게 뭐야, 대단하다! 아…… 근데 당연한 거잖아! 맞바꾼 걸 다시 바꾸면 원래대로 돌아가지!"

"당연하긴 하지만, 수식으로 나타낼 수 있을 것 같아서. 같은 사다리를 2개 연결하는 형식을 **사다리**^{2}이라 표현하기로 하자. 사다리의 2제곱이지."

$$[213]^2 = [123]$$
$$[132]^2 = [123]$$
$$[321]^2 = [123]$$

"오호."

"사다리 패턴이 같아지니까 '='를 쓸 수 있어. 이렇게 식으로 표현하면 기분이 좋지 않아?" 내가 말했다.

"드디어 나왔다, 수식 마니아."

"뒤집기 사다리 말고 다른 사다리의 제곱은 어떻게 될까?"

"오, 그거 재미있겠다."

유리는 노트에 사다리의 2제곱 형태를 그리기 시작했다.

"아, 재미있네! 돌리기를 2제곱하면 다른 돌리기가 돼!"

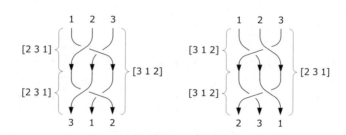

'돌리기'를 2제곱하면 다른 '돌리기'가 된다

"확실히 돌리기 그룹인 [231]을 2제곱하니까 또 다른 돌리기인 [312]가 됐어." 내가 말했다.

"웅! 반대로 [312]를 2제곱하면 [231]이 되네."

$$[231]^2 = [312]$$
$$[312]^2 = [231]$$

"뒤집기의 2제곱은 내리기가 돼. 돌리기의 2제곱은 또 다른 돌리기가 되고. 흠……." 유리는 머리를 만지작거리며 생각했다. "아…… 이거 대단한데!"

"뭐가?"

"돌리기를 2제곱이 아니라 3제곱을 하면……."

사다리 타기의 3제곱

"돌리기를 3제곱하면…… 내리기가 된다!" 유리가 외쳤다.

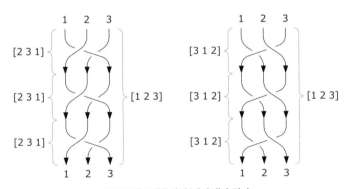

'돌리기'를 3제곱하면 '내리기'가 된다

$$[231]^3 = [123]$$
$$[312]^3 = [123]$$

"그러네. 2제곱해서 내리기가 되는 게 있고, 3제곱해서 내리기가 되는 것이 있구나." 내가 말했다.

"그러고 보니 내리기 그룹에 있는 [123]은 1제곱하면 당연히 내리기 그 대로잖아."

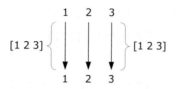

'내리기'를 1제곱하면 '내리기'가 된다

$$[123]^1 = [123]$$

"아 오빠, 내가 해 보고 싶은 게 있어."

유리는 노트를 가져가더니 선을 크게 그으며 그림을 그리기 시작했다. 내가 들여다보려 하자 다 되면 보라면서 손으로 가렸다. 한참을 기다렸지만 유리는 좀처럼 '이쪽 세계'로 돌아오지 않는다.

생각에 깊이 잠겨 있을 때는 괜히 말을 걸지 않는 게 낫다. 제대로 생각하려면 '침묵의 존중'이 필요하니까. 나는 가만히 식탁에서 스무디 잔을 치우고 세계사 공부를 하기로 했다.

그림으로 나타내기

"됐다!"

유리는 한 시간이 지나서야 나타났다.

"어서 와." 나는 참고서를 덮고 말했다.

"이거 봐! '내리기'랑 '뒤집기'랑 '돌리기'를 그림 한 장에 그려 봤어! 좋아, 만족이야!"

유리는 이상한 그림이 그려진 노트를 보여 주었다.

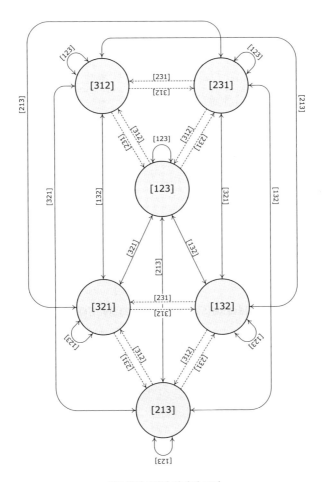

세로줄이 3개인 사다리 그림

"유리야, 이건……?"

"봐, 이게 '뒤집기'잖아. 그리고 이거랑 이게 '돌리기'야! 완전 흥분된다! 아, 이거 여름방학 자유 연구 주제로 하면 어떨까?"

"이게 무슨 그림이야?"

"응? 모르겠어?"

◆ ◆ ◆

이 동그라미 하나하나는 사다리를 말해. 그런데 사다리에 사다리를 연결하면 다른 사다리가 생기잖아, 그걸 선으로 연결한 거야.

만약 [312]에 [321]을 연결하면 [213]이 되고, 반대로 [213]에 [321] 을 연결하면 [312]가 돼. 그러니까 [321]에서 왔다 갔다 할 수 있지. 선이 너무 많으면 복잡해지니까 하나만 그렸어.

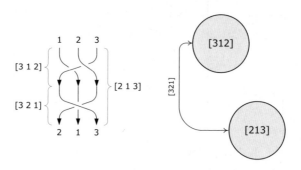

[312]에 [321]을 연결하면 [213]이 된다

그리고 만약 [321]에 [231], 그러니까 '돌리기'를 연결하면 [213]이 되 잖아. 그걸 이렇게 점선으로 그리는 거야. '뒤집기'를 연결할 때는 실선으로 그리고, '돌리기'를 연결할 때는 점선으로 그려서 구별하는 거지.

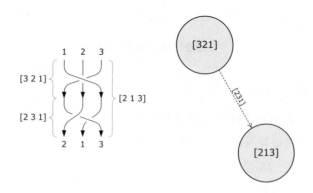

[321]에 [231]을 연결하면 [213]이 된다

그리고 '돌리기'는 같은 사다리를 3개 연결하면 처음으로 돌아와. 그래서 삼각형이 생기는 거야! 봐, 이게 [231]의 '돌리기'가 만들어 낸 삼각형!

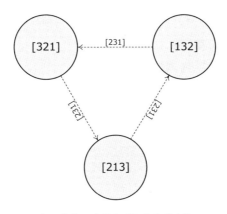

[231]의 '돌리기'가 만들어 낸 삼각형

또 다른 수수께끼를 찾아서

"어때? 이 그림 재미있지 않아?"

나는 솔직히 유리가 그린 그림에 감탄했다.

"유리야, 이 그림…… 정말 재미있다."

"그림 그리기도 수학을 사랑하는 사람들에게는 기본이지, 헤헷."

"테트라라면 '알 것 같아'라고 말했을 것 같군."

"테트라 언니 얘기는 그만해."

"이 그림은 꽤 심오한 것 같은데. 예를 들면……."

"아!" 갑자기 유리가 내 말을 끊고 말했다. "있잖아, 오빠! 세로줄 3개짜리 사다리는 1제곱, 2제곱, 3제곱 중 하나를 하면 '내리기'가 돼. 만약 세로줄이 5개인 사다리는 1제곱, 2제곱, 3제곱, 4제곱, 5제곱 중 하나를 하면 '내리기'가 될까?"

"직접 해 보면 알 수 있지 않을까?"

"엉? 120가지나 되는데?"

"세로줄 4개까지는 할 수 있지 않을까? 4!＝24니까 24가지가 끝이야."

"24가지나 있잖아. 귀찮아."

"테트라라면 그 정도는 끈기 있게 도전할 것 같은데."

"오빠! 왜 아까부터 테트라, 테트라 하는 거야? '테트라 타령'이나 해."

유리는 입을 삐죽거렸다.

"테트라 타령이라는 게 뭐지?"

따라서 모든 원소가 순서대로 나열된 상태에서 시작하여
인접한 원소끼리 적절하게 짝을 지어 교환하면
이를테면 거품 정렬과 역방향으로 나아가면
원하는 순열을 얻을 수 있다.
_커누스, 『컴퓨터 프로그래밍의 기술』

잠자는 숲속의 이차방정식

그로부터 백 년 동안 공주는 깊은 잠에 빠졌습니다.
백 년째 되는 해에 나타날 왕자가 공주의 잠을 깨울 때까지.
_『잠자는 숲속의 공주』

1. 제곱근

유리

"오빠, 어서 와!"

"유리, 웬일이야?"

오늘은 목요일. 기말고사를 마치고 집으로 돌아오자 유리가 현관에 서서 인사를 했다.

왜 유리가 우리 집에 와 있을까? 앞치마까지 두른 채.

"헤헷."

유리는 싱긋 웃으며 말했다.

"부모님이 제사를 지내시느라 귀여운 유리는 하룻밤 여기서 묵겠사옵니다. 지금은 이모님의 요리를 돕고 계시옵니다."

"왜 그렇게 이상한 존댓말을 하는 거야?"

"뜻만 통하면 되지!"

"유리야, 도와줘서 고마워. 이제 이모부 오시면 저녁 먹자. 그때까지 쉬고 있으렴."

부엌에서 엄마의 목소리가 들렸다.

"네! 알겠습니다. 아 참! 오빠, 질문이야, 질문!"

음수×음수

유리는 앞치마를 두른 채 내 방까지 뒤따라왔다.

"오빠, i는 제곱하면 1이 되잖아."

"응. 허수 단위인 i는 $i^2 = -1$이 되지."

"그럼 -3을 제곱하면 9가 돼?"

"맞아. $(-3)^2 = (-3) \times (-3) = 9$."

"전부터 물어보고 싶었던 건데, (음수)×(음수)는 양수이고, (양수)×(양수)도 양수잖아. 그러면 어떻게 해도 제곱해서 음수가 될 일은 없는 거잖아. 그런데 어째서 i는 제곱하면 -1이 되는 거야?"

나는 고개를 끄덕이며 대답했다.

"유리가 말한 대로 (양수)×(양수)도 (음수)×(음수)도 결과는 양수야. 그러니까 제곱을 하면 반드시 양수가 된다는 말이지. 그런데 제곱했을 때 반드시 양수가 되는 건 **실수**일 때뿐이야."

"실수?"

"응. 그러니까 '제곱해서 음수가 되는 수는 없다'라고 표현하기보다는, '제곱해서 음수가 되는 실수는 없다'라고 하는 게 맞겠지."

"음…… 그 말은 허수 단위인 i는 실수가 아니라는 뜻이네!"

"바로 그거야. 실수 중에 제곱해서 음수가 되는 수는 존재하지 않아. 그래서 실수가 아니면서 '제곱하면 -1과 같아진다'는 성질을 가진 수를 새롭게 정의했어. 그게 바로 허수 단위 i야."

"제곱하면 -1이 되는 수가 존재한다고 치자, 뭐 그런 건가?"

"맞아. 존재한다 해도 모순은 일어나지 않아. 실수에 허수 단위 i를 넣어 만든 수를 **복소수**라고 하지."

"아, 복소수라는 이름은 들어 봤어."

"실수에 i를 추가해서 새롭게 만든 수가 복소수야. 복소수는 실수와 마찬가지로 덧셈·뺄셈·곱셈·나눗셈, 그러니까 사칙연산을 할 수 있어. i라는 새로운 수를 하나 추가했을 뿐이지만 수의 세계는 훨씬 넓어지지."

"넓어진다고?"

"예를 들어 $i+i$는 $2i$가 되잖아. 실수와 덧셈을 해서 $3+2i$도 만들 수 있어. 곱셈도 하고 나눗셈도 하고……. 그런 식으로 생각하면 다양한 수를 만들어 낼 수 있다는 걸 깨닫게 되지."

"흠."

"실수 전체의 집합을 $\mathbb{R}$이라고 쓰고 복소수 전체의 집합을 $\mathbb{C}$라고 쓰는데, $\mathbb{R}$ 안에 i라는 새로운 수를 한 방울 똑 떨어뜨리면 $\mathbb{C}$가 생기는 거야. 사칙연산에 i 하나만 섞어도 수가 어마어마하게 늘어난다는 이야기지."

"새로운 수를 한 방울……." 유리가 중얼거렸다. 앞치마를 두른 채 심각한 생각에 빠진 유리. 웃거나 토라진 유리도 귀엽지만, 이렇게 진지한 표정으로 골똘히 생각하는 유리도 예쁘다.

"유리야, 복소수에 대해 이해하려면 복소평면을 알아야 해."

"복소평면?"

복소평면

"복소수를 이해하기 위해 복소평면에 대해 이야기해 보자. 모든 실수는 수직선 위의 한 점으로 나타낼 수 있어. 직선 위의 한 점을 0으로 했을 때, 그보다 왼쪽은 음의 실수, 오른쪽은 양의 실수인 거야. 이 수직선을 **실수축**이라고 해."

"그리고 세로로 허수의 축을 세워. 이걸 **허수축**이라고 해."

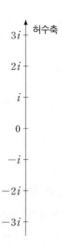

"실수축과 허수축을 교차해서 생기는 평면을 **복소평면**이라고 해."

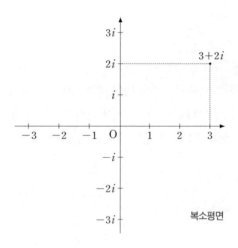

복소평면

"좀 전에 모든 실수는 수직선 위의 한 점으로 나타낼 수 있다고 했지? 그와 마찬가지로 모든 복소수도 복소평면 위의 한 점으로 나타낼 수 있지."

"실수는 수직선 위의 한 점이고, 복소수는 복소평면 위의 한 점……."

"복소수 전체 집합 ℂ는 아주 훌륭한 집합이야. 유리는 이차방정식이 뭔지 알지? 이차방정식을 풀 때, 실수만 가지고 생각하면 '해가 없다'는 결과가 나오기도 해."

"'해가 없다'는 건 해답이 없다는 뜻이야?"

"응. 다시 말해 이차방정식에서 '해가 없다'는 건 '실수 중에는 해가 존재하지 않는다'는 뜻이야. 그런데 복소수까지 범위를 넓히면 얘기가 달라지지. 아무리 복잡한 이차방정식이라도 반드시 해가 존재하거든! 이건 정말 통쾌한 거야! 그래서 수학을 할 때는 실수인지 복소수인지, 그러니까 어떤 수의 범위를 다루는지 확인하는 게 중요해."

"수의 범위라……."

"얘들아, 아빠 오셨다! 저녁 먹자!"

2. 근의 공식

이차방정식

식사를 마치고 아빠는 서재로 들어가셨다. 나는 목욕을 하고 나와 거실 소파에 앉았다. 기말고사가 끝나고 나니까 긴장이 좀 풀린 것 같다. 하지만 나는 수험생이다. 식탁으로 자리를 옮겨 영단어 카드를 들여다보기 시작했다.

그때 유리가 샤워를 끝내고 밖으로 나왔다.

"개운하다!"

"유리야, 보리차 마실래?" 엄마가 물었다.

"네." 유리는 수건으로 머리의 물기를 닦으면서 말했다. "오빠. 아까 하던 거 마저 하자! 이차방정식 얘기해 줘."

내가 식탁에 노트를 펼치자 유리가 옆자리에 앉았다. 방금 샤워하고 나온 유리에게서 산뜻한 향이 났다. 나는 설명을 시작했다.

"이차방정식은 이런 형식이지."

$$ax^2 + bx + c = 0 \quad (a \neq 0)$$

"오빠, $a \neq 0$이라는 조건은 왜 필요해?"

"$a = 0$이면 x^2의 항이 사라져서 이차방정식이 성립하지 않으니까."

"그게 다야?"

"그게 다야. 이 a, b, c를 **계수**라고 하는 건 알고 있겠지?"

"응. 계수 알아."

"$ax^2 + bx + c = 0$을 'x에 관한 이차방정식'이라고 해. 이 x는 **미지수**야. 지금은 알 수 없지만 방정식을 풀어서 구하는 수라는 뜻이지. 함수일 때는 **변수**라고도 하고, 다항식일 때는 그냥 **문자**야."

"좋아."

유리는 머리의 물기를 다 닦았는지 식탁에 팔꿈치를 괴고 신경을 집중하고 있다.

"'이차방정식을 푼다'는 것은 '$ax^2 + bx + c = 0$'과 같은 식을 만족하는 x의 값을 구한다는 거야. 만약 알파(α)라는 수가 이 이차방정식을 만족한다고 해 보자. 그럼 α는 이차방정식의 **해(근)**라고 할 수 있는 거지."

"그걸 '해'라고 하는구나. 알았어. 그 α는 수야?"

"맞아. 구체적인 이차방정식이 주어지면 해도 구체적인 수가 되는 거야. 3이나 7.5처럼 말이야. 하지만 지금은 일반적인 이야기를 하고 있으니까 구체적인 해가 뭔지는 알 수 없어. 그래서 α처럼 문자로 설명하는 거지."

"오케이, 오케이."

"그럼 '방정식을 만족한다'는 뜻도 이해하겠지? α가 방정식 $ax^2 + bx + c = 0$을 만족한다는 건, x에 α를 대입했을 때 이런 식이 성립한다는 뜻이야."

$$a\alpha^2 + b\alpha + c = 0$$

"이건 알지용."

"그런데 이차방정식에는 해가 2개 있으니까 α와 β라는 문자를 쓸 때가 많

아. '중근'이라고 해서 $\alpha = \beta$일 때도 있지만."

"그럼 β도 수인 거야?"

"맞아. 계수 a, b, c도, 해 α, β도 수야. 해 β도 방정식 $ax^2 + bx + c = 0$을 만족하니까 다음 방정식이 성립돼."

$$a\beta^2 + b\beta + c = 0$$

"β도 해니까 그야 당연하지."

방정식과 다항식

"그럼 **퀴즈**를 내 볼게. $x^2 - 3x + 2$는……."

"알았다! 이 이차방정식은 바로 풀 수 있어!"

"땡." 나는 퀴즈 프로그램 흉내를 냈다.

"왜?"

"문제를 다 듣기도 전에 답하면 안 돼. 내가 낼 문제는 이런 거야."

$x^2 - 3x + 2$는 방정식인가?

"어? 이건 방정식이 아니잖아."

"맞아. $x^2 - 3x + 2$는 방정식이 아니라 다항식이야."

"함정 문제잖아! ……이런 거 싫어." 유리는 시무룩하게 말했다.

"미안, 미안. 하지만 다항식과 방정식의 차이를 확실히 알고 넘어가야 해. $x^2 - 3x + 2$라는 다항식과 그 다항식이 0과 같다고 주장하는 건 다르니까."

$x^2 - 3x + 2$	x에 관한 **다항식**
$x^2 - 3x + 2 = 0$	x에 관한 **방정식**

"그 정도는 나도 알고 있단 말이야."

"그럼 다음 **퀴즈**를 낼게. 이 방정식을 풀어 봐."

$$x^2 - 3x + 2 = 0$$

"……."

유리는 입을 꾹 다문 채 말이 없다.

"왜 가만히 있어?" 내가 물었다.

"문제를 끝까지 들은 건가 해서." 히죽 웃는 유리.

"다 얘기한 거야."

"네, 네. 간단하지. $x = 1, 2$잖아."

"빠르네. 어떻게 풀었어?"

"$x^2 - 3x + 2$는 인수분해를 할 수 있어!"

$$x^2 - 3x + 2 = (x-1)(x-2)$$

"그리고 $(x-1)(x-2) = 0$을 풀면 $x = 1, 2$가 돼."

"좋아. $x = 1, 2$라는 건 여기서는 $x = 1$ 또는 $x = 2$라는 뜻이야. 간단한 이차방정식은 지금 유리가 한 것처럼 좌변의 다항식을 인수분해해서 풀 수 있어. 하지만 어떻게 인수분해를 해야 할지 모를 때도 있잖아. 그럴 때는……."

"**근의 공식**을 쓰지?"

"맞았어, 유리."

"아! 또 끝까지 안 듣고 대답해 버렸네."

이차방정식의 근의 공식 도출

"이차방정식의 근의 공식을 끌어내 볼까? 유리, 할 수 있겠어?"

"못 해. 수업 중에 선생님이 칠판에 쓰셨는데, 너무 복잡해서 이해가 안 되더라고. 그래도 외우긴 했어."

유리는 매우 빠르게 식을 외웠다.

"$2a$분의 $-b\pm\sqrt{b^2-4ac}$…… 발음이 잘 안 된다!"

"그렇게 허둥지둥 말할 필요 없어." 나는 웃었다.

"웃지 마. 루트 부분이 복잡하다고."

"이차방정식이니까 아무래도 $\sqrt{}$ 는 꼭 나오지. 근의 공식을 끌어낼 때, 그러니까 도출할 때도 루트를 어떻게 다루는지가 중요해. 잘 봐, 근의 공식을 끌어낼 때는 이런 형식으로 만들 줄 알아야 해."

$$\langle x를 포함하는 식\rangle^2=\langle x를 포함하지 않는 식\rangle \qquad \textbf{목표 형식}$$

"오! 좌변이 $\langle x$를 포함하는 식$\rangle$의 제곱이고, 우변이 $\langle x$를 포함하지 않는 식$\rangle$이라고? 이게 뭐야?"

"잘 봐. 이 '목표 형식'을 잘 기억해 둬. 그리고 이 형식을 만들었으면 제곱근을 없애는 거야. 그러면 나머지는 스스로 깨닫게 될 거야. 자, 근의 공식을 같이 끌어내 보자!"

"두근두근!"

"주어진 이차방정식은 이거야."

$$ax^2+bx+c=0 \qquad \text{주어진 이차방정식}(a\neq0)$$

"x를 포함한 항은 좌변에 남기고, x를 포함하지 않는 항을 우변으로 이항할게."

$$ax^2+bx=-c \qquad c를 우변으로 이항$$

"양변에 $4a$를 곱하면 x^2의 항은 $4a^2x^2$, 즉 $(2ax)^2$이 돼."

$$4a^2x^2+4abx=-4ac \qquad \text{양변에 } 4a를 곱한다$$
$$(2ax)^2+4abx=-4ac \qquad 4a^2x^2=(2ax)^2\text{이므로}$$

"저기, 오빠."

"그리고 여기서 양변에 b^2을 더하는 거야. 여기서 한 걸음만 더 가면 목표 형식이 나오잖아."

$$(2ax)^2 + 4abx + b^2 = b^2 - 4ac \quad \text{b^2을 양변에 더하면 목표까지 한 걸음만 더}$$

"잠깐만! 아까부터 $4a$도 곱하고 b^2도 더하고……. 그렇게 갑자기 진도를 나가면 어떡해."

"유리야, 좌변을 잘 봐." 내가 말했다.

"?"

"좀 전에 내가 목표 형식은 뭐라고 했지?"

"목표 형식? 〈x를 포함하는 식〉²=〈x를 포함하지 않는 식〉이잖아."

"맞아. 그래서 지금까지는 좌변이 〈x를 포함하는 식〉의 제곱이 되도록 식을 변형해 왔어. 좌변 $(2ax)^2 + 4abx + b^2$은 인수분해를 할 수 있어!"

"$(2ax)^2 + 4abx + b^2$을 인수분해한다고?"

"$A^2 + 2AB + B^2 = (A + B)^2$이라는 형식 말이야."

"아, 정말이네! $(2ax + b)^2$이 되네!"

"맞아. 그러니까 목표 형식으로 가져갈 수 있지."

$$(2ax)^2 + 4abx + b^2 = b^2 - 4ac \quad \text{목표까지 한 걸음만 더}$$
$$(2ax + b)^2 = b^2 - 4ac \quad \text{좌변을 인수분해한 결과 목표 형식이 나왔다}$$
$$\underbrace{(2ax + b)^2}_{\text{〈x를 포함하는 식〉}^2} = \underbrace{b^2 - 4ac}_{\text{〈x를 포함하지 않는 식〉}}$$

"목표 형식이다! 이제 내가 할게! 제곱근을 구하는 거지?"

$$(2ax + b)^2 = b^2 - 4ac \quad \text{목표 형식}$$
$$2ax + b = \pm\sqrt{b^2 - 4ac} \quad \text{제곱근을 구한다}$$

$$2ax = -b \pm \sqrt{b^2 - 4ac} \qquad b \text{를 우변으로 이항}$$

$$x = \frac{-b \pm \sqrt{b^2 - 4ac}}{2a} \qquad \text{양변을 } 2a \text{로 나눔}(a \neq 0 \text{이므로 } 2a \text{로 나눌 수 있다})$$

"됐다."

"됐어! 이차방정식의 근의 공식을 끌어냈어!"

이차방정식의 근의 공식

이차방정식 $ax^2 + bx + c = 0$의 해는 다음 식으로 얻을 수 있다.

$$x = \frac{-b \pm \sqrt{b^2 - 4ac}}{2a}$$

"좋아. 잘했어, 유리."

"헤헷! 그런데 말이야, 보통은 $(2ax + b)^2$이라는 형태로 인수분해를 할 생각을 못 할 것 같아. 식이 변형되면 까먹는단 말이야."

"그렇지. 제대로 배우지 않았다면 아마 나도 생각 못 했을 거야. 하지만 근의 공식에 나오는 $b^2 - 4ac$만 확실히 알아 두면 까먹을 수 없을 거야. 마지막에 제곱근을 없앨 때 우변에는 $b^2 - 4ac$가 있을 테니까, 그걸 보고 식을 변형하면 돼. $4a$를 곱하거나 b^2을 더하거나 하면서."

"그렇구나. $b^2 - 4ac$를 기억해 두면 근의 공식은 외우지 않아도 되는구나!"

"아니, 외우기는 해야지."

"도출만 하면 되는 거 아니야?"

"식을 변형해서 도출할 수 있을 정도로 제대로 이해하는 게 중요한 거야. 하지만 이차방정식의 근을 구할 경우가 많으니까 외워 두면 손해 보는 일은 없지."

그때 내 코가 근질근질하더니 재채기가 터졌다.

"오빠, 감기 걸린 거 아냐?"

"괜찮아. 에어컨 바람 때문일 거야."

마음을 전하다

이차방정식 이야기를 끝낸 후 나는 다시 영단어 카드를 보기 시작했다.

소파로 자리를 옮긴 유리는 책상다리를 한 채 멍하니 앉아 있다가 내게 말을 걸었다.

"저기…… 오빠, 남한테 마음을 전달하는 건 참 어려워."

"무슨 얘기야?"

"만나는 시간이 짧으면 그만큼 더 소중한 시간일 텐데 어째서 퉁명스러운 말을 하게 될까? 이상하게도 제대로 표현을 못 하겠다니까. 나 정말 바보 같지?"

"그게 무슨 말……?"

그때 엄마가 방에서 나오셨다.

"아직 안 자고 뭐 하니? 어서 들어가서 자야지. 유리야, 손님방에 이불 깔아 놨단다."

"네, 감사합니다."

"오랜만에 우리 집에서 자는 거지? 초등학생 때는 자주 자고 갔는데 말야." 엄마는 유리가 우리 집에서 자는 게 반가우신 모양이다.

"다음 날 아침 일어나면 '집에 안 갈래' 하면서 징징거렸지." 내가 말했다.

"내가 언제 징징거렸다고 그래." 유리는 볼을 부풀렸다.

3. 근과 계수의 관계

테트라

"어젯밤 유리랑 이차방정식에 대해 얘기했어." 내가 말했다.

"그렇군요……. 부러워요." 테트라가 웃으며 말했다.

이튿날 종업식을 마치고 도서실에 갔더니 테트라가 먼저 와 있었다. 테트라는 한 학년 후배다. 큰 눈망울에 짧은 머리, 아담한 체격으로 종종거리며 걷는 테트라의 모습을 보면 꼭 다람쥐 같다. 입학했을 때만 해도 수학을 어려워했는데 나와 미르카와 같이 어울리다 보니 지금은 수학을 좋아하는 소녀가 되었다. 수학을 대할 때 언제나 최선을 다하는 명랑한 이 소녀에게 나는 수학을 가르쳐 주기도 하고 공부 방법에 대한 이야기를 들려주곤 한다.

"유리한테 가르치는 게 재미있긴 해." 내가 말했다.

"부러워요. 선배 옆에서……."

"뭐라고? 잘 안 들리는데."

"아니, 아니에요. 아무것도!" 테트라는 양손을 마구 저었다.

텅 빈 도서실 창문 너머로 무성한 플라타너스 나뭇잎이 보이고, 운동부 학생들이 훈련하는 소리가 들려온다.

내일부터 여름방학이다.

근과 계수의 관계

"선배가 유리에게 이차방정식에 대해 알려 주었다는 거죠?"

"응. 허수 단위, 복소평면, 근의 공식 같은 것들."

"그런 내용은 저도 이해하고 있어요. 하지만 알고 있는 걸 설명하려면 너무 막막하고 힘들어서 못 하겠어요. '이해하는 것'과 '설명하는 것'에는 어마어마한 차이가 있거든요."

테트라는 양팔을 크게 벌려 '어마어마한 차이'를 표현했다.

"그렇지. 남에게 설명하려면 제대로 이해하고 있어야 하니까. 유리나 테트라에게 뭔가를 이야기하면서 나도 알고 있는 것을 다시 확인하는 셈이라서 공부가 돼."

"그렇게 말해 주시니 제가 감사하죠!"

"어제 유리한테 근과 계수의 관계에 대한 설명은 못 했어."

"근과 계수의 관계요?"

"응. 테트라는 알지?"

"알아요…… 아마도. 아, 그럼 지금부터 제가 설명해 볼게요! 제대로 이해했는지 확인하는 차원에서!"

테트라는 노트에 수식을 쓰면서 나를 상대로 설명하기 시작했다.

◆◆◆

이차방정식의 '근과 계수의 관계'에 대해 설명할게요.

x에 관한 이차방정식으로 다음 식이 주어졌다고 할게요.

$$ax^2 + bx + c = 0 \quad (a \neq 0)$$

이 이차방정식에는 2개의 해가 있고, 그것을 α와 β라고 할게요.

이때 계수 a, b, c와 해 α, β는 다음과 같은 관계를 가져요.

$$\alpha + \beta = -\frac{b}{a}, \quad \alpha\beta = \frac{c}{a}$$

이와 같은 식을 이차방정식의 '근과 계수의 관계'라고 해요.

◆◆◆

"어때요, 선배?"

"응, 잘했어." 내가 대답했다. "그런데 테트라는 '근의 공식'과 '근과 계수의 관계'가 어떤 건지 각각 한마디로 표현할 수 있어?"

"아, 한마디로……요? '근의 공식'은 근을 구하는 공식이에요. 그리고 '근과 계수의 관계'는 근과 계수의 관계를 나타내는 식이고요……. 이렇게 말하면 틀린 건가요?"

"아니, 틀린 건 아니야. 그런데 이렇게 정리하면 더 깔끔하지 않을까?"

- '근의 공식'은 계수로 근을 나타낸다.
- '근과 계수의 관계'는 계수로 근의 합과 곱을 나타낸다.

"아, 그렇군요! '근의 공식'으로 해는 이렇게 나타낼 수 있어요."

$$\alpha = \frac{-b + \sqrt{b^2 - 4ac}}{2a}, \beta = \frac{-b - \sqrt{b^2 - 4ac}}{2a}$$

"따라서 계수 a, b, c로 근 α, β를 나타내고 있네요. 확실히!"

"그렇지."

"그래서 '근과 계수의 관계'는 이렇게 돼요."

$$\alpha + \beta = -\frac{b}{a}, \alpha\beta = \frac{c}{a}$$

"그러니까 계수 a, b, c로 근의 합 $\alpha + \beta$와 곱 $\alpha\beta$를 나타내는 거죠!"

"맞아."

"계수를 사용해서 근을 나타내는 것이 '근의 공식'. 계수를 사용해서 근의 합과 곱을 나타내는 것이 '근과 계수의 관계'군요. 듣고 보니 이해가 가요."

"그런데 아까 테트라가 갑자기 '근과 계수의 관계'를 썼잖아. 혹시 '근과 계수의 관계'를 도출하는 방법은 알아?"

"아…… 자신이 좀 없어요."

"그렇게 어렵지 않아. 이차방정식 $ax^2 + bx + c = 0$의 근이 $x = \alpha, \beta$라는 건, 정확히 말해서 $x = \alpha \vee x = \beta$잖아."

$$x = \alpha, \beta$$
$$\Longleftrightarrow x = \alpha \vee x = \beta$$
$$\Longleftrightarrow x - \alpha = 0 \vee x - \beta = 0$$
$$\Longleftrightarrow (x - \alpha)(x - \beta) = 0$$
$$\Longleftrightarrow a(x - \alpha)(x - \beta) = 0$$
$$\Longleftrightarrow a(x^2 - (\alpha + \beta)x + \alpha\beta) = 0$$
$$\Longleftrightarrow ax^2 - a(\alpha + \beta)x + a\alpha\beta = 0$$

"이렇게 해서 결국 다음 식이 성립해."

$$ax^2 - a(\alpha + \beta)x + a\alpha\beta = 0 \iff ax^2 + bx + c = 0$$

"이제 계수를 비교하면 '근과 계수의 관계'를 도출할 수 있어."

이차방정식의 근과 계수의 관계

이차방정식 $ax^2 + bx + c = 0$의 두 근을 α, β라고 했을 때, 다음 식이 성립한다.

$$\alpha + \beta = -\frac{b}{a}, \ \alpha\beta = \frac{c}{a}$$

"물론 근의 공식으로 2개의 해를 알 수 있으니까 합과 곱을 직접 계산해도 돼." 내가 말했다.

$$\alpha + \beta = \frac{-b + \sqrt{b^2 - 4ac}}{2a} + \frac{-b - \sqrt{b^2 - 4ac}}{2a}$$

$$= \frac{(-b + \sqrt{b^2 - 4ac}) + (-b - \sqrt{b^2 - 4ac})}{2a}$$

$$= -\frac{2b}{2a}$$

$$= -\frac{b}{a}$$

$$\alpha\beta = \frac{-b + \sqrt{b^2 - 4ac}}{2a} \cdot \frac{-b - \sqrt{b^2 - 4ac}}{2a}$$

$$= \frac{(-b)^2 - (\sqrt{b^2 - 4ac})^2}{(2a)^2}$$

$$= \frac{b^2 - (b^2 - 4ac)}{4a^2}$$

$$= \frac{4ac}{4a^2}$$

$$= \frac{c}{a}$$

"그렇구나!" 테트라가 말했다.

머릿속 정리

"선배 설명을 들으니까 뒤죽박죽이었던 제 머릿속이 정리되는 기분이 들어요."

"그래?"

"그럼요! '근의 공식'이나 '근과 계수의 관계'는 수업 시간에 배웠어요. 문제도 풀 수 있죠. 하지만 왠지 맘에 걸리는 게 있어서 속 시원히 이해된 건 아니었어요. 그런데 이제 해결된 느낌이에요."

- '근의 공식'은 계수로 근을 나타낸다.
- '근과 계수의 관계'는 계수로 <u>근의 합과 곱</u>을 나타낸다.

"이렇게 정리되는 과정은 머리에 쏙 들어와요. 선배가 '이 부분이 중요해' 하고 짚어 준 덕분에요." 테트라는 크고 예쁜 눈을 반짝이며 말했다. "그런 책이 있었으면 좋겠어요. 읽다가 모르는 부분이 나오면 손가락이 불쑥 튀어나와서 '알겠어? 이 부분이 중요하다고' 하면서 짚어 주는 책이요!"

"좀 무서운데?"

우리는 얼굴을 마주보며 웃었다.

"선배, 그런데 근의 합과 곱이라는 건 $\alpha + \beta$(합)과 $\alpha\beta$(곱)이잖아요. 이 두 가지는 왜 중요한 거예요?"

"음."

나는 테트라의 소박한 질문에 말문이 막혔다.

그러고 보니 근의 합과 곱이 왜 중요할까?

그때 뒤에서 익숙한 목소리가 들렸다.

"근과 계수의 관계?"

미르카다.

4. 대칭식과 체의 시점

미르카

미르카에 관해서는 할 얘기가 많다.

고등학교 3학년, 같은 반 친구, 길고 까만 머리, 시트러스 향, 아름다운 몸동작, 수학에 뛰어남, 마음이 내킬 때 우리를 상대로 '강의'를 하는 수다쟁이 천재, 다소 저돌적인 면이 있음.

미르카가 좋아하는 건 수학, 책, 초콜릿, 펜 돌리기.

미르카가 싫어하는 건 겁쟁이.

사실 이런 점들을 나열해도 그녀의 '진짜 모습'을 제대로 전달할 수 있을 것 같지는 않다. 어떤 향기를 말로 표현할 수 없는 것처럼 말이다.

수업이 끝나면 우리는 도서실에서 그녀와 함께 수학의 세계를 여행한다.

미르카는 거대한 용도 두려워하지 않는다. 깊은 정글 속에서도 헤매지 않는다. 아니, 오히려 길을 잃은 숲속에서 보물을 찾아낸다.

나는 그런 미르카가…….

다시, 근과 계수의 관계

"근과 계수의 관계?"

미르카는 나와 테트라의 노트를 쓱 훑어보면서 말했다.

"네, 맞아요!" 테트라가 씩씩하게 대답했다. "'근의 공식'은 계수로 근을 나타내고 '근과 계수의 관계'는 계수로 근의 합과 곱을 나타낸다. 이런 얘기를 하고 있었어요."

"식을 도출하는 방법도." 내가 덧붙였다.

"흠, 근의 합과 곱이라…….'" 미르카의 말투가 왠지 의미심장하다.

미르카는 눈을 감더니 고개를 살짝 들었다. 나와 테트라는 말없이 기다렸다.

정확히 3초 후, 수다쟁이 천재가 선언했다.

"대칭식에 대해 얘기할게."

◆◆◆

‘α와 β의 **대칭식**’이란 ‘α와 β를 교환해도 변하지 않는 식’을 말해.

예를 들어 합 $\alpha+\beta$는 대칭식이야. α와 β의 자리를 바꾼 $\beta+\alpha$는 $\alpha+\beta$와 항상 같으니까 변하지 않는다는 뜻이지.

$$\alpha+\beta \qquad \text{(α와 β의 대칭식)}$$

그런데 뺄셈인 $\alpha-\beta$는 대칭식이 아니야. α와 β의 자리를 바꾼 $\beta-\alpha$는 $\alpha-\beta$와 반드시 같지는 않거든. 변할 수 있다는 뜻이야.

$$\alpha-\beta \qquad \text{(α와 β의 대칭식이 아니다)}$$

하지만 $\alpha-\beta$를 제곱하면 대칭식이야. $(\beta-\alpha)^2=(\alpha-\beta)^2$이니까 α와 β를 바꿔도 식은 변하지 않아.

$$(\alpha-\beta)^2 \qquad \text{(α와 β의 대칭식)}$$

더 복잡한 예를 들어 볼까? 다음 식도 대칭식이 돼.

$$\alpha\beta+(\alpha-\beta)^2+2\alpha^3\beta^2+2\alpha^2\beta^3 \qquad \text{(α와 β의 대칭식)}$$

이렇게 ‘근과 계수의 관계’에 나오는 $\alpha+\beta$와 $\alpha\beta$는 둘 다 α와 β의 대칭식이 돼. 그리고 이 두 대칭식을 특히 **기본 대칭식**이라고 해.

$$\alpha+\beta,\ \alpha\beta \qquad \text{(α와 β의 기본 대칭식)}$$

따라서 이렇게 말할 수 있어.

• ‘근과 계수의 관계’는 계수로 근의 기본 대칭식을 나타낸다.

"테트라, 뭐지?" 미르카가 말했다.

질문이 있는지 테트라가 손을 들고 있다.

"왜 '대칭'이라고 하나요? 대칭이란 용어는 '점대칭'이나 '선대칭'처럼 도형에서 쓰는 거잖아요. 용어를 교환하는 것에 어떤 의미가 있는지 잘 모르겠어요."

"테트라는 용어가 맘에 걸리는구나." 미르카가 미소 지었다.

"테트라가 말한 대로 '대칭'은 도형과 같이 형태가 있는 경우에 사용하는 용어야. 수식에도 형태가 있으니까 대칭이라는 말을 쓰는 건 이상하지 않아."

"그런가요……?" 테트라는 말끝을 흐렸다.

"더 자세히 설명하자면……." 미르카가 말을 이었다. "대칭성은 '변하지 않는' 성질과 연관이 있어. 그러니까 **대칭성은 불변성의 하나**라고 말할 수 있지."

"그, 그런가요? 아직 잘 모르겠어요. 대칭성이란 예를 들어 왼쪽과 오른쪽이 똑같은 형태일 때 쓰이잖아요. 그리고 불변성은…… 아무리 지나도 변하지 않는다는 뜻 아닌가요? 두 개의 말이…… 같다고요?"

"좌우 대칭인 도형을 생각해 봐. 예를 들면 이등변삼각형."

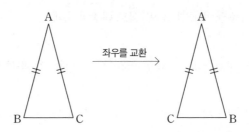

"좌우가 대칭인 이 도형의 좌우를 교환해 보자. 교환하기 전과 후의 형태는 전혀 달라지지 않겠지. 불변인 거잖아. '대칭성은 불변성의 하나'란 그런 뜻이야."

"아하! 조금 이해가 됐어요. 대칭인 형태란 교환해도 불변한 형태라는 말이죠?"

"맞아." 미르카가 고개를 끄덕였다. "교환뿐만 아니야. 치환, 회전처럼 어떠한 작용을 했을 때 불변하면 대칭이라고 해. 주로 도형에 사용되지만 그밖에 다른 경우에도 쓰일 수 있어."

"그렇구나." 테트라가 고개를 끄덕이며 노트에 메모를 했다. "$\alpha+\beta$라는 식의 α와 β를 교환하면 $\beta+\alpha$가 되지만, $\alpha+\beta$와 달라지지 않아요. 불변인 거죠."

$$\alpha+\beta \xrightarrow{\ \alpha와\ \beta를\ 교환\ } \beta+\alpha$$

"그렇지." 미르카가 가볍게 고개를 끄덕였다.

둘이 주고받는 대화를 듣고 있으니까 내 안에서 뭔가 깜박이는 느낌을 받는다. '대칭성은 불변성의 하나'라는 말에는 좀 더 깊은 뜻이 담겨 있을 것 같다.

"대칭식 이야기로 돌아가자."

미르카는 검지를 지휘봉처럼 휘두르며 '강의'를 이어 나갔다.

대칭식은 항상 기본 대칭식을 써서 나타낼 수 있어. 예를 들어 대칭식 $(\alpha-\beta)^2$는 다음과 같은 기본 대칭식으로 나타낼 수 있지.

$$\underbrace{(\alpha-\beta)^2}_{대칭식}=\underbrace{(\alpha+\beta)^2}_{기본\ 대칭식}-4\ \underbrace{\alpha\beta}_{기본\ 대칭식}$$

이 식의 변형은 다음과 같이 확인할 수 있어.

$$
\begin{aligned}
(\alpha-\beta)^2 &= \alpha^2-2\alpha\beta+\beta^2 && \text{전개한다} \\
&= \alpha^2+2\alpha\beta+\beta^2-4\alpha\beta && \text{제곱식을 만들기 위한 준비} \\
&= (\alpha^2+2\alpha\beta+\beta^2)-4\alpha\beta && \text{제곱식이 되는 부분을 괄호로 묶는다} \\
&= (\alpha+\beta)^2-4\alpha\beta && \text{제곱식으로 정리한다}
\end{aligned}
$$

'대칭식은 기본 대칭식을 써서 나타낼 수 있다'는 사실은 **대칭식의 기본 정리**로 알려져 있어. 이 말에서 근의 대칭식이라면 어떤 식이든 근의 기본 대칭식 $\alpha+\beta,\ \alpha\beta$로 나타낼 수 있다는 사실을 알 수 있을 거야.

'근의 대칭식은 근의 기본 대칭식으로 나타낼 수 있다.' (대칭식의 기본 정리에서)

근과 계수의 관계에서 알 수 있듯이, 근의 기본 대칭식은 계수로 나타낼 수 있어.

'근의 기본 대칭식은 계수로 나타낼 수 있다.' (근과 계수의 관계에서)

따라서 다음과 같이 말할 수 있지.

'근의 대칭식은 계수로 나타낼 수 있다.'

나아가 이차방정식의 근의 대칭식이란 근을 교환해도 변하지 않는 식이니까 이렇게도 말할 수 있어.

'근을 교환해도 변하지 않는 식은 계수로 나타낼 수 있다.'

◆◆◆

"테트라, 이번엔 또 뭐지?" 미르카가 말했다.

"죄, 죄송해요." 테트라가 소리를 높였다. "저…… '근을 교환해도 변하지 않는 식은 계수로 나타낼 수 있다'는 말을 잘 모르겠어요. 어떤 예시라도 있으면……."

"얘가 보여줄 거야." 미르카가 나를 가리켰다.

"이런 거야, 테트라." 내가 대답했다.

"이차방정식 $ax^2+bx+c=0$의 근을 α, β라고 하고 그 대칭식을 생각해봐. 아까 미르카가 들었던 예시를 빌리자."

$$\alpha\beta+(\alpha-\beta)^2+2\alpha^3\beta^2+2\alpha^2\beta^3 \quad (\alpha와 \beta의 대칭식)$$

"이 대칭식은 계수 a, b, c로 나타낼 수 있어. 미르카가 설명한 게 이거야.

실제로 해 볼게.”

$$\alpha\beta+\underline{(\alpha-\beta)^2}+2\alpha^3\beta^2+2\alpha^2\beta^3 \qquad \text{대칭식의 예}$$

$$=\alpha\beta+\underline{\alpha^2-2\alpha\beta+\beta^2}+2\alpha^3\beta^2+2\alpha^2\beta^3 \qquad \text{전개한다}$$

$$=\alpha\beta+\underline{(\alpha^2+2\alpha\beta+\beta^2)}-4\alpha\beta+2\alpha^3\beta^2+2\alpha^2\beta^3 \qquad \text{제곱의 형태로 만들 준비}$$

$$=\alpha\beta+\underline{(\alpha+\beta)^2}-4\alpha\beta+2\alpha^3\beta^2+2\alpha^2\beta^3 \qquad \alpha+\beta\text{와 }\alpha\beta\text{로 나타낸다}$$

$$=(\alpha+\beta)^2-3\alpha\beta+2\alpha^3\beta^2+2\alpha^2\beta^3 \qquad \alpha\beta\text{의 항을 정리한다}$$

$$=(\alpha+\beta)^2-3\alpha\beta+2(\alpha\beta)^2(\alpha+\beta) \qquad 2(\alpha\beta)^2\text{으로 묶는다}$$

$$=\left(-\frac{b}{a}\right)^2-3\left(\frac{c}{a}\right)+2\left(\frac{c}{a}\right)^2\left(-\frac{b}{a}\right) \qquad \text{근과 계수의 관계를 사용한다}$$

“그렇구나! 확실히 대칭식을 계수로 표현했네요. 대칭식은 늘 이렇게 계수로 나타낼 수 있군요. 그런데 이런 변형은 이해되지만 스스로 생각해 내진 못할 것 같아요. 어떻게 하면 할 수 있을까요?”

“연습.” 미르카가 곧바로 대답했다.

“그렇군요…… 하지만 $\alpha^2-2\alpha\beta+\beta^2$을 $(\alpha^2+2\alpha\beta+\beta^2)-4\alpha\beta$로 만드는 걸 어떻게 생각해 내요?” 테트라가 말했다.

“식의 변형 방향이 보이는지가 중요해. 지금 같은 경우에는 기본 대칭식을 사용해서 나타내고자 하는 식 변형의 방향이 있어.” 내가 덧붙여 설명했다.

“식 변형의 방향……이라고요?” 테트라가 메모를 하며 말했다.

“그것보다…….” 나는 답답함을 느꼈다.

이건…… 대체 뭘까. 뿔뿔이 흩어져 있는 줄 알았던 수학 개념 하나하나가 미르카의 지휘에 따라 새로운 멜로디를 자아내는 느낌이다. 그 멜로디는 ‘방정식을 푸는 것은 근의 교환과 어떤 관계가 있다’는 느낌이다. 하지만 아직은 어렴풋하다.

“답답해…….” 나도 모르게 말이 튀어나왔다.

“방정식과…… 계수와…… 근과…… 대칭식.” 미르카는 노래하듯이 말했다. “이것들은 전부 연결되어 있어. 수학자 **라그랑주**는 근의 공식을 자세히 연구한 결과 방정식을 푸는 것이 근의 교환과 얽혀 있다는 사실을 알아냈어. 그리고 라그랑주의 연구를 배운 **갈루아**가 방정식의 수수께끼를 풀어냈지."

"수학자 갈루아 말인가요?"

"방정식은 '체(體)'라는 개념과 관계가 있어. 하지만 체는 연구하기가 쉽지 않지." 미르카의 설명이 조금씩 빨라졌다. "갈루아는 난해한 체를 평이한 군(群)에 대응할 수 있다는 사실을 발견했어. 체와 군의 대응…… 이게 바로 **갈루아 대응**이야."

미르카는 일어서더니 나와 테트라의 어깨 위에 손을 얹었다.

"갈루아는 '체의 세계'와 '군의 세계'라는 두 세계에 갈루아 대응이라는 다리를 놨어. 이게 바로 수학에서 가장 아름다운 이론 중 하나인 **갈루아 이론**이야."

다시, 근의 공식

"아, 전에 한번 설명해 주시긴 했는데…… **체**라는 게 뭐예요?" 테트라가 물었다.

"체란 사칙연산이 정의되어 있는 수의 집합이라고 생각하면 돼. 사칙연산이란 사칙연산 $x+y, x-y, x \times y, x \div y$이야. 예를 들어 '유리수 전체의 집합'은 체고, '실수 전체의 집합'도 체야. '복소수 전체의 집합'도 체지."

"계산을 할 수 있는 수의 집합이라고 생각하면 되나요?"

"응. 하지만 그 '계산'이라는 용어의 뜻을 명확히 이해해야 해. 체에서 정의되는 건 덧셈, 뺄셈, 곱셈, 나눗셈을 포함하는 사칙연산이야. 루트 계산은 포함되지 않아. 루트 계산이 잘못되었다는 게 아니라 체와는 관계가 없다는 말이지."

"루트 계산……." 테트라가 되뇌었다.

"루트 계산은 제곱근을 구하는 연산이야. 9에서 $+\sqrt{9}$와 $-\sqrt{9}$, 다시 말해 ± 3을 얻는 연산이야. 루트는 이차방정식의 근의 공식에도 나와." 미르카가 대답했다.

이차방정식의 근의 공식

이차방정식 $ax^2+bx+c=0$의 해 2개는 다음 식에서 얻을 수 있다.

$$\frac{-b\pm\sqrt{b^2-4ac}}{2a}$$

"그러니까…… 아, 그러네요. $\pm\sqrt{b^2-4ac}$ 부분."

"근의 공식에 어떤 연산이 쓰였는지를 풀어서 살펴볼게."

미르카는 설명에 이어서 공책에 식을 자세히 적었다.

$$(0-b\pm\sqrt{b\times b-4\times a\times c})\div(2\times a)$$

평소 우리는 수식을 쓸 때 곱셈을 '·'으로 쓰고 나눗셈은 분수로 나타낸다. 하지만 미르카는 지금 $\times$ 와 $\div$ 를 써서 근의 공식을 나타냈다. 이건 연산을 확실히 보여 주기 위해서다.

"이차방정식의 근의 공식에서 사용되는 연산은 사칙연산($+$, $-$, $\times$, $\div$)과 루트($\pm\sqrt{}$)야. 어떤 이차방정식도 이 연산을 이용하면 계수로 해를 구할 수 있어." 미르카가 설명했다.

"그건 그렇지만, 그건……." 테트라가 웅얼거렸다.

"당연한 사실." 미르카가 검지를 곧게 세우고 말했다. "맞아. 근의 공식으로 그 당연한 사실을 읽어 낼 수 있어. 그럼 그 당연한 사실에 기초해서 이차방정식을 체의 관점으로 다시 보자."

미르카의 눈이 반짝였다. 즐거운 모양이다.

"이차방정식의 예로 다음 식을 풀어 볼게."

$$x^2-2x-4=0$$

"$x^2-2x-4=0$에 근의 공식을 적용하면 $a=1$, $b=-2$, $c=-4$가 되니

까 해는 다음과 같아."

$$x = \frac{-b \pm \sqrt{b^2 - 4ac}}{2a}$$

$$= (0 - b \pm \sqrt{b \times b - 4 \times a \times c}) \div (2 \times a)$$

$$= (0 - (-2) \pm \sqrt{(-2) \times (-2) - 4 \times 1 \times (-4)}) \div (2 \times 1)$$

$$= (2 \pm \sqrt{4 + 16}) \div 2$$

$$= (2 \pm \sqrt{20}) \div 2$$

$$= (2 \pm \sqrt{2^2 \times 5}) \div 2$$

$$= (2 \pm 2\sqrt{5}) \div 2$$

$$= 1 \pm \sqrt{5}$$

"따라서 방정식 $x^2 - 2x - 4 = 0$의 해는 $1 + \sqrt{5}$와 $1 - \sqrt{5}$가 돼. 여기까지는 아무 문제가 없어."

미르카는 일단 말을 끊고 테트라를 가리켰다.

"테트라, 방정식 $x^2 - 2x - 4 = 0$의 계수는?"

"계수는 1, -2, -4예요."

"그래. 그럼 이 계수가 속한 체를 하나 정하자."

"음, 1, -2, -4니까 정수인가요?"

"아니, 정수 전체의 집합은 체가 아니야. 예를 들어 $1 \div (-2)$는 정수가 될 수 없으니까."

"아…… 체라고 할 때는 사칙연산이 가능하다는 걸 뜻하는 거죠?"

"맞아. 어떤 체에 속하는 수끼리 사칙연산을 했을 때 그 결과는 반드시 같은 체에 속해야 해. 체는 사칙연산에 관하여 닫혀 있어."

"네."

"계수 1, -2, -4가 속하는 가장 작은 체는 **유리수체** $\mathbb{Q}$니까 **계수체**를 유리수체 $\mathbb{Q}$로 생각하자."

"계수체가 뭐예요?"

"방정식의 계수가 속하는 체를 말해. 계수 1, −2, −4는 모두 유리수체 $\mathbb{Q}$ 에 속하지."

$$11 \in \mathbb{Q}, \quad -2 \in \mathbb{Q}, \quad -4 \in \mathbb{Q} \qquad \text{(계수는 모두 유리수체 } \mathbb{Q}\text{에 속한다)}$$

"방정식 $x^2 - 2x - 4 = 0$의 계수 1, −2, −4는 정수이면서 유리수니까 $\mathbb{Q}$ 에 속해. 하지만 이 방정식의 근 $1 + \sqrt{5}$, $1 - \sqrt{5}$는 $\mathbb{Q}$에 속하지 않아." 내가 설명을 덧붙였다.

$$1 + \sqrt{5} \notin \mathbb{Q}, \quad 1 - \sqrt{5} \notin \mathbb{Q} \qquad \text{(두 근이 모두 유리수체 } \mathbb{Q}\text{에 속하지 않는다)}$$

"네, 이 방정식에서 <u>계수는 유리수</u>지만 <u>해는 유리수가 아니다</u>라는 뜻이군요." 테트라가 말했다.

"그러니까 $\mathbb{Q}$의 범위에서 방정식 $x^2 - 2x - 4 = 0$은 '해가 없다'가 되는 거지."

"해가 없다…… 확실히 그러네." 내가 말했다.

"그럼 이제부터……." 미르카는 비밀을 말하려는 것처럼 목소리를 낮췄다. 우리는 자연스럽게 천재 소녀 가까이 몸을 기울였다.

◆ ◆ ◆

유리수체 $\mathbb{Q}$에 $\sqrt{5}$를 추가해서 새로운 체 $\mathbb{Q}(\sqrt{5})$를 만들 거야.

$\mathbb{Q}$에 속하는 원소는 유리수야. 유리수와 $\sqrt{5}$를 사용해서 사칙연산으로 만들어 낼 수 있는 수 전체의 집합을 생각해 볼게. 그 집합은 새로운 체가 되는 거야. 그 체를 $\mathbb{Q}(\sqrt{5})$라고 표기하고, '유리수체 $\mathbb{Q}$에 $\sqrt{5}$를 추가한 체'라고 할게.

$$\mathbb{Q}(\sqrt{5}) \qquad \text{유리수체 } \mathbb{Q}\text{에 } \sqrt{5}\text{를 추가한 체}$$

$\mathbb{Q}(\sqrt{5})$에 어떤 수가 속하는지 상상할 수 있을까?

$\mathbb{Q}(\sqrt{5})$에 속하는 수 몇 가지를 들어 보자.

모든 유리수는 $\mathbb{Q}(\sqrt{5})$에 속해. 예를 들어 $1, 0, -1, 0.5, \dfrac{1}{3}$ 같은 것들이지.

유리수와 $\sqrt{5}$의 사칙연산 결과도 $\mathbb{Q}(\sqrt{5})$에 속해.

예를 들면 $1+\sqrt{5}$, $1-\sqrt{5}$, $\dfrac{1}{3}+\sqrt{5}$나 $1+3\sqrt{5}$, $2-7\sqrt{5}$, $\dfrac{1+\sqrt{5}}{3}$, $\dfrac{1+\sqrt{5}}{1-\sqrt{5}}$ 같은 경우야.

일반적으로 $\mathbb{Q}(\sqrt{5})$의 원소는 유리수 p, q, r, s로 $\dfrac{p+q\sqrt{5}}{r+s\sqrt{5}}$의 형태로 쓸 수 있고, 나아가 **유리화**하여 $P+Q\sqrt{5}$라는 형태로 쓸 수 있어.

$$\dfrac{p+q\sqrt{5}}{r+s\sqrt{5}}$$

$$=\dfrac{p+q\sqrt{5}}{r+s\sqrt{5}}\cdot\dfrac{r-s\sqrt{5}}{r-s\sqrt{5}}$$ 분모인 $\sqrt{5}$를 없애기 위해 $\dfrac{r-s\sqrt{5}}{r-s\sqrt{5}}$를 곱한다

$$=\dfrac{(p+q\sqrt{5})(r-s\sqrt{5})}{(r+s\sqrt{5})(r-s\sqrt{5})}$$

$$=\dfrac{pr-ps\sqrt{5}+qr\sqrt{5}-qs\sqrt{5}\sqrt{5}}{r^2-s^2\sqrt{5}\sqrt{5}}$$ 분자와 분모를 각각 계산한다

$$=\dfrac{pr-5qs+(qr-ps)\sqrt{5}}{r^2-5s^2}$$ 분모에서 $\sqrt{5}$ 를 제거한다

$$=\dfrac{pr-5qs}{r^2-5s^2}+\dfrac{qr-ps}{r^2-5s^2}\sqrt{5}$$ $\sqrt{5}$ 로 정리한다

$\dfrac{pr-5qs}{r^2-5s^2}\in\mathbb{Q}$, $\dfrac{qr-ps}{r^2-5s^2}\in\mathbb{Q}$니까 $P=\dfrac{pr-5qs}{r^2-5s^2}$, $Q=\dfrac{qr-ps}{r^2-5s^2}$라고 하면 P, Q는 유리수가 돼.

결국 $\sqrt{5}$ 의 원소는 $P+Q\sqrt{5}$라는 형태로 쓸 수 있어(P와 Q는 유리수).

유리수체 $\mathbb{Q}$는 $\sqrt{5}$를 추가한 체 $\mathbb{Q}(\sqrt{5})$에 포함돼. 그러니까 $\mathbb{Q}\subset\mathbb{Q}(\sqrt{5})$가 성립하지. 이때 $\mathbb{Q}(\sqrt{5})$를 $\mathbb{Q}$의 **확대체**라고 해.

설명이 옆길로 새긴 했는데, 방정식 $x^2-2x-4=0$의 해는 $1\pm\sqrt{5}$니까 유리수가 아니야. 다시 말해 유리수체 $\mathbb{Q}$의 범위에서 이 방정식은 '해가 없다'가 되는 거지. 하지만 유리수체 $\mathbb{Q}$에 $\sqrt{5}$ 를 추가한 체 $\mathbb{Q}(\sqrt{5})$의 범위에서는 얘기가 달라져. 체 $\mathbb{Q}(\sqrt{5})$의 범위에서 이차방정식 $x^2-2x-4=0$은 '해가 없다'가 아니야. 체 $\mathbb{Q}(\sqrt{5})$에는 $1+\sqrt{5}$와 $1-\sqrt{5}$가 모두 속하니까.

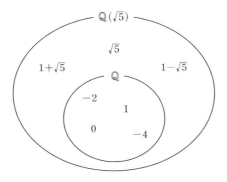

지금까지 설명한 내용은 다음과 같이 정리할 수 있어.

방정식 $x^2 - 2x - 4 = 0$은,

- 체 $\mathbb{Q}$의 범위에서는 '해가 없다'.
- 반면 체 $\mathbb{Q}(\sqrt{5})$의 범위에서는 '해가 없다'가 아니다.

이 말은 다시 다음과 같이 말할 수 있지.

방정식 $x^2 - 2x - 4 = 0$은,

- 체 $\mathbb{Q}$의 범위에서는 풀 수 없다.
- 반면 체 $\mathbb{Q}(\sqrt{5})$의 범위에서는 풀 수 있다.

방정식을 체의 시점에서 본다는 게 어떤 건지 감이 와?
여기까지는 구체적인 방정식 $x^2 - 2x - 4 = 0$으로 생각해 봤어.
이제부터는 일반화한 방정식 $ax^2 + bx + c = 0$으로 생각할 거야.

'해가 없다'를 피하기 위해 $\mathbb{Q}$에 추가한 수 $\sqrt{5}$는 어디에서 왔을까?
맞아. $\sqrt{5}$는 $\sqrt{b^2 - 4ac}$에서 왔어.
계수체를 K라고 하면 K의 범위에서는 방정식 $ax^2 + bx + c = 0$을 풀 수 없을 때가 있어. 다시 말해 풀 수 있는 경우도 있지만 풀 수 없는 경우도 있다는 거야. 그건 $\sqrt{b^2-4ac}$가 계수체 K에 속하는지에 따라 결정돼. 그러니까 b^2-4ac가 계수체에 속하는 수의 제곱인지가 열쇠인 셈이지. 이 열쇠가 되는 식 b^2-4ac를 이차방정식의 **판별식**이라고 해.

방정식 $ax^2+bx+c=0$은,
- 체 K의 범위에서는 '해가 없다'인 경우가 있다.
- 반면 체 $K(\sqrt{b^2-4ac})$의 범위에서는 '해가 없다'가 아니다.

이 말은 다음과 같이 말할 수 있지.

- 방정식 $ax^2+bx+c=0$은 체 K의 범위에서는 풀 수 없을 때가 있다.
- 반면 체 $K(\sqrt{b^2-4ac})$의 범위에서는 $ax^2+bx+c=0$을 풀 수 있다.

이차방정식의 해는 $K(\sqrt{판별식})$과 같은 체에 반드시 속한다는 거야.
이제, 방정식을 푸는 것과 체의 관계가 이해됐어?

◆◆◆

그 순간, 나는 유리에게 실수와 복소수의 관계를 설명할 때 했던 말이 떠올랐다.

'$\mathbb{R}$안에 i라는 새로운 수를 한 방울 똑 떨어뜨리면 $\mathbb{C}$가 생긴다.'
"이건…… '새로운 수의 한 방울'이잖아!" 내 입에서 이런 말이 튀어나왔다.
이차방정식의 해도 그와 같은 원리다.

계수체 K 안에 $\sqrt{b^2-4ac}$라는 새로운 수를 한 방울 똑, 떨어뜨리면 $K(\sqrt{b^2-4ac})$가 생긴다.

그리고 그 체 $K(\sqrt{b^2-4ac})$로는 이차방정식을 반드시 풀 수 있다.
"퇴실 시간입니다."
그때 사서인 미즈타니 선생님의 목소리가 들렸다.

오늘의 '수학' 여행에 휴식을 알리는 신호였다.

귀갓길

미르카와 테트라와 나는 전철역으로 향했다. 걷는 동안 도서실에서 나눈 수학 이야기를 되뇌었다.

나는 해와 계수의 관계를 '계수로 해의 합과 곱을 나타낸다'라고 했다. 그건 맞는 말이다. 하지만 미르카는 그걸 '계수로 해의 기본 대칭식을 나타낸다'라고 했다. 계수로 나타낸 것에서 '해의 교환'이 이어지고, '해의 교환'은 나아가 '방정식을 푸는 것'과 관계된다고 했다.

나는 근의 공식을 '계수로 해를 나타낸다'라고 했다. 그건 맞는 말이다. 하지만 미르카는 체의 시점에서 근의 공식을 해석했다.

체…… 사칙연산을 할 수 있는 수의 집합.

계수를 사칙연산하는 것만으로는 이차방정식을 풀 수 없을 때가 있다. 사칙연산만으로는 $\sqrt{b^2-4ac}$를 만들 수 없을 때가 있기 때문이다. 그걸 이렇게 해석했다.

$$\sqrt{b^2-4ac}\text{는 계수체에 속하는가?}$$

$\sqrt{b^2-4ac}$가 계수체에 속한다면 근도 계수체에 속하게 되고, 이차방정식을 계수체의 범위에서 풀 수 있는 것이다.

게다가 미르카는 계수체에 $\sqrt{b^2-4ac}$를 추가하는 방식에 대해 말했다. 계수체 K에 $\sqrt{b^2-4ac}$를 추가해서 얻은 체, 그것을 $K(\sqrt{b^2-4ac})$라고 쓴다. 해는 체 $K(\sqrt{b^2-4ac})$에 반드시 속한다. 즉, 체 $K(\sqrt{b^2-4ac})$의 범위에서는 이차방정식을 반드시 풀 수 있다.

나는 아직 체의 관점을 정확히 이해하지 못했다. 하지만 열심히 끙끙대면서 방정식을 푸는 것과는 다른 접근 방식이라는 걸 느낄 수 있었다.

근과 계수의 관계.

근의 공식.

둘 다 수학에서 방정식을 다루는 기본 중의 기본이다. 나는 이것들을 알고 있다고 생각하고 있었다. 하지만 그렇게 단순한 게 아니었다. 관점을 넓히면 새로운 지평을 보고 더 깊이 이해할 수 있게 되는 법이다.

"선배?" 앞서 걷고 있던 테트라가 뒤를 돌아보며 말했다. "선배는 여름방학 때 뭐 하세요?"

여름방학?

아, 내일부터 방학이구나. 입시 공부에 집중할 시기. 그래도…… 좋아하는 수학을 마음껏 공부하고 싶다.

"뭘 하긴…… 입시 공부 해야지. 오전에는 입시학원 여름 강의 들으러 가고, 오후에는 학교 문이 열려 있다면 도서실에 가서 공부할 수도 있고."

"여름 강의…… 그렇군요."

"미르카는?" 나는 뒤를 돌아보며 물었다. "미르카는 여름방학에 뭐 해?"

"나? 이것저것."

"저는요, 아까 '체 이야기'를 듣고 나니까 복습을 하고 싶어졌어요. 예전에 노트해 둔 것을 다시 읽으려고요. 음…… '체 이야기'와 '군 이야기'요."

그때 나는 재채기를 했다.

"감기 걸린 거 아니에요?" 걱정스러운 듯 바라보는 테트라.

"괜찮아."

판별식을 '뺄셈과 곱셈'의 제곱으로 정의하는 이유는
제곱을 하면 판별식이 대칭식이 되어서……
다항식의 계수로 나타낼 수 있기 때문이다.
_나카지마 쇼이치, 『대수방정식과 갈루아 이론』

완전제곱식

유리에게 가르친 '이차방정식의 근의 공식' 도출(p. 46)은 분수가 없어서 식 변형이 쉽지만, $b^2 - 4ac$라는 형태를 의식할 필요가 있다.

완전제곱식이라는 다음 방법은 식 변형이 조금 어렵지만 〈x를 포함하는 식〉²이라는 목표 형식을 자연스레 도출할 수 있다.

주어진 이차방정식은 이런 형식을 취하고 있다.

$$ax^2 + bx + c = 0$$

x^2의 계수를 1로 하기 위해 양변을 계수 a로 나눈다.

$$x^2 + \frac{b}{a}x + \frac{c}{a} = 0$$

이 좌변을 〈x를 포함하는 식〉² + 〈x를 포함하지 않는 식〉으로 변형하고 싶다.

그건 분명 다음과 같은 형식이 될 것이다. 그럼 ■은 무엇일까?

$$x^2 + \frac{b}{a}x + \frac{c}{a} = \underbrace{\left(x + ■\right)^2}_{\langle x \text{를 포함하는 식} \rangle^2} + \underbrace{\frac{c}{a} - ■^2}_{\langle x \text{를 포함하지 않는 식} \rangle}$$

$(x + ■)^2 = x^2 + 2■x + ■^2$에서 x의 계수는 $\frac{b}{a}$와 같으므로 ■ = $\frac{b}{2a}$가 될 것이다.

$$x^2 + \frac{b}{a}x + \frac{c}{a} = \left(x + \frac{b}{2a}\right)^2 + \frac{c}{a} - ■^2$$

$\blacksquare = \dfrac{b}{2a}$ 이므로 마지막 항도 알 수 있다.

$$x^2 + \frac{b}{a}x + \frac{c}{a} = \left(x + \frac{b}{2a}\right)^2 + \frac{c}{a} - \left(\frac{b}{2a}\right)^2$$

이제는 계산만 하면 된다. 마지막 두 항을 계산한다.

$$= \left(x + \frac{b}{2a}\right)^2 - \frac{b^2 - 4ac}{4a^2}$$

이게 0과 같다는 사실에서 다음 식을 도출했다.

$$x = \frac{-b \pm \sqrt{b^2 - 4ac}}{2a}$$

완전제곱식에서는 이처럼 먼저 $(x + \blacksquare)^2$이라는 목표 형식을 만들어 낸 다음에 전개하여 나오는 $\blacksquare^2$의 항을 빼서 이치에 맞도록 정리한다.

형태 탐구

생명이란 무엇인가?
몸을 해부해도 그 안에서 생명은 찾을 수 없다.
마음이란 무엇인가?
뇌를 해부해도 그 안에서 마음은 찾을 수 없다.
생명이나 마음은 '부분의 합'을 아득히 초월하는 것이라
그런 것을 찾아내는 건 쓸모없는 일인가?
_마빈 민스키, 『마음의 사회』

1. 정삼각형이라는 형태

병원

괜찮지 않았다.

그날 밤, 나는 심한 고열로 병원 응급실로 실려 갔다. 고열은 하루 지나서 괜찮아졌지만 폐렴에 걸릴 뻔했다는 진단에 따라 곧바로 퇴원하지 못하고 병원 신세를 지게 되었다.

병실 침대에 누워 꾸벅꾸벅 졸고 있는 내가 참 한심하게 느껴졌다.

'건강관리는 수험생의 필수 조건인데 뭘 하고 있는 거야.'

"오빠, 나 왔어." 유리의 목소리에 잠에서 깼다.

"선배, 괜찮아요?" 테트라의 목소리.

"응⋯⋯."

대답하려는데 목이 잠겨서 목소리가 잘 안 나온다. 안경을 벗고 있어서 잘 보이지도 않는다.

"둘이 같이 왔어?"

"아니, 내가 먼저 왔어!" 유리가 말했다.

"병원 입구에서 만났어요." 테트라가 말했다.

"오빠, 얼마 전에 나눴던 '내리기' 이야기, 재미있었지!"

유리는 철제 의자를 덜컹덜컹 펼치고 그 위에 앉았다.

"내리기가 뭔데요?" 테트라는 침대를 사이에 두고 반대쪽에 앉았다.

탁자에서 안경을 가져와 쓰고 보니, 둘 다 마스크를 쓰고 있었다.

"'사다리 타기' 얘기야." 내가 몸을 일으키며 말했다. "유리, 네가 그린 그림 가져왔지? 테트라에게 보여 줘."

"오빠는 잠을 자야 해."

유리는 가방에서 종이를 꺼내 내 침대에 펼쳤다.

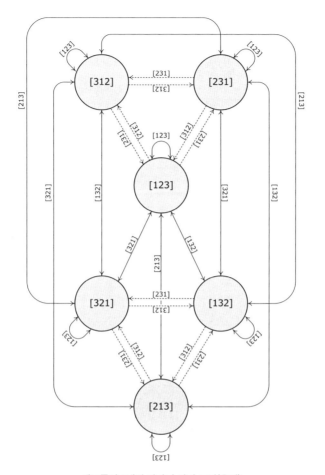

세로줄이 3개인 사다리 타기 그림(유리)

유리는 내 침대를 사이에 두고 그림을 설명하기 시작했다. 처음에는 어색해하더니 테트라가 귀 기울여 들어 주니까 유리는 신이 나는 듯했다.

"이걸 계속 연구해 볼 생각이야!" 유리가 말했다.

테트라는 그림을 가만히 들여다보면서 생각하고 있다.

"발견한 게 하나 있는데 말해도 될까?" 명랑 소녀 테트라가 언니답게 침착한 말투로 말을 꺼냈다.

"네? ……괜찮아요." 유리는 예상치 못한 말에 긴장한 모양이다.

"내 눈에는 정삼각형 모양이 보여."

"정삼각형이라니, 무슨 뜻이에요?"

"그림으로 설명해 볼게."

◆◆◆

먼저 사다리 타기의 [123]을 정삼각형으로 나타낼게. 위에서 왼쪽 방향으로 각 꼭짓점을 1, 2, 3이라고 하고, 삼각형 안에 그 방향을 표시할게.

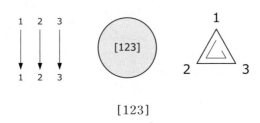

[123]

[231]은 이렇게 돼.

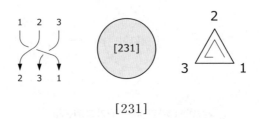

[231]

그리고 [123]을 [231]로 만들려면 어떻게 해야 할지 생각하는 거야. 물론 정삼각형을 오른쪽으로 120° 회전하면 되겠지. 그 표시로 회전 마크 ◠를 그려 넣을게. 유리가 '돌리기'라는 걸 설명할 때 나는 '정삼각형을 회전한다'고 생각한 거야.

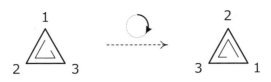

1번 '회전'해서 [123]을 [231]로 만든다

2번 '회전'해서 [123]을 [312]로 만든다

그런데 [123]을 회전해서 만들 수 있는 건 [231]과 [312]와 [123]뿐이야. [123]을 아무리 회전해도 [132], [213], [321]은 만들 수 없지. 만들고 싶다면 뒤집는 '반사'가 필요해. 유리가 말한 '뒤집기'가 필요하다는 말이야. 반사할 때 대칭축을 정하는 방법은 3가지가 있어. 두 꼭짓점만 바뀌고 대칭축 위의 꼭짓점은 안 변하는 게 그 하나야.

'뒤집기'로 [123]을 [132]로 만든다

'뒤집기'로 [123]을 [213]으로 만든다

'뒤집기'로 [123]을 [321]로 만든다

아, '내리기'도 있어. 이건 모양이 '그대로'야. 정삼각형 3개의 꼭짓점이 변하지 않는 거지.

'내리기'는 [123] 그대로 [123]

이렇게 나는 유리의 설명에서 정삼각형을 본 거야.

"유리, 여기에 그림을 덧그려도 될까?"

테트라는 유리에게 허락을 받고 그림에 삼각형을 그려 넣었다.

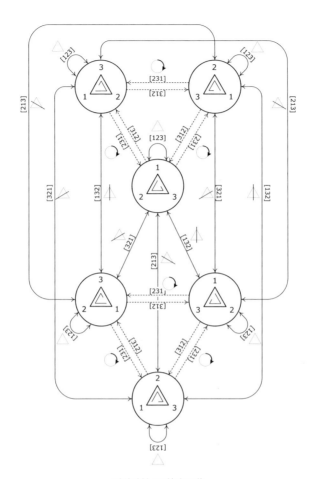

정삼각형 그림(테트라)

　나는 유리의 기색을 살폈다. 테트라가 유리의 '연구'에 참견하는 걸 꺼려하지 않을까 싶어서다.

　밤색 포니테일의 유리 공주님은 진지한 표정으로 그림을 들여다보더니, 이렇게 말했다.

　"테트라 언니…… 대단해! 정말 재미있어요!"

　"그래? 하지만 뭐가 재밌다는 건지……." 고개를 갸웃거리는 테트라.

　"정삼각형 대단해요! 딱 맞잖아요!"

유리가 큰 소리로 말하더니 그림 속 내용을 그림으로 설명하기 시작했다.

"사다리 타기 '내리기'와 정삼각형의 '그대로'는 각각 한 가지이고, '뒤집기'와 '반사'는 각각 3가지. '돌리기'와 '회전'은 각각 2가지잖아요!"

"그러네." 내가 말했다. "[312]는 역회전이라고 생각해도 되겠네."

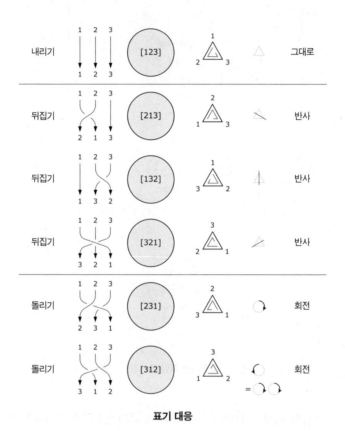

표기 대응

"미르카 선배가 '대칭성은 불변성 중의 하나'라고 했죠." 테트라가 천천히 말했다. "대칭성과 불변성의 관계를 조금 더 알게 된 것 같아요. '내리기'는 세 점이 불변, '뒤집기'는 한 점이 불변, '돌리기'는 중심이 불변."

"······!"

나는 고열을 앓고 난 환자라는 걸 잊을 만큼 신이 났다. 확실히 그렇다. 대칭성과 불변성. 이 호응은 대체 뭘까?

"그러니까 '그대로', '반사', '회전'이라는 작용은 정삼각형의 모든 대칭성에 딱 맞게 대응하는 동시에 '내리기', '뒤집기', '돌리기'라는 세로줄 3개짜리 사다리 타기와도 대응한다고 느낀 거예요."

세로줄 3개짜리 사다리는 정삼각형 모양을 나타낸다.

문득 테트라가 정교한 원목 퍼즐을 들고 있는 소녀처럼 보였다.

"저기, 테트라 언니. 난 이걸로 여름방학 자유 연구를 해 볼 생각이에요. 이 그림은 세로줄 3개짜리 사다리 타기니까, 다 합하면 6가지 패턴. 이제부터는 세로줄 4개짜리 사다리 타기에 도전해 보려고요. 다 합하면 4!=24니까 24개의 패턴이죠. 혹시 잘 정리되면 봐 줄 수…… 있을까요?"

"어머, 내가?" 테트라가 손가락으로 자기를 가리키며 말했다. "그런데 유리한테는 전담 선생님이……."

유리의 '전담 선생님'은 나를 말하는 거다.

"오빠는 입시 타령만 하니까."

"전 괜찮지만……."

이윽고 면회 시간이 끝났다.

"좀 더 있고 싶다옹." 유리가 말했다.

"하지만 선배가 피곤할 테니까." 테트라가 말했다.

"그렇겠죠……. 그럼 또 봐, 오빠!"

유리와 테트라는 손가락으로 '1 1 2 3…'을 만들어 보이며 흔들었다. 피보나치 사인. 테트라가 고안한 수학 애호가들의 인사다.

나는 손바닥을 펼쳐 다섯 손가락으로 화답했다.

그리고 두 소녀는 병실을 나갔다.

수학 이야기는 재미있지만 살짝 피곤해졌다.

다시, 고열

"39.2도." 간호사가 말했다. "갑자기 열이 올랐네요."

다시 열이 오르니까 목이 아프고 괴롭다. 침대에서 이리저리 뒤척일 때마다 내 몸이 아닌 것 같았다. 푹 자고 싶어도 몸이 힘들어서 잠들 수가 없다. 하지만 완전히 깨어 있지도 않은 상태. 이상한 느낌이다.

곧 꿈에 빠져들었다.

나는 숲속을 걷고 있었다. 나무들은 덩굴에 얽혀 있었다. 땅을 뚫고 나온 덩굴 줄기들이 나무를 타고서 얼기설기 얽힌 채 솟아올랐다. 패턴도 다양하고 얽힌 모습도 다양하다. 안 돼. 풀어야 한다. 아니, 풀지 않아도 된다. 그대로 수만 세자.

덩굴 생각에서 벗어나 나무를 생각했다. 나무 생각에서 벗어나 숲을 생각했다. 숲의 크기를 알면 나무의 개수를 알 수 있고, 나무의 개수를 알면 패턴의 개수도 알 수 있다. 아, 하늘을 날 수 있다면 한눈에 숲을 내려다볼 수 있을 텐데.

다람쥐와 새끼고양이가 발밑을 빠져나가 늠름하게 자란 나무를 타고 올라갔다. 그 나무가 나에게 말을 걸었다.

'하늘은 나중에 날거라.'

네?

'열이 있으니 지금은 쉬어라.'

누구세요?

'알았으니 입을 다물라.'

그 목소리와 함께 내 입술에 부드러운 감촉이 느껴졌다.

따뜻하다. 촉촉한 느낌에 휩싸인 채 나는 깊은 잠에 빨려 들어갔다.

꿈의 결말

"갈아입을 옷 가져왔다."

엄마 목소리에 잠에서 깼다.

엄마는 내 이마에 손을 댔다. 시원해서 기분이 좋다.

"음…… 열은 좀 내렸네."

"이제 많이 편해졌어요. 꿈을 꾼 것 같은데." 내가 말했다.

"수학 공부 하고 있었어?" 엄마가 침대 위에 놓인 종이를 보고 말했다.

"유리랑 테트라가 다녀갔어. 어? 엄마, 그거 보여 줘."

종이 위에 새로운 그림이 추가되어 있다!

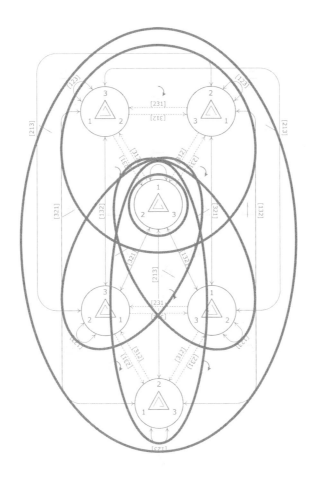

"유리랑 친구들 벌써 왔었구나. 병문안 가도 되냐고 세 명이 전화했던데. 귀여운 애들이야. 매실다시마차 마실래?"

이 그림은 뭐지? 누가 그린 거지?

"잠깐, 엄마. 세 명이라고요?"

"유리랑 테트라…… 그리고 미르카."

2. 대칭군이라는 형태

도서실

"아, 미르카 언니다!" 유리가 손을 흔들었다.

고등학교 도서실. 함께 가고 싶다고 졸라대는 유리를 데리고 와 버렸다. 미르카와 테트라가 먼저 와 있었다.

"이제 몸은 괜찮으세요?" 테트라가 말했다.

"괜찮아. 고마워."

퇴원 후 회복하기까지 나흘이나 걸렸다.

"미르카 선배도 며칠 전에 재채기하시던데……." 테트라가 말했다.

"그랬나?" 미르카가 대답했다.

"그 교복, 오랜만에 보네. 나도 3년간 입었던 교복이야." 테트라가 유리를 보고 말했다.

"그래요? 오빠가 사복 입고 오면 안 된다고 해서요." 유리가 대답했다.

테트라와 유리는 자연스럽게 중학교에 대해 이야기꽃을 피웠다.

그리고 나는 병실에서 발견한 그림을 미르카에게 보여 주었다.

"이 그림 미르카가 그린 거지? 나 잠들었을 때 병원에 왔었나 봐?"

"모르는 거야?" 미르카는 새침한 표정으로 말했다.

"응. 몰랐어. 꿈을 꾸고 있었던 것 같아."

"종이에 그린 동그라미들의 의미 말야."

"응? 아…… 모르겠는데."

"부분군이야."

"부분군?"

"미르카 언니!" 유리가 끼어들었다. "수학 이야기 하는 건가요? 여름방학이니까 특별히 저한테도 알기 쉽게 설명해 주세요."

유리는 오늘도 수학을 배우겠다고 따라온 것이다.

우리는 도서실 구석 자리를 찾아 미르카를 둘러싸고 앉았다.

"그럼 유리의 사다리 타기를 가지고 군론 이야기를 해 볼게."

고등학교 3학년인 미르카와 나, 2학년인 테트라, 그리고 중학교 3학년인 유리. 군론을 둘러싼 여름 여행이 시작되었다.

군의 공리

사다리 타기를 이용해서 군론 이야기를 해 볼게. 세로줄이 3개인 사다리의 패턴은 모두 6가지. 즉 1, 2, 3을 어떤 식으로 나열하느냐에 따라 사다리 타기의 패턴은 6개 존재하는 거지. 이 집합을 S_3라고 이름 붙일게.

$$S_3 = \{\ [123],\ [132],\ [213],\ [231],\ [312],\ [321]\ \}$$

S_3는 세로줄 3개짜리 사다리 전체의 집합이야. 어려울 것 없어. 사다리 타기를 나열한 다음에 괄호 { }로 묶은 것뿐이야.

이 집합의 원소 6개는 자기 멋대로 아무렇게나 있는 게 아니야. 하나하나 특징이 있고 서로 관계가 있지. 유리가 사다리 타기 패턴에 '내리기', '뒤집기', '돌리기'라는 이름을 붙인 건 그 특징을 나타내고 싶었기 때문이고, 그림을 그린 건 사다리들의 관계를 나타내고 싶었기 때문이겠지.

집합 S_3는 구조, 그러니까 수학적 구조를 갖고 있어. 그 수학 구조를 우리는 더 자세히 이해하고 파악해서 사용하려고 해. 그러려면 기본적인 수학 구조 중 하나인 '군'을 사용해야 해.

집합 S_3에 군의 구조를 넣으면서 군의 정의를 배워 보자.

◆ ◆ ◆

"미르카 선배, 왜 이름이 S_3인가요? S_3의 3은 세로줄 3개를 말하는 거겠죠? 그렇다면 'S'는……." 테트라가 물었다.

"S'는 '시메트리(Symmetry)'를 뜻해." 미르카가 대답했다.

"시메트리?" 유리가 말했다.

"대칭……?" 테트라가 대답했다.

"군론에서는 S_3의 이름이 정해져 있어. 3차 **대칭군**이라고 하지. 영어로는 'symmetric group'이라고 해."

"미르카 언니, 나도 군론을 이해할 수 있을까요?" 유리가 물었다.

"이해할 수 있어." 미르카가 말했다. "하지만 군론 설명은 추상적이라서 처음 접하는 사람은 좀 어렵게 느껴질 거야. 처음에 나오는 군의 공리 G1, G2, G3, G4 때문에 지레 겁을 먹거든."

군의 정의(군의 공리)

아래 공리를 만족하는 집합을 **군**이라고 부른다.

G1   **연산 ★**에 대하여 닫혀 있다.
G2   임의의 원소에 대하여 **결합법칙**이 성립한다.
G3   **항등원**이 존재한다.
G4   임의의 원소에 대하여 그 원소에 대한 **역원**이 존재한다.

"어려워 보여요." 유리가 작은 소리로 말했다.

"하지만 우리에게는 구체적인 '사다리 타기'가 있잖아. 사다리 타기의 전체 집합은 군의 공리를 만족하는 군을 이뤄. 사다리 타기를 통해 군론을 이해하면 첫 난관을 뚫을 수 있어. 군은……."

미르카는 말을 멈추더니 유리를 향해 몸을 기울이고 다시 말했다.

"군은…… 천재 갈루아가 우리에게 남긴 유산이야."

"유산?" 유리가 반문했다.

"맞아. 유산. 방정식의 꼴을 파악하기 위해 갈루아는 정식으로 '군'이라는 유산을 남겼고, 후대의 수학자들이 그걸 정리해서 공리로 만들었어. 오늘날에는 이 군의 공리를 이해하는 것이 갈루아의 유산을 받아들이는 첫걸음인 셈이야. 유리가 좋아하는 오빠는 이미 받아들였어. 테트라도 마찬가지야. 유리도 받을 수 있겠어? 이 갈루아의 유산을."

"네, 미르카 언니." 유리는 진지한 얼굴로 말했다.

군의 공리 G1(연산과 닫힌 성질)

연산 ★를 정의할게.

우선 '사다리 x 아래에 사다리 y를 연결한 것'을 '$x ★ y$'로 나타낼게.

그러면 $x ★ y$도 사다리가 돼. 이렇게 연산 ★가 정의됐어. 연산 ★를 사용하면 사다리 연결하는 걸 수식으로 표현할 수 있지. 예를 들어 '[312] 아래에 [321]을 연결하면 [213]이 된다'는 다음과 같이 쓸 수 있어.

$$[312] ★ [321] = [213]$$

x가 세로줄 3개짜리 사다리이고 y도 세로줄 3개짜리 사다리일 때 그 둘을 이은 $x ★ y$도 세로줄 3개짜리 사다리가 돼.

같은 이치를 집합론 용어로 설명해 볼게. x가 집합 S_3의 **원소**이고 y가 집합 S_3의 원소일 때, $x ★ y$도 집합 S_3의 원소가 돼. 집합의 원소는 집합의 **요소**라고 부를 때도 있어. 뜻은 완전히 똑같아.

이제 수식으로 써 볼게. $x \in S_3$이고 $y \in S_3$일 때, $x ★ y \in S_3$이 성립해. 이걸 '닫혀 있다'라고 해.

세로줄 3개짜리 사다리 아래에 세로줄 3개짜리 사다리를 연결하면 똑같이 세로줄 3개짜리 사다리가 나와. 갑자기 세로줄 5개짜리 사다리가 되는 일은 없어. S_3이 '연산 ★에 대하여 닫혀 있다'는 표현은 그런 걸 가리키는 거야. 이게 첫 번째 군의 공리야.

군의 공리 G1에서 군은 '연산 ★에 대하여 닫혀 있다'는 사실을 주장하지.

◆ ◆ ◆

"연산 ★의 연산표는 이렇게 되는군요!" 테트라가 노트를 내밀었다.

	y					
★	[123]	[132]	[213]	[231]	[312]	**[321]**
[123]	[123]	[132]	[213]	[231]	[312]	[321]
[132]	[132]	[123]	[312]	[321]	[213]	[231]
[213]	[213]	[231]	[123]	[132]	[321]	[312]
[231]	[231]	[213]	[321]	[312]	[123]	[132]
[312]	[312]	[321]	[132]	[123]	[231]	**[213]**
[321]	[321]	[312]	[231]	[213]	[132]	[123]

$x \star y$의 연산표 (회색은 [312] ★ [321]＝[213]에 관계하는 부분)

"음…… 테트라 언니, 이거 지금 만든 거예요?" 유리가 물었다.

"응. 미르카 선배 설명을 들으면서." 테트라가 생글생글 웃으며 말했다.

테트라는 다음 단계를 읽고 있다. 게다가 손도 상당히 빠르다.

"미르카 언니, ★ 같은 기호는 마음대로 정해도 돼요?" 유리가 묘한 표정으로 물었다.

"**정의**가 되어 있다면." 미르카가 곧바로 답했다.

"정의라뇨?"

"$x \star y$는 'x 아래에 y를 연결한 것'이라고 정의했잖아. 연산 기호가 무엇을 뜻하는지 명확히 정의를 내렸다면 기호의 모양은 상관없어."

"알겠습니다." 유리가 순순히 대답했다.

"그리고 어느 집합 위에서 '군의 공리를 만족하는 연산을 정의한다'는 것은 바로 그 집합에 '군이라는 구조를 넣는다'는 것이나 마찬가지야." 미르카가 말했다. "그럼 여기서 **문제**! 다음 계산을 해 보자."

$$[231] \star [213] = ?$$

유리는 안경을 쓰고 종이에 사다리를 그렸다.

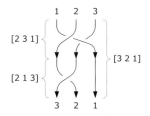

1 2 3

[2 3 1]

[3 2 1]

[2 1 3]

3 2 1

[231] ★ [213]의 계산

"이건가요?"

$$[231] \star [213] = [321]$$

"그렇지. 지금 유리는 사다리로 돌아가서 생각했지? 그건 정의로 돌아가서 생각했다는 뜻이야. 맞았어."

"정의란 정말 재미있네요, 미르카 언니." 유리가 들뜬 목소리로 말했다. "스스로 생각하고 스스로 정의를 내리는 게 신기하기도 하고 재미있어요!"

"다음 **문제**. 이건 성립할까?" 미르카가 종이 위에 문제를 적었다.

$$[231] \star [213] = [213] \star [231] \qquad (?)$$

"성립하지 않아요!" 유리는 잠시 생각하더니 대답했다.

"$[231] \star [213] = [321]$이지만, $[213] \star [231] = [132]$니까요. $[321] \neq [132]$예요."

"잘했어. 이 연산 ★에서는 교환법칙이 성립하지 않아."

"$x \star y$와 $y \star x$는 늘 다르다는 거군요." 테트라가 말했다.

"테트라 언니, 그렇지 않아요." 유리가 반론했다. "$x \star y$와 $y \star x$는 반드시 같다고는 할 수 없어요."

"아, 그렇구나." 테트라의 얼굴이 붉어졌다. "$x \star y = y \star x$일 때도 있지. 이를테면 $x \star [123] = [123] \star x$처럼."

"그리고 $x=y$일 때는 항상 $x \star y=y \star x$가 되는 거죠!" 유리가 말했다.

왠지 테트라와 유리 사이에 보이지 않는 불꽃이 튀는 듯했다.

"군의 공리를 더 자세히 살펴보자." 미르카가 말했다.

군의 공리 G2(결합법칙)

결합법칙은 x, y, z가 무엇이든 $(x \star y) \star z=x \star (y \star z)$가 성립한다는 법칙이야. 사다리 타기에서는 확실히 성립하지. 좌변도 우변도 x, y, z라는 3개의 사다리를 순서대로 이었을 뿐이니까.

군의 공리 G2는 군에서 '결합법칙이 성립한다'는 사실을 주장해.

$$(x \star y) \star z=x \star (y \star z)$$

먼저 좌변. $x \star y$는 사다리가 돼. 그 사다리 밑에 z를 연결한 게 $(x \star y) \star z$야. 그리고 우변. x라는 사다리 밑에 $y \star z$라는 사다리를 연결한 게 $x \star (y \star z)$야. 결합법칙이 있으면 $(x \star y) \star z$나 $x \star (y \star z)$라는 표기에서 괄호를 빼고 $x \star y \star z$라고 표현해도 돼.

군의 공리 G3(항등원의 존재)

군의 공리 G3은 군에 '항등원이 존재한다'는 사실을 주장해.

항등원의 정의는 다음과 같아.

항등원의 정의

임의의 원소 a에 대하여 아래의 식을 만족하는 원소 e를,

연산 $\star$의 **항등원**이라고 한다.

$$a \star e=e \star a=a$$

사다리 타기에서는 유리가 말한 사다리 '내리기'가 항등원이 돼. 임의의

사다리 a에 대하여 다음 식이 성립하니까.

$$a \star [123] = [123] \star a = a$$

어떤 사다리 a에 대해서도 사다리 '내리기' 밑에 연결한 사다리는 a이고, 반대로 a 위에 '내리기'를 연결해도 a는 그대로 있어.

◆◆◆

"유리야, 항등원은 덧셈으로 말하면 0, 곱셈으로 말하면 1 같은 거야." 테트라는 언니 모드로 말했다.

"무슨 뜻이에요?"

"봐, 0은 더해도 변하지 않고, 1은 곱해도 변하지 않잖아?"

"앗! 그렇구나! 0은 더해도 변하지 않고 1은 곱해도 변하지 않아서 [123] 은 연결을 해도 변하지 않아요!" 유리가 말했다.

"그럼 이제 군의 공리 G4로 넘어가자." 미르카가 말했다.

군의 공리 G4(역원의 존재)

군의 공리 G4는 군에서 '어떤 원소에 대해서도 역원이 존재한다'는 주장이야. 역원의 정의는 다음과 같아.

역원의 정의

원소 a에 대하여 원소 b가 아래 식을 만족할 때, b를 a의 **역원**이라고 한다.

$$a \star b = b \star a = e$$

단, e는 항등원이다.

예를 들어 [231]에 연결했을 때 다음 식을 만족하는 사다리 b가 역원이야.

$$[231] \star b = [123]$$

그리고 이 식을 만족하는 b는 $[312]$라는 걸 알 수 있어. 왜냐하면 $[312]$는 $[231]$을 거꾸로 '돌리기'하니까. 식으로 정리하면 다음과 같아.

$$[231] \star [312] = [123]$$

사다리 타기로 생각해 보자. '사다리의 역원'이란 수평인 거울에 비췄을 때 위아래가 뒤집어진 사다리 모양이겠지. 옮겨 놓은 걸 다시 원상태로 돌리는 거니까.

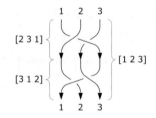

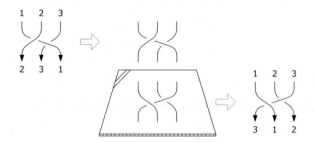

[231]의 역원은 [312] (상하는 거울에 비친 모습)

◆◆◆

"원소가 다르면 역원도 달라져. S_3에서는 각 원소에 대한 역원이······." 미르카가 말했다.

"네, 표 만들었어요!" 테트라가 재빨리 노트를 내밀었다.

원소	[123]	[132]	[213]	[231]	[312]	[321]
역원	[123]	[132]	[213]	[312]	[231]	[321]

"좋아." 미르카가 말했다.

"테트라 정말 빠르다!" 내가 말했다.

"아……." 유리도 감탄 섞인 소리를 냈다.

"연산표에서 연산 결과가 항등원이 되는 부분을 보면 무엇과 무엇이 서로 역원인지 바로 알 수 있어요." 테트라가 말했다.

★				y		
★	[123]	[132]	[213]	[231]	[312]	[321]
[123]	[123]	[132]	[213]	[231]	[312]	[321]
[132]	[132]	[123]	[312]	[321]	[213]	[231]
x [213]	[213]	[231]	[123]	[132]	[321]	[312]
[231]	[231]	[213]	[321]	[312]	[123]	[132]
[312]	[312]	[321]	[132]	[123]	[231]	[213]
[321]	[321]	[312]	[231]	[213]	[132]	[123]

연산 결과가 [123]이 되는 부분

미르카는 눈을 들어 우리를 바라보더니 입을 열었다.

"자, 지금까지 세로줄 3개짜리 사다리 전체의 집합 S_3은 연산 ★에 대하여 군의 공리를 모두 만족한다는 사실을 확인했어. 그러니까 연산 ★에 대하여……."

수다쟁이 천재는 양팔을 넓게 벌리고 선언했다.

"세로줄 3개짜리 사다리 전체의 집합 S_3은 군을 이룬다."

공리와 정의

"미르카 언니, 역시 어려워요. 왜 군의 공리를 생각하는 거예요?" 유리가 말했다.

"동일시." 미르카가 말했다.

"에옹 에옹!" 유리가 이상한 감탄사를 토해 냈다. 못 알아듣겠다는 신호인 듯하다.

"'사다리 타기'와 '정삼각형 회전'…… 이 두 가지를 군이라는 이름 아래 동일시할 수 있어. G1부터 G4까지 모든 공리를 만족하기만 하면 그건 군이야. 즉 G1부터 G4까지 모든 공리를 사용해서 증명할 수 있는 정리는 모든 군에 대하여 성립하지. 그게 어떤 집합이든 군이라는 공리 아래 동일시할 수 있는 거야."

"잘 모르겠다옹." 유리가 말했다.

"이런 문제는 어떨까?"

문제 3-1 항등원의 개수

항등원의 개수가 2개인 군은 존재하는가?

"존재하지 않아요!" 유리가 대답했다.

"왜지?"

"그게……. 사다리에서는 '내리기'가 1개뿐이잖아요."

"맞아. 확실히 세로줄 3개짜리 사다리의 군에서는 항등원이 [123]으로 1개야. 하지만 그 어떤 군에서도 항등원이 1개밖에 없는 걸까? 증명할 수 있어?"

"미르카 언니, 어떤 군인지 모르는 상태에서 증명 같은 건 무리예요!"

"그럼 유리의 오빠가 한번 증명해 보는 건 어때?"

알겠습니다요. 나한테 넘길 줄 알았다.

◆ ◆ ◆

지금부터 항등원의 개수가 2개인 군은 존재하지 않는다는 사실을 증명할게. 여기서 주목하는 군을 G라고 할게.

군의 공리 G3에 따라 항등원의 성질을 갖는 원소 e와 f를 군 G에서 고를 수 있어.

그러면 다음과 같은 정의를 통해 $e=f$가 성립한다는 걸 알 수 있어.

e는 항등원이므로 G의 원소 g에 대하여 다음 식이 성립한다(항등원의 정의).

$$e \star g = g$$

f도 항등원이므로 같은 원소 g에 대하여 다음 식이 성립한다(항등원의 정의).

$$f \star g = g$$

$e \star g$와 $f \star g$는 모두 g와 같으므로 다음 식이 성립한다.

$$e \star g = f \star g$$

군의 공리 G4에 따라 원소 g에는 역원이 존재한다.

원소 g의 역원을 h로 두고, 위 식의 양변에 h를 곱하면 다음 식이 성립한다.

$$(e \star g) \star h = (f \star g) \star h$$

군의 공리 G2에 따라 군 G에서는 결합법칙이 성립하므로 위 식의 괄호 위치를 다음과 같이 바꿀 수 있다.

$$e \star (g \star h) = f \star (g \star h)$$

원소 h는 원소 g의 역원이므로 $g \star h$는 항등원과 같다(역원의 정의).

$g \star h$가 항등원이므로 좌변 $e \star (g \star h)$는 e와 같고, 우변 $f \star (g \star h)$는 f와 같다(항등원의 정의). 따라서 다음 식이 성립한다.

$$e = f$$

이렇게 해서 군 G에서 항등원의 성질을 갖는 원소 2개는 같다는 것이 증명되었어.

따라서 항등원의 개수가 2개인 군은 존재하지 않는다.

◆◆◆

"증명 끝." 내가 말했다.

"증명이란 정말 대단해요!" 유리가 감탄했다.

"어떤 점이?" 미르카가 물었다.

"그게…… 이 군은 어떨까? 저 군은 어떨까? 하면서 고민할 필요 없이 '항등원의 개수가 2개인 군은 존재하지 않는다'라고 딱 잘라 말할 수 있잖아요."

"유리가 좋아하는 논리의 힘이지. '군'이라는 용어가 공리로 정의되어 있기 때문에 단언할 수 있는 거야. 공리가 정의를 만들어 내는 거지." 내가 말했다.

"공리가 정의를 만들어 낸다……."

유리는 눈썹을 찡그리며 생각에 잠겼다.

풀이 3-1 **항등원의 개수**

항등원의 개수가 2개인 군은 존재하지 않는다.

3. 순환군이라는 형태

휴게실

"잠깐 쉬어 갈까요?"

군론에 관한 이야기가 마무리되자 테트라가 제안했다.

우리는 잠깐 도서실 바깥으로 나가기로 했다. 시원한 에어컨 바람을 벗어나자 이글이글 타는 듯한 태양이 우리를 맞아 주었다.

"으, 더워!" 유리가 외쳤다.

"테트라 언니, 어떻게 바로 알 수 있었어요?"

"뭘?"

"군의 연산표도 뚝딱 만들고 역원표도 쓱쓱 만들고. 미르카 언니랑 미리 약속이라도 한 것처럼 말예요."

"아, 군의 정의에 대해서는 미르카 선배에게 배운 적이 있어서 군의 공리는 알고 있었어. 그래서 집합 S_3에 군의 공리가 어떻게 적용되는지를 생각할 수 있었고, 미르카 선배의 이야기를 들으면서 표를 만들 수 있었지."

"이런 '군론' 같은 건 고등학교에서 배우는 거야?" 유리가 나를 보며 물었다.

"고등학교 과정에는 없어. 수학책 읽고 스스로 공부하는 거야." 내가 말했다.

"흠, 스스로 공부하는 거구나……."

구조

우리는 학교 별관에 있는 휴게실로 향했다. 쉬는 시간이나 수업이 끝나면 우르르 몰려드는 공간인데 지금은 여름방학이라 썰렁하다. 매점도 문이 닫혀 있어 우리는 자판기에서 음료수를 뽑았다. 다행히도 에어컨이 가동되고 있어 쾌적했다.

"크아, 시원해!"

유리는 음료수를 한 모금 마시더니 교복 자락을 펄럭였다. 시원한 에어컨 바람을 옷 속으로 스며들게 하는 행동이다.

"미르카 선배, 구조란 대체 뭘까요? 아까 사다리 타기에는 수학 구조가 있다고 했잖아요. '구조'라는 말은 영어로 'structure'니까, 건물의 구조 같은 게 떠올라요. 이렇게 형태가 있고 서로 받쳐 주는 거요." 테트라는 손가락을 맞대어 '구조'의 형태를 표현했다.

"'구조가 있는 것'과 '구조가 없는 것'을 생각해 보자." 미르카가 아이스 커피를 마시며 말했다.

"이를테면 테트라가 말한 것처럼 건물에는 구조가 있어. 기계에도 구조가 있지. 하지만 기체나 액체에는 구조가 없어. 구조가 있는 것은 '부분'으로 나눌 수 있어. 부분으로 나눠서 이름을 붙이거나 비교하거나 교환하기도 하면서 부분과 부분의 관계를 생각할 수도 있고."

"그렇구나. 확실히 그러네요. 건물을 1층과 2층으로 나눌 수 있는 것처럼."

"기체나 액체에도 분자 구조는 있지." 내가 말했다.

"그렇긴 해." 미르카가 인정했다. "다른 관점으로 보면 구조가 드러나기도 하지. 매크로 구조나 마이크로 구조는 관점의 차이거든."

"집합이나 군도 '부분'으로 나눌 수 있어요?" 테트라가 물었다.

"집합에서는 부분집합, 군에서는 부분군을 만들 수 있어." 미르카가 말했다.

부분군

"집합의 일부분을 골라낸 것이 **부분집합**이야. 예를 들어 S_3에서 '뒤집기'만 전부 다 골라내서 모은 것을 x라고 부를게. 그러면 X는 '뒤집기' 전체의 집합이지. 그리고 집합 X는 S_3의 부분집합이야."

$$S_3 = \{ \ [123] \ , [132], [213], [231], [312], [321] \ \}$$
$$X = \{ \qquad\quad [132], [213], \qquad\qquad\quad [321] \ \}$$

"집합 X와 집합 S_3의 관계는 $X \subset S_3$처럼 포함 기호 '$\subset$'로 표현할 수 있어. '집합 X는 집합 S_3에 포함된다' 또는 'X는 S_3의 부분집합이다'라고 하지. S_3 자신도 S_3의 부분집합이고*, 원소가 0개인 공집합도 S_3의 부분집합이야."

$X \subset S_3$	X는 S_3의 부분집합이다
$S_3 \subset S_3$	S_3 자신도 S_3의 부분집합이다
$\{\ \} \subset S_3$	공집합도 S_3의 부분집합이다

---

* 자신을 포함할 때는 $\subseteq$이라는 기호를 쓰고, 자신을 포함하지 않을 때만 $\subset$를 쓰는 방법도 있다.

"네, 그렇군요." 테트라가 대답하자 유리도 고개를 끄덕였다.

"집합에 대한 부분집합과 마찬가지로 군에 대한 **부분군**을 생각할 수 있어."

"부분집합을 군으로 보는 거군요." 테트라가 말했다.

"맞아. 하지만 부분군에서는 주의가 필요해. 새삼스럽지만 **문제**로 내 볼게."

군의 일부를 골라내면 군이 되는가?

"군은 되지 않는다…… 반드시 된다고는 할 수 없어요. 미르카 언니." 유리가 말했다.

"왜?"

"만족하지 못할지도 모르니까."

"유리, 좀 더 정확히 말할 수 있을 텐데? 무엇이 무엇을 만족하지 못하는지 말이야."

"선택한 일부가…… 그러니까……." 유리는 생각을 정리해서 다시 말했다. "부분집합이 군의 공리를 꼭 만족한다고는 할 수 없으니까."

"그렇지. 잘 알고 있구나."

미르카는 유리의 머리를 쓰다듬고 설명했다.

"집합의 한 부분을 선택하면 부분집합이 만들어지지. 그런데 부분군은 달라. 군의 일부를 선택했을 때 반드시 부분군이 되지는 않거든. 예를 들어 방금 했던 '뒤집기' 전체의 집합 X는 S_3의 부분군이 되지 않아. 왜냐하면 X는 군이라고 할 수 없으니까. 테트라, 왜 그렇지?"

$$X = \{ \ [132], [213], [321] \ \} \qquad \text{군이 되지 않는다}$$

"음, 이 집합 X에는 항등원이 없어요. 이 말은 군의 공리 G3을 만족하지 않기 때문에 X는 군이라고 할 수 없어요."

"아! 그게 그 그림이구나!" 내가 끼어들었다.

"미르카가 친 동그라미는 전부 S_3의 부분군이야. 모든 동그라미 안에 항등원 [123]이 포함되어 있으니까!"

"빙고!"

미르카가 자세한 설명을 이어 나갔다.

◆◆◆

동그라미는 모두 6개. S_3의 부분군은 이게 다야.

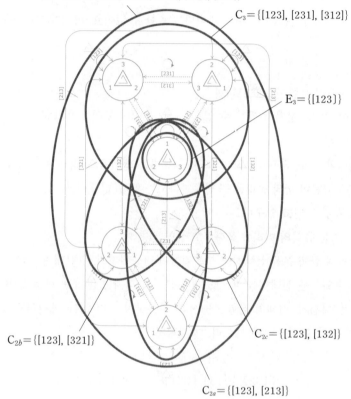

대칭군 S_3의 부분군

$$S_3 = \{[123], [132], [213], [231], [312], [321]\}$$
$$C_3 = \{[123], [231], [312]\}$$

$$C_{2a} = \{\,[123],\,[213]\,\}$$
$$C_{2b} = \{\,[123],\,[321]\,\}$$
$$C_{2c} = \{\,[123],\,[132]\,\}$$
$$E_3 = \{\,[123]\,\}$$

대칭군 S_3의 부분군

S_3은 S_3 자신의 부분군이 돼. 이건 3차 대칭군이야.

C_3은 '돌리기'를 해서 생기는 군이야. 이것도 S_3의 부분군이 되지. 테트라가 그린 정삼각형의 회전에 대응해. 120° 회전을 3번 반복하면 원래대로 돌아가. 역원은 −120°의 회전. 이 군을 3차 순환군이라고 불러.

C_{2a}, C_{2b}, C_{2c}는 '뒤집기'를 해서 생기는 군이야. 이것도 S_3의 부분군. 정삼각형으로 말하면 대칭축으로 뒤집는 것과 같아. 2번 뒤집으면 원래대로 돌아가지. C_{2a}, C_{2b}, C_{2c}는 뒤집을 때의 대칭축이 어떻게 다르냐에 따라 달라져. 이 군은 2차 순환군이 돼.

E_3은 '내리기'를 해서 생기는 군, 원소가 딱 하나밖에 없는 군, 항등원만으로 이루어진 군이야. 이것도 S_3의 부분군이라고 할 수 있어. 이 군에는 **항등군**이라는 이름이 붙어 있어.

◆◆◆

"유리, 무슨 질문 있니?"

"미르카 언니, S_3이 S_3 자신의 부분집합인 건 S_3이 S_3 자신의 부분군인 것과 비슷해요."

"흠…… 그래서?"

미르카가 야릇한 표정을 지었다. 아마도 무슨 말이 나올지 알고 있지만 유리 스스로 말하도록 기다리는 모양이다.

"그러면…… 공집합도 S_3의 부분집합이니까 공집합도 S_3의 부분군이 되지 않을까요?" 유리는 떠오른 생각을 말로 표현했다.

"유리, 공집합은…… 크흡."

"테트라, 기다려 봐." 미르카가 손을 들어 말을 꺼내려는 테트라의 입을 막았다. 그러고는 노래하듯 말했다.

"유리, 유리, 논리를 좋아하는 유리."

공집합은 S_3의 부분군인가?

"이 질문에 답할 수 없겠니?"
"맞다! 공집합에는 원소가 없지! 항등원이 없으니까 군이 아니에요!"
"맞아." 미르카가 고개를 끄덕였다.
"읍, 읍." 미르카의 손에 입이 막힌 테트라도 고개를 끄덕였다.
"우리가 하고 있는 걸 다시 돌아보자." 미르카는 테트라에게서 손을 거둔 다음 내용을 정리했다. "우리는 대칭군 S_3의 구조를 찾고 있어. S_3의 부분군은 모두 6개. 이 사실은 S_3의 특징 중 하나야."

위수
"선배가 입을 막아서 깜짝 놀랐어요." 드디어 말할 자유를 얻은 테트라가 말했다.
"유리가 대답하지 않으면 재미없잖아." 미르카가 말했다.
"군론 재미있다!" 유리가 말했다.
"대칭군 S_3을 찾는 어휘를 하나 늘리자." 미르카가 말했다.
"군이 갖는 원소의 수를 **위수**(位數)라고 해. 대칭군 S_3의 위수는 6이야."
"위수는 군의 크기 같은 거군요. 위수가 크면 큰 군, 작으면 작은 군."
"뭐, 어떤 의미로는 그렇지. '크기'를 파악하는 건 구조를 찾을 때 기본이라고도 할 수 있어." 미르카가 말했다.
"수 헤아리기는 수학을 사랑하는 사람들에게 기본이구나……." 유리가 중얼거렸다.
"위수가 6인 군은 S_3밖에 없나요?" 테트라가 물었다.
"자연스러운 질문이야. 개념을 찾고 용어를 정의하면 더 알고 싶은 호기심이 생겨. 그러면 '문제'가 보이지. 바로 지금 테트라의 질문이 그래."

대칭군 S_3 이외에 위수가 6인 군은 존재하는가?

"더 알고 싶다는 호기심이 수학을 발전하게 하는 거름이야."

"그래서…… 저…… 정답은요?" 테트라가 대답을 재촉했다.

"내가 바로 알려 주면 재미없잖아?"

문제 3-2 위수가 6인 군

위수가 6인 군은 대칭군 S_3 이외에 존재하는가?

순환군

우리는 도서실에 가기 귀찮아서 음료수를 다 마시고도 휴게실에 남아 계속 이야기했다. 사실 우리에게 필요한 건 도서실에 가득한 책이 아니었다.

"아까 C_3은 순환군이라고 했죠? 순환군이 뭐예요?" 유리가 물었다.

$$C_3 = \{ [123], [231], [312] \}$$

"빙글 도는 군이 아닐까? '순환'이라는 말에는 전체를 빙글 회전한다는 의미가 있으니까." 테트라가 말했다.

"테트라, 수학적으로도 이해한 거야?" 미르카가 물었다.

"아!"

"그럼 **문제**를 내 볼게. 테트라, 순환군을 수학적으로 정의해 보겠니?"

'정의는 이해했는지 재확인하는 것'이라고 나는 생각했다. 우리의 슬로건이라 할 수 있는 '예시는 이해를 돕는 시금석'의 다음 단계에 해당한다. 이미 순환군의 예시는 나와 있으니 정의의 내용은 이미 이해했을 것이다.

"순환군이니까 원소가 빙글…… 아, 안 되겠어요. 머릿속에 삼각형이 빙글빙글 도는 모양만 떠오르고, 수학적으로 정의를 내릴 수가 없어요. 죄송하지만 완전히 이해하지 못한 것 같아요." 테트라가 말했다.

"넌?" 미르카가 나를 향해 물었다.

"순환군을 정의하라는 거지? 순환은 확실히 전체를 빙글 회전하는 걸 말하는데, '같은 자취를 반복해서' 돈다는 걸 기억해야 할 것 같아." 내가 말했다.

"같은 자취라는 게 뭐야?" 유리가 물었다.

"같은 원소로 반복해서 연산을 하는 거지. 예를 들어 하나의 원소 $[231]$을 생각해 볼게. 반복해서 연산을 하면 빙글 회전해서 제자리로 돌아와." 내가 말했다.

$$[231] = [231]$$
$$[231] \star [231] = [312]$$
$$[231] \star [231] \star [231] = [123]$$
$$[231] \star [231] \star [231] \star [231] = [231] \leftarrow 제자리!$$
$$[231] \star [231] \star [231] \star [231] \star [231] = [312]$$
$$[231] \star [231] \star [231] \star [231] \star [231] \star [231] = [123]$$
$$[231] \star [231] \star [231] \star [231] \star [231] \star [231] \star [231] = [231] \leftarrow 제자리!$$
$$\vdots$$

"우와."

"계산 결과에 나오는 원소는 $[231]$, $[312]$, $[123]$으로 3개뿐이야. 그리고 방금 C_3이라고 하는 3차 순환군의 모든 원소를 포함하고 있어."

$$C_3 = \{[123], [231], [312]\}$$

"맞는 말이긴 한데 좀 답답하다." 미르카가 말했다. "순환군의 정의는 한마디로 끝나. 그러니까 이렇게 얘기하면 돼."

'순환군이란 어느 하나의 원소로 생성되는 군이다.'

"하나의 원소로 생성된다. 그걸로 되겠어?" 내가 물었다.

"C_3으로 설명할게. 예를 들어 $[231]$이라는 원소만 써서 연산을 반복해 보자. 연산을 **곱**이라 하고 곱의 반복을 **거듭제곱**이라고 부르면 네가 한 일은 [231]의 거듭제곱, 그러니까 1제곱, 2제곱, 3제곱……을 계산한 거야."

"그러고 보니 사다리 타기에서 오빠가 2제곱 이야기를 했어." 유리가 말했다.

"그랬던가?" 내가 말했다.

"넌 4제곱이나 7제곱에서 '제자리'로 돌아온 것에 주목했어. 그것도 좋지만, 3제곱이나 6제곱에서 '항등원'이 나온다는 데 주목해도 좋아."

$$[231]^1 = [231]$$

$$[231]^2 = [312]$$

$$[231]^3 = [123] \leftarrow \text{항등원!}$$

$$[231]^4 = [231] \leftarrow \text{제자리!}$$

$$[231]^5 = [312]$$

$$[231]^6 = [123] \leftarrow \text{항등원!}$$

$$[231]^7 = [231] \leftarrow \text{또 제자리!}$$

$$\vdots$$

"아하! 항등원이 나오니까 거기서 되감기하듯이 다시 처음으로 돌아가는 군요. 순환군이 어떤 느낌인지 알 것 같아요." 테트라가 말했다.

"그래서 C_3은 이런 식으로 쓸 수도 있어." 미르카가 말했다.

$$C_3 = \{ [231]^1, [231]^2, [231]^3 \}$$

"확실히 [231]이라는 하나의 원소로 생성되었군요." 테트라가 말했다.

"이때 [231]을 C_3의 **생성원**이라고 해." 미르카가 말했다.

"생성원……." 유리가 따라서 말했다.

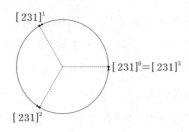

"일반적으로 쓴다면…… 위수가 n인 순환군은 생성원이 a일 때 다음과 같은 형태를 나타내. 항등원은 a^n이야." 미르카가 말했다.

$$\{a^1, a^2, a^3, \cdots, a^{n-1}, a^n\}$$

"저…… 항등원은 a^0이라고 써도 되죠?" 테트라가 물었다.

"괜찮아. $a^0 = a^n =$ 항등원이니까 순환군은 이렇게 쓸 수도 있어."

$$\{a^0, a^1, a^2, a^3, \cdots, a^{n-1}\}$$

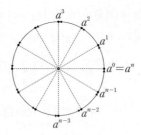

아벨군

"이런 **문제**는 어떨까?" 미르카가 말했다.

순환군은 모두 아벨군이라고 할 수 있는가?

"모르겠어요." 유리가 말했다.

"아니야." 미르카가 테이블을 탁 치면서 말했다. "여기서 유리는 '아벨군의 정의는 뭐죠?'라고 물었어야지."

"아, 그렇군요. 아벨군의 정의는 뭐죠?"

"그렇지. **아벨군**이란 교환법칙이 성립하는 군을 말해. '아벨'은 수학자의 이름이고. 보통 군의 연산에서는 반드시 교환법칙이 성립한다고 할 수 없어. $x \star y = y \star x$가 항상 성립하지는 않는다는 말이지. 그래서 교환법칙이 성립하는 군에는 아벨군이라는 특별한 이름을 붙여. **가환군**이라고도 해."

"교환이 가능한 군이라는 거군요." 테트라가 말했다.

"응, '순환군은 모두 아벨군이라고 할 수 있는지'를 알아보려면 순환군에서 반드시 교환법칙이 성립하는지를 알아보면 돼. 아벨군이라는 용어가 교환법칙이라는 용어로 변한다는 사실에 주의해야 해. 알겠지, 유리?"

미르카는 부드러운 어조로 유리에게 물었다.

"네!"

"그럼 순환군에서 임의의 원소 x, y에 대하여 $x \star y = y \star x$가 성립하는지 알아보자. 순환군의 생성원을 a로 뒀을 때, 그 군에 속하는 임의의 원소 x, y는 j, k를 0 이상의 정수로 해서 $x = a^j, y = a^k$로 쓸 수 있어. 즉, 이렇게 돼."

$$x \star y = a^j \star a^k \quad \text{순환군이므로 } x\text{와 } y \text{ 모두 생성원 } a\text{의 거듭제곱으로 쓸 수 있다}$$
$$= \underbrace{(a \star a \star \cdots \star a)}_{j\text{개}} \star \underbrace{(a \star a \star \cdots \star a)}_{k\text{개}}$$

여기서 군의 결합법칙을 이용한다.

$$= \underbrace{(a \star a \star \cdots \star a)}_{j+k\text{개}}$$

다시 한번 군의 결합법칙을 이용해서 k개와 j개로 다시 정리한다.

$$= \underbrace{(a \star a \star \cdots \star a)}_{k\text{개}} \star \underbrace{(a \star a \star \cdots \star a)}_{j\text{개}}$$

$$= (a^k \star a^j)$$

$$= y \star x$$

이것으로 $x \star y = y \star x$가 증명되었다.

"단, 이 증명은 위수가 유한인 경우에 한정된 거야. 위수가 무한인 경우 순환군은 음의 거듭제곱, 그러니까 역원의 거듭제곱을 다룰 필요가 있어." 미르카가 말했다.

"순환군은 모두 아벨군이라고 할 수 있지만, 그 반대는 성립하지 않아. 아벨군 중에는 순환군이 아닌 것도 있거든."

"저는 아무래도 빙글 돌아가는 이미지가 자꾸 그려져요." 테트라가 말했다. "'역원 1개로 생성할 수 있는 군'으로서 순환군을 보는 데 익숙해지지 않으면 증명도 못 하겠네요. 역원 1개로 생성…… 앗!"

"왜 그래?" 내가 물었다.

"찾았어요, 찾았어!" 테트라가 소리를 높였다.

"찾았어요, 위수가 6인 군을 만들 수 있어요!"

"3-2번 문제를 말하는 거야?" 내가 물었다.

"네! 위수가 6인 원소를 만들고 싶다면 순환군으로 만들면 돼요. 그러니까 6제곱을 했을 때 항등원이 되는 생성원이 포함된 군을 정의하면 되는 거예요!"

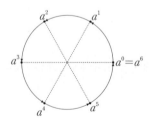

"구체적으로도 만들 수 있어요. 뒤집으면 안 된다는 법칙으로 정육각형을 회전시키는 군이에요. 생성원은 $\frac{1}{6}$회전을 하고, 이 군은 위수가 6인 군이 되는 거예요!"

순환군 C_6

"그건 C_6, 즉 6차 순환군. 다만 문제 3-2는 대칭군 S_3 이외에 위수가 6인 군이 있는가 하는 문제였어. 그 말은 C_6이 S_3과는 본질적으로 다른 군이라는 걸 나타낼 필요가 있어. 그러니까 C_6과 S_3이 동형이 아니라는 사실을 나타내야 해." 미르카가 말했다.

"그러네요." 테트라가 말했다.

"애초에 대칭군 S_3은 순환군이 아니니까 순환군 C_6과는 동형이 되지 않는다는 사실을 바로 말할 수 있어."

"그러네요. S_3은 순환군이 아니에요." 테트라가 말했다.

"어째서?" 미르카가 틈을 주지 않고 물었다.

"네?" 테트라가 되물었다.

"왜 S_3은 순환군이 아니라고 할 수 있지?"

"아, 그게……. S_3은 빙글 돌지 못해서……."

"그렇게 말하면 안 돼." 미르카는 말을 뚝 잘랐다. "아직도 이미지에 의존하고 있어."

"생성원이 없어서!" 유리가 대답했다. "대칭군 S_3의 원소 6개 중 아무거나 몇 제곱을 해도 전체가 되지 않는다! 즉, 대칭군 S_3에는 생성원이 없기 때문이에요, 미르카 언니."

"그 생각이 맞긴 한데, 표현이 아쉬워. '생성원이 없다'가 아니라 '원소 1개로는 생성할 수 없다'라는 표현이 낫지. 대칭군 S_3은 원소 1개로 생성할 수 없지만 [213]과 [231]이라는 원소 2개를 사용하면 생성할 수 있으니까. 원소

1개로 대칭군 S_3을 생성하지 못하는 건 유리가 말한 것처럼 대칭군의 원소 6개를 거듭제곱해 보면 알 수 있어. 어떤 원소를 거듭제곱해도 S_3 전체는 생성할 수 없어. 하지만 순환군 C_6은 물론 원소 1개로 생성할 수 있어. 따라서 S_3과 C_6은 동형이 아니야. 이 군 S_3과 C_6은 모두 위수가 6이야. 하지만 동형은 아니야."

풀이 3-2 **위수가 6인 군**

위수가 6인 군은 대칭군 S_3 외에도 존재한다.

(순환군 C_6은 위수가 6이고 대칭군 S_3과 동형이 아니다.)

"으으으으……." 테트라가 앓는 소리를 했다. "자꾸만 순환군을 '빙글빙글 도는 이미지'로 보게 돼요. '원소 1개로 생성된다'라는 정의를 머릿속에 넣어야겠어요."

"우우우우웅!" 유리는 감격한 듯 말했다. "수학은 정말 재미있어요! 뭉글뭉글한 이미지를 제대로 정의하면 빳빳한 형태로 받아들일 수 있군요!"

미르카는 둘을 바라보며 미소 지었다.

우리는 아름다운 검은 머리 천재 소녀 미르카의 '강의' 듣기를 좋아한다. 서로 이야기를 나누고 알려 주기도 한다. 같이 생각하고 찾고 물으며 대화를 즐긴다. 우리는 그런 시간을…… 그런 소중한 시간을 즐긴다.

- 군의 정의와 군의 공리(연산, 닫혀 있다, 결합법칙, 항등원, 역원)
- 부분군
- 순환군과 생성원
- 순환군은 아벨군
- 군의 위수

우리는 수를 수로만 다루는 게 아니고, 형태를 형태로만 다루는 게 아니고, 작용을 작용으로만 다루는 게 아니다. 군의 이름 아래 모든 것을 통틀어서 다룬다.

우리는 계산하기 위해서뿐만 아니라 숨은 구조를 찾기 위한 도구로써 수를 사용한다. 군을 사용함으로써 수도 형태도 작용도 모두 통일해서 나타낼 수 있다.

모든 것은 이어져 있다.

도형의 회전이나 대칭성을 수식으로 쓰거나 계산할 수 있다. 도형을 움직이는 것을 곱으로 간주한다. 같은 조작을 반복하는 것을 거듭제곱으로 간주한다. 같은 자취를 반복해서 빙글 돌아오는 집단을 순환군으로 간주한다. 하나하나 배워서 알게 된 수학 지식들이 군으로 여기저기 얽히고 연결된다. 이 쾌감은 무엇일까?

셀 수 없이 많은 문제가 숨어 있을 것이다.

무한집합이 되면 어떻게 되는가?

군의 위수에는 어떤 뜻이 있는가?

군과 부분군 사이에는 재미있는 관계가 없는가?

……군을 배우다 보면 이런 문제들을 만날 것이다.

"하늘을 훨훨 날아올라 군의 숲을 내려다보자. 이제 열은 다 내렸지?"

미르카는 그렇게 말하며 미소 지었다.

우리의 여행은 이제 막 시작이다.

라그랑주를 시작으로 루피니, 아벨이 계승하고
갈루아라는 천재가 집대성한 방정식 이론의 기본 생각은
방정식의 해법 안에 숨어 있는 해의 치환에 관한 대칭성이며,
그것을 군이라는 개념을 가지고 밝은 빛 속으로 끄집어내어
군의 기능에 대한 불변성을 체의 확대 원리로 삼았다는 것이다.
_시가 코지

너와 멍에를 공유하며

그토록 소박한 정, 그토록 소박한 표현에 저절로 이르는 것처럼 보이지만,
그것은 자연의 섭리가 아니다.
형태가 없는 것에서 형태를, 불안정한 것에서 안정을 구하게 마련이다.
_고바야시 히데오, 『말』

1. 도서실

테트라

"아, 선배!" 테트라가 나를 향해 손을 흔들었다.

"테트라도 왔구나."

오전에 입시학원 여름 강의를 듣고 나서 학교 도서실로 향했다. 도서실 안에는 나와 같은 몇몇 수험생이 와서 공부하고 있었다. 테트라는 2학년이었지만 일찌감치 도서실에 와 있었다.

"미르카 선배는 저쪽에……."

테트라가 가리킨 창가 쪽을 보자 미르카가 뭔가를 열심히 적고 있었다.

나는 고개를 돌려 테트라의 노트를 들여다보았다.

"방학인데도 수학 공부 열심히 하네."

"아, 네. 무라키 선생님이 내 주신 연구 과제를 생각하고 있었어요."

테트라는 살짝 얼굴을 붉히며 나에게 카드를 보여 주었다.

$$x^{12} - 1$$

무라키 선생님은 수학을 좋아하는 우리를 위해 흥미로운 문제를 카드에 적어 내 주신다. 문제가 쉬울 때도 있고 어려울 때도 있지만, 우리는 매번 새로운 연구 과제를 받을 때마다 즐겁게 달려든다.

우리는 연구 과제를 받으면 스스로 문제를 만들고 스스로 풀어낸 다음, 그 내용을 보고서로 정리해서 무라키 선생님께 드린다. 애초에 선생님은 결과를 요구하시지 않기 때문에 보고서 제출 기한이 정해져 있는 것도 아니다. 게다가 선생님께 보고서를 드린다고 해서 수학 성적에 혜택이 있는 것도 아니다. 어디까지나 자발적으로 보고서를 작성할 뿐이다. 선생님과의 교류는 수학의 진검 승부이자 순수한 놀이라고 할 수 있다.

이번 카드에는 수식만 달랑 담겨 있을 뿐 문제가 없다. 말하자면 '이 수식을 주제로 마음껏 생각하라'는 뜻이다.

"그래서…… 테트라는 어떤 문제를 만들었어?"

"그게요……."

인수분해

저는 카드에 적힌 $x^{12}-1$이라는 수식을 보고, **인수분해**하기로 했어요. 12제곱은 차수가 꽤 크니까 인수분해를 해서 작은 차수 식으로 이루어진 곱셈을 만들려고 했는데…… 제가 만든 문제는 이거예요.

문제 4-1 인수분해
$x^{12}-1$을 인수분해하라.

수식을 인수분해한다는 건 곱의 꼴로 바꾸는 거잖아요. 예를 들면 이런 식으로요.

$$x^{12}-1=(x-\alpha_1)(x-\alpha_2)(x-\alpha_3)\cdots(x-\alpha_{12})$$

여기서 나온 α_1부터 α_{12}는 12개의 수예요. 이 12개의 수가 구체적으로 무엇인지 정하는 게 저의 목표예요.

먼저 왜 12개인가 하는 건데요…… 음, $x^{12}-1$은 x에 관한 12차식이에요. 이 12차식을 $(x-\alpha_k)$처럼 1차식의 곱의 꼴로 만들려면, 12개의 1차식을 모아야 해요. 그러지 않으면 x^{12}라는 항은 나오지 않으니까요.

그리고 이 12개의 수에 뭔가가 있다고 생각하는데요, 인수분해를 하고 싶은 건 $x^{12}-1$이라는 **다항식**이에요. 여기서 이 다항식은 0과 같다는 형식, 그러니까 $x^{12}-1=0$이라는 **방정식**을 생각하면 이 방정식의 해가 $x=\alpha_1, \alpha_2, \alpha_3, \cdots,$ α_{12}가 될 거예요. $(x-\alpha_1)(x-\alpha_2)(x-\alpha_3)\cdots(x-\alpha_{12})=0$이라는 건 x가 $\alpha_1,$ $\alpha_2, \alpha_3, \cdots, \alpha_{12}$ 중 하나와 같다는 뜻이니까요.

$x^{12}-1$ 　　　　　인수분해를 하고 싶은 **다항식**

$x^{12}-1=0$ 　　　$x=\alpha_1, \alpha_2, \alpha_3, \cdots, \alpha_{12}$를 해로 갖는 **방정식**

그러니까 '다항식 $x^{12}-1$을 인수분해하라'는 문제는 '방정식 $x^{12}-1=0$의 해를 구하라'는 문제와 실질적으로 같다고 할 수 있어요.

수의 범위

"여기까지 괜찮나요, 선배?" 테트라가 나를 쳐다봤다.

"응, 괜찮아." 내가 말했다.

"테트라의 설명은 친절해서 이해하기 쉬워. 다만 용어 말인데…… '방정식 $x^{12}-1=0$의 **해**를 구하라' 같은 문제는 실질적으로 '다항식 $x^{12}-1$의 **근**을 구하라' 같은 문제와 같아. 방정식에서는 '해', 다항식에서는 '근'이라는 용어를 쓰니까. 경우에 따라서는 방정식에서도 근이라는 용어를 쓰기도 하지만."

"그렇군요. 해와 근이라……."

"뭐, 아무튼 테트라의 생각은 명확해."

- 다항식이 주어졌다.
- 다항식을 인수분해해서 1차식 곱의 형태로 만들고 싶다.

- 다항식＝0이라는 방정식의 해(다항식의 근)를 찾자.

"그렇게 생각하는 게 자연스러워. 여기까지 테트라의 설명에 틀린 건 없어. 그런데 말야…… 테트라는 계수가 실수인 범위에서 인수분해를 하려고 한 거야? 아니면 복소수의 범위에서 인수분해를 하려고 한 거야?"

"음…… 그건 무슨 뜻이죠?"

"봐, 테트라는 $x^{12}-1$을 1차식의 곱으로 만들려고 했잖아. 그러니까 1차식의 **인수**를 찾으려고 했던 거야."

"네, 맞아요. $(x-\alpha_k)$라는 꼴을 한 12개의 인수를 찾고 있어요. 해가 되는 α_k를 찾는 거죠."

"그 α_k는 실수야? 아니면 복소수야? ……그 범위를 생각해서 찾는 거야?"

"굳이 따지진 않았어요. 그게 틀린 건가요?"

테트라는 그렇게 대답하고 노트를 펼쳤다.

$$x=1일 \text{ 때} \qquad x^{12}-1 \;=\; 1^{12}-1 \;=\; 1-1 \;=\; 0$$
$$x=-1일 \text{ 때} \qquad x^{12}-1 \;=\; (-1)^{12}-1 \;=\; 1-1 \;=\; 0$$
$$x=i일 \text{ 때} \qquad x^{12}-1 \;=\; i^{12}-1 \;=\; 1-1 \;=\; 0$$
$$x=-i일 \text{ 때} \qquad x^{12}-1 \;=\; (-i)^{12}-1 \;=\; 1-1 \;=\; 0$$

"아니, 틀리지 않았어. 12개의 해 중에서 $x=1, -1, i, -i$로 4개를 찾아낸 거지. 하지만 어떤 수의 집합에 대해 생각하는지 의식하는 게 좋아. 복소수의 범위에서는 반드시 1차식의 곱으로 인수분해를 할 수 있지만, 실수나 유리수의 범위에서는 반드시 그렇게 할 수 있는 게 아니니까."

"음…… 지금까지 찾은 건 1과 −1 그리고 i와 $-i$로 4개예요. 허수 단위 i는 실수가 아니라 복소수니까 저는 복소수 중에서 해를 찾고 있었던 셈이군요. 의식하지 못했지만."

"그래서 지금까지 4개의 인수를 찾아냈다는 거지?"

"네. 따라서 여기까지 인수분해가 됐어요. 음, 복소수 범위에서."

$$x^{12}-1=(x-1)(x+1)\underline{(x-i)(x+i)}(\cdots\cdots)$$

(복소수인 범위에서 인수분해를 할 경우)

"만약 실수 범위에서 인수분해를 한다면 어떻게 되는지 알아?"

"음…… 그렇다면 i는 쓸 수 없겠네요. 어떻게 할까요?"

"$(x-i)(x+i)$ 부분을 전개하면 실수 범위가 돼."

$$(x-i)(x+i)=x^2+xi-ix-i^2=x^2+1$$

"그러니까 이런 식이겠지." 나는 식을 써 내려갔다.

$$x^{12}-1=(x-1)(x+1)\underline{(x^2+1)}(\cdots\cdots)$$

(실수인 범위에서 인수분해를 할 경우)

"아, 그렇구나."

"자, 테트라는 나머지 $(\cdots\cdots)$를 찾는 여행을 하고 있었어."

"네, 사실은 인수분해 문제를 방정식 푸는 문제로 옮긴 건 좋았는데, 그렇다고 해서 문제가 쉬워진 건 아니에요. 복소수를 생각했다고 해도……."

$$x^{12}-1=(x-1)(x+1)(x-i)(x+i)\underline{(\cdots\cdots)}$$

"이 $(\cdots\cdots)$는 어떻게 해야 될까요?"

"아하. $(\cdots\cdots)$는 어떤 식이 되는지 전혀 모르겠어?"

"무슨 뜻이에요?"

"예를 들어 몇 차식이 되는지는 알 수 있잖아."

"네, 8차식인가요?"

"맞아. 차수에는 '곱의 차수는 차수의 합'이라는 성질이 있으니까."

$$\underbrace{x^{12}-1}_{\text{12차식}}=\underbrace{(x-1)}_{\text{1차식}}\underbrace{(x+1)}_{\text{1차식}}\underbrace{(x-i)}_{\text{1차식}}\underbrace{(x+i)}_{\text{1차식}}\underbrace{(\cdots\cdots)}_{\text{8차식}}$$

$$12=1+1+1+1+8$$

다항식의 나눗셈

도서실은 편안한 공간이다. 테트라가 세운 문제를 둘이서 차근차근 생각하는 것도 아주 재미있다.

"**다항식의 나눗셈**을 하면 진도를 나갈 수 있어. 잘 봐."

$$x^{12}-1=(x-1)(x+1)(x-i)(x+i)(\underwave{\cdots\cdots})$$

"이 양변을 $(x-1)(x+1)(x-i)(x+i)$로 나누는 거야. 그러면 $(\cdots\cdots)$를 얻을 수 있어."

$$\frac{x^{12}-1}{(x-1)(x+1)(x-i)(x+i)}=(\cdots\cdots)$$

"그렇지? 분모를 전개하면 $(x-1)(x+1)(x-i)(x+i)=(x^2-1)$ $(x^2+1)=x^4-1$이니까, $x^{12}-1$을 x^4-1로 나누면 된다는 거야."

$$\frac{x^{12}-1}{x^4-1}=(\cdots\cdots)$$

"다항식의 나눗셈은 학교에서도 배웠지?"

$$
\begin{array}{r}
x^8+x^4+1 \\
x^4-1\overline{)x^{12}-1} \\
\underline{x^{12}-x^8} \\
x^8 \\
\underline{x^8-x^4} \\
x^4-1 \\
\underline{x^4-1} \\
0
\end{array}
$$

"……!" 테트라는 말없이 고개를 끄덕였다.

"그러니까 $x^{12}-1$은 먼저 이렇게 인수분해할 수 있어."

$$x^{12}-1=(x-1)(x+1)(x-i)(x+i)\underline{(x^8+x^4+1)}$$

"x^8+x^4+1은 확실히 8차식이 됐네요!"

"응. 이번에는 다항식 x^8+x^4+1의 인수분해야."

"네, 8차방정식, $x^8+x^4+1=0$의 해를 찾아봐요!"

"그래, $y=x^4$로 놓고……." 나는 암산을 했다. "음, 그러면 ω의 루트로 길이 험해지겠는데."

나는 어느 쪽으로 걸음을 내디딜지 살짝 고민했다. 그리고 결국 미르카 쪽을 바라보았다.

검은 머리 천재 소녀는 아까와 똑같은 자세로 뭔가를 계속 적고 있었다.

"미르카 선배를 부를까요?" 테트라가 말했다.

"왜?"

"아, 그냥…… 수학을 하다가 막히면 미르카 선배가 도와주시니까요. 우리의 습관이라 할지, 패턴이라 할지……" 테트라는 살짝 눈을 내리뜨며 말했다. "문제 푸는 실마리를 얻기도 하고 수식에 담긴 깊은 의미를 배우기도 하고……. 물론 스스로 생각해야 한다는 건 알고 있지만."

"뭐…… 그렇긴 하지. 하지만 관점을 바꿔 보자."

"네?"

"다시 한번 방정식 $x^{12}-1=0$으로 돌아가는 거야, 테트라."

1의 12제곱근

방정식 $x^{12}-1=0$의 정수 부분을 우변으로 이항해 보자.

$$x^{12}-1=0 \qquad \text{방정식}$$
$$x^{12}=1 \qquad \text{정수 부분을 우변으로 이항}$$

이렇게 되겠지. 즉 '방정식 $x^{12}-1=0$의 해를 구하라'는 실질적으로 '12제곱을 하면 1과 같아지는 수를 구하라'와 같다고 할 수 있지.

'12제곱을 하면 1과 같아지는 수'는 1의 12제곱근이지. 즉 테트라가 찾고 있던 $\alpha_1, \alpha_2, \alpha_3, \cdots, \alpha_{12}$는 '1의 12제곱근'이야.

'1의 12제곱근'은 12개 있는데, 그걸 다 찾고 싶어. 12개 중에서 이미 4개는 찾았지. $1, -1, i, -i$. 이제 8개 남았어.

여기서 뜬금없이 1의 12제곱근을 찾을 게 아니라, $n=1, 2, 3, 4$라는 작은 n에 대해 '1의 n제곱근'이 어떤 수인지를 복소수의 범위에서 관찰해 보자.

▶1의 1제곱근

1의 1제곱근은 1제곱을 하면 1이 되는 수. 그러니까 일차방정식 $x^1=1$의 해라고 할 수 있어. 해는 $x=1$이니까 1의 1제곱근은 1밖에 없어.

$$1 \qquad \cdots\cdots \text{1의 1제곱근}$$

▶1의 2제곱근

1의 2제곱근은 이차방정식 $x^2=1$의 해이고, 1의 **제곱근**이야. 그러니까 1의 2제곱근은 1과 -1로 2개야.

$$1, -1 \qquad \cdots\cdots \text{1의 2제곱근}$$

▶1의 3제곱근

1의 3제곱근은 삼차방정식 $x^3=1$의 해이고, 1의 **3제곱근**을 말해. 1의 3제곱근은 3개 있는데, 그중 하나는 바로 찾을 수 있어. 1이야. 그러니까,

$$x^3-1=(x-1)(\sim\sim\sim)$$

이런 꼴이므로 x^3-1을 $x-1$로 나누면 x^3-1을 인수분해할 수 있어.

$$x^3-1=(x-1)(x^2+x+1) \qquad x^3-1을 \ 인수분해$$

그래서 1의 3제곱근의 나머지 2개는 이차방정식 $x^2+x+1=0$을 풀어서 얻을 수 있어.

$$x=\frac{-1\pm\sqrt{-3}}{2} \qquad 근의 \ 공식을 \ 써서 \ x^2+x+1=0을 \ 풀기$$
$$=\frac{-1\pm\sqrt{3}i}{2} \qquad \sqrt{-3}을 \ \sqrt{3}i로 \ 쓰기$$

이 중에 $\dfrac{-1+\sqrt{3}i}{2}$를 오메가(ω)로 놓으면, $\dfrac{-1-\sqrt{3}i}{2}$는 ω^2과 같아진다.

$$\omega=\frac{-1+\sqrt{3}i}{2}, \quad \omega^2=\frac{-1-\sqrt{3}i}{2}$$

이걸로 1의 3제곱근을 구했어. 1과 ω, ω^2이야.

$$1, \omega, \omega^2 \qquad \cdots\cdots 1의 \ 3제곱근$$

▶1의 4제곱근

1의 4제곱근은 사차방정식 $x^4=1$의 해인데, 4제곱해서 1이 되는 수는 암산으로도 구할 수 있지. 허수 단위를 i로 해서……

$$1, -1, i, -i \qquad \cdots\cdots 1의 \ 4제곱근$$

여기까지 1의 1제곱근부터 1의 4제곱근까지 구했어. 이제 이들 수를 **복소평면** 위의 점으로 그려 보자.

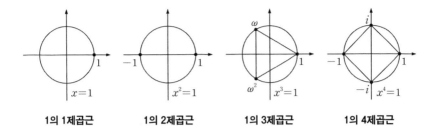

| 1의 1제곱근 | 1의 2제곱근 | 1의 3제곱근 | 1의 4제곱근 |

그럼 테트라, 1의 12제곱근은 어떻게 될까?

정n각형

"재미있어요!" 테트라가 노트에 그림을 그리며 말했다.

"1의 1제곱근과 1의 2제곱근은 둘째 치고, 1의 3제곱근은 정삼각형, 1의 4제곱근은 정사각형이 돼요."

- 1의 1제곱근 → 복소평면 위의 1개 점
- 1의 2제곱근 → 복소평면 위의 2개 점
- 1의 3제곱근 → 복소평면 위의 3개 점(정삼각형)
- 1의 4제곱근 → 복소평면 위의 4개 점(정사각형)

"재미있네. 일반적으로 '1의 n제곱근'은 어떻게 될까?"

"전에도 물어봤던 질문이에요. 정n각형이 돼요!"

"맞아. 1의 n제곱근을 복소평면 위에 두면 '원점을 중심으로 반지름이 1인 원에 내접하는 정n각형의 꼭짓점'이 돼."

"그렇다는 건…… 우리가 찾는 1의 12제곱근은 정12각형의 꼭짓점이 되는군요!"

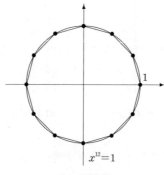

1의 12제곱근

삼각함수

"뭔가 신기해요. 정12각형의 꼭짓점에 있는 복소수⋯⋯. 이 12개의 복소수는 전부 다 12제곱을 하면 1과 같아지나요?"

"응. 게다가 12제곱을 해서 1과 같아지는 수는 이 12개 말고는 없어."

"신기해요. 저 1, −1, i, −i는 이해가 가요. 예를 들어 1은 확실히 12제곱하면 1과 같죠. 애초에 12제곱을 할 필요도 없겠지만요. −1도 2제곱을 하면 1과 같아지니까 12제곱을 해도 1과 같아요. x는 3제곱을 해서 1과 같아지니까 12제곱을 해도 1과 같아요. ±i는 4제곱을 해서 1과 같아지니까 12제곱을 해도 1과 같아요. 나머지 수도 다 그렇군요."

"맞아. 12개의 수를 따로따로 생각하지 말고 삼각함수로 정리해서 표현해 보자. 그러면 '정12각형 꼭짓점의 복소수는 12제곱하면 1이 된다'는 말을 이해할 수 있을 거야."

"삼각함수요?"

"그래. 이렇게 나타내는 거야. 복소평면에서 단위원 위에 있는 점은 $(\cos \theta, \sin \theta)$로 나타낼 수 있어. θ는 **편각**이야."

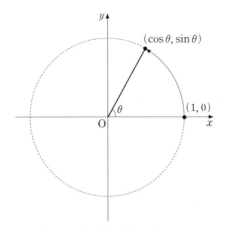

복소평면에서 항등원 위에 있는 점

"그러니까 단위원 위의 점을 복소수로 나타낼 때는 y좌표의 $\sin\theta$에 허수 단위인 i를 곱해서 $\cos\theta+i\sin\theta$가 돼."

점 ◄┈┈► 복소수

$(\cos\theta, \sin\theta)$ ◄┈┈► $(\cos\theta, i\sin\theta)$

"네, 이해했어요."

"실수인 1의 편각은 0이야. 거기서 시작해서 정12각형을 만들자. 0부터 원주각 2π의 12분의 1씩 편각을 늘려 나가면, 12걸음 걸었을 때 한 바퀴야. 간단히 하기 위해 이렇게 쓸게."

$$\theta_{12}=\frac{2\pi}{12}$$

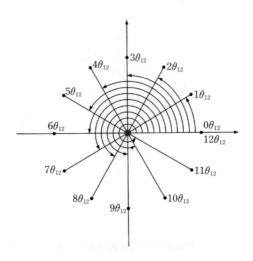

정12각형의 꼭짓점과 편각

"아, 이해는 했는데, 그래서……."

"편각은 $0\theta_{12}$, $1\theta_{12}$, $2\theta_{12}$, $3\theta_{12}$, $\cdots$, $11\theta_{12}$가 돼. $12\theta_{12}$까지 가면 $360°$니까 $0\theta_{12}$와 같은 점이야. 편각이 $k\theta_{12}$로 결정됐으니까 정12각형의 꼭짓점은 $\cos k\theta_{12} + i\sin k\theta_{12}$라는 형식의 복소수로 나타낼 수 있다는 걸 알 수 있어. 여기서 k는 정수야. 드무아브르의 정리 기억나?"

"아, 죄송해요. 알쏭달쏭해요."

"드무아브르의 정리는 이거야."

드무아브르의 정리(삼각함수 버전)

$$\underbrace{\cos n\theta + i\sin n\theta}_{\text{복소수의 편각을 }n\text{배}} = \underbrace{(\cos\theta + i\sin\theta)^n}_{\text{복소수 전체를 }n\text{제곱}}$$

"이 **드무아브르의 정리**에서 단위원 위의 복소수를 12제곱하면, 편각을 12배한 복소수가 된다는 걸 알 수 있어. 실제로 12제곱을 해 보자."

$$(\cos k\theta_{12}+i\sin k\theta_{12})^{12}$$
$$=\cos 12k\theta_{12}+i\sin 12k\theta_{12}$$
$$=\cos 2\pi k+i\sin 2\pi k$$
$$=1$$

정12각형의 꼭짓점을 12제곱

드무아브르의 정리에서 편각이 12배가 된다

$12\cdot\theta_{12}=12\cdot\dfrac{2\pi}{12}=2\pi$이므로

$\cos 2\pi k=1, \sin 2\pi k=0$이므로

"이걸로 정12각형의 꼭짓점에 해당하는 복소수를 12제곱한 복소수는 1이 된다는 사실이 밝혀졌어. 그러니까 정12각형 각 꼭짓점의 복소수는 확실히 $x^{12}=1$의 해가 된다는 거지!"

"헐…… 그, 그렇다는 건…… '방정식 $x^{12}=1$의 해는 정12각형의 꼭짓점' 이라는 건 '$\dfrac{\text{정수}}{12}$라는 분수에 12를 곱하면 정수가 된다'와 같은 뜻이군요!"

"어떻게 보면 그렇네. 복소평면 공부는 정말 재밌어."

진로

"수학은…… 재밌어요." 테트라가 노트를 넘기며 말했다. "무라키 선생님의 카드는 감각적으로 굉장히…… 뭐라고 할까, 활짝 열려 있는 것 같아요. 이걸 가지고 마음껏 놀아 보라는 뜻 같아요."

테트라는 꿈꾸는 듯한 목소리로 말을 이었다.

"꽤 오래전 이야기인데요, 제가 선배에게 수학을 배우고 있다고 무라키 선생님께 얘기했을 때 선생님이 카드를 줄 테니까 가끔 오라고 하셨어요. 저, 그때 생각했어요. 저에게 주어지는 카드 한 장, 그러니까 주어진 수학 재료에서 얼마나 재미있는 걸 찾아내느냐는 저한테 달렸다고요."

테트라는 혼자 고개를 끄덕이며 계속 말했다.

"그 무렵에 대학교에 가고 싶다는 생각을 한 것 같아요. 앗, 표현이 조금 잘못됐네요. 대학교에 가고 싶은 게 아니라 배우고 싶은 거예요. 어차피 세상에 태어났으니까 제대로 배워서 인류가 대체 어디까지 도달했는지 확인해 보고도 싶고, 나 역시 작은 한 걸음이라도 좋으니까 나아가고 싶어요."

나는 말없이 듣고 있었다.

"대학에 가서 고작 4년 동안 뭔가 달성하겠다고 생각하진 않아요. 그래도

온 힘을 다해 배우려고요. 그게…… 저, 테트라의 '진로'예요. 지금은요."

"진로……라." 내가 말했다.

테트라. 아담한 체구에 짧은 머리의 고등학교 2학년 여학생. 커다란 눈망울이 나를 향하고 있다. 호기심, 아니 학구열이 높은 이 후배는 지금 진로에 대해 생각하고 있다. 구체적이지는 않아도 마음속에 단단한 심지가 있다. 늘 허둥대는 편이지만 강한 의지가 있다.

2. 순환군

미르카

"회전?"

미르카가 우리 쪽으로 다가와 내 옆에 앉으며 물었다. 출렁이는 긴 머리에서 은은한 시트러스 향이 풍겼다.

"응, 회전." 내가 대답했다.

여름방학을 맞았는데 우리는 평소와 다름없구나. 수업을 마치고 나면 도서실에 모여 수학 공부를 하는 일상의 연속이다. 문제를 내고 풀면서 서로 해답을 보고 토론하는……. 결국 우리는 이렇게 도서실에 모여 있다. 그 중심에는 언제나 수학이 있다. 그렇다. 좌표평면 위에 원점이 있듯이, 우리의 원점은 수학이다. 수학은 우리가 서 있는 위치를 측정하는 원점인 것이다.

"$x^{12} = 1$의 12개의 해. 그러니까 1의 12제곱근을 찾고 있었어요." 테트라가 말했다. "삼각함수와 드무아브르의 정리를 사용하면 12제곱을 했을 때 1과 같아진다는 사실을 확인했어요!"

"넌 여전히 계산을 좋아하는구나." 미르카가 나에게 말했다.

"좋아하지." 나는 살짝 발끈해서 대답했다. "하지만 정12각형도 그렸으니까 계산만 한 건 아니야."

"확실히 정12각형은 재미있지." 미르카가 내 노트를 보면서 말했다. "넌 1의 n제곱근을 도입하려고 정n각형을 꺼냈어. 하지만 n을 따로따로 생각하면 재미없어. 전부 이어서 즐기자고."

미르카는 손을 뻗어 내 손을 덮었다. 단지 내 손에 쥐어져 있는 샤프를 잡으려는 행동일 뿐이었지만…… 따뜻하다.

12개의 복소수

"넌 편각 $\frac{2\pi}{12}$에 θ_{12}라는 이름을 붙였는데, 이번에는 정12각형의 꼭짓점에 이름을 붙여 보자. 원점이 중심인 단위원 위에 편각이 $\frac{2\pi}{12}$인 점을 ζ_{12}라고 할 게."

미르카가 말했다.

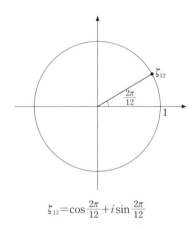

$$\zeta_{12}=\cos\frac{2\pi}{12}+i\sin\frac{2\pi}{12}$$

"내가 이름 붙인 제타(ζ)는 우리가 아는 제타함수와는 상관이 없어. 지금은 그냥 그리스 문자 중 하나를 쓴 거야. 제타 옆의 12는 정12각형에서 왔다는 걸 나타내. 드무아브르의 정리에서 바로 알 수 있지만, 정12각형의 꼭짓점은 모두 ζ_{12}의 **거듭제곱**에 대응해. 즉, 정12각형의 꼭짓점은 다음 12개의 복소수에 대응해."

$$\zeta_{12}^{1},\zeta_{12}^{2},\zeta_{12}^{3},\zeta_{12}^{4},\zeta_{12}^{5},\zeta_{12}^{6},\zeta_{12}^{7},\zeta_{12}^{8},\zeta_{12}^{9},\zeta_{12}^{10},\zeta_{12}^{11},\zeta_{12}^{12}$$

"$\zeta_{12}{}^{12} = \zeta_{12}{}^{0} = 1$이 되니까 한 바퀴 순환이야. 그림으로 그려 볼게."

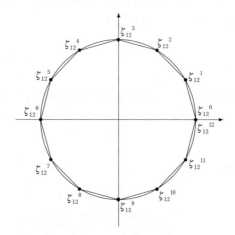

정12각형의 꼭짓점을 ζ_{12}의 거듭제곱으로 나타낸다

"저, 뭔가 발견했어요. 아까 선배는 편각을 $1\theta_{12}$, $2\theta_{12}$, $3\theta_{12}$, …로 바꿨어요. 그리고 θ_{12}에 <u>12배</u>를 해서 한 바퀴 돌았어요." 테트라가 말했다.

"응, 그랬지." 내가 말했다.

"그런데 지금 미르카 선배는 복소수를 $\zeta_{12}{}^{1}$, $\zeta_{12}{}^{2}$, $\zeta_{12}{}^{3}$, …로 바꿨어요. 그리고 이번에는 ζ_{12}를 <u>12제곱</u>했더니 한 바퀴 순환했어요. 이건 뭔가 같은 것 같기도 하고 다른 것 같기도 하고……."

"그게 바로 드무아브르의 정리야. 단위원 위에서 '복소수의 편각을 n배 한다'는 건 '복소수 전체를 n제곱한다'는 것과 같은 말이니까. n에 동그라미 표시를 해 보면 이해가 잘 될 거야." 내가 말했다.

$$\underbrace{\cos \textcircled{n}\theta + i \sin \textcircled{n}\theta}_{\text{복소수의 편각을 }\textcircled{n}\text{배}} = \underbrace{(\cos \theta + i \sin \theta)^{\textcircled{n}}}_{\text{복소수 전체를 }\textcircled{n}\text{제곱}}$$

"아, 그러네요. 거기까지는 정확히 보질 못했어요."

"'n배와 n제곱', 그러니까 '곱셈과 거듭제곱'의 관계라면 삼각함수보다 지수함수가 더 잘 보이지." 미르카가 말했다.

$$\cos\theta + i\sin\theta = e^{i\theta}$$

"오일러의 식을 사용해서 드무아브르의 정리를 다시 써 보자."

드무아브르의 정리(지수함수 버전)

$$\underbrace{e^{in\theta}}_{\text{복소수의 편각을 } n \text{배}} = \underbrace{(e^{i\theta})^n}_{\text{복소수 전체를 } n \text{제곱}}$$

"그렇구나. 이렇게 하니까 드무아브르의 정리가 **지수법칙**으로 보이네. $a^{mn} = (a^m)^n$이니까 완전한 '곱셈과 거듭제곱'의 관계야." 나도 고개를 끄덕였다.

표 만들기

미르카는 뿔테 안경을 손가락으로 밀어 올리면서 말을 이었다.

"ζ_{12}를 2제곱한 수는 1의 6제곱근 중 하나가 돼. ζ_{12}를 2제곱한 수를 6제곱하면 1과 같아지기 때문이지. 이건 수식으로 쓰면 그 뜻이 더 잘 와 닿을 거야."

$$(\zeta_{12}{}^2)^6 = \zeta_{12}{}^{2\times6} = \zeta_{12}{}^{12} = 1$$

"똑같이 $\zeta_n = \cos\dfrac{2\pi}{n} + i\sin\dfrac{2\pi}{n}$로 두면 다음과 같이 말할 수 있어."

ζ_{12}의 6제곱 $= \zeta_6$의 3제곱

$\qquad\qquad = \zeta_4$의 2제곱

$\qquad\qquad = \zeta_2$의 1제곱

"결국 이렇게 돼."

$$\zeta_{12}{}^{6}=\zeta_{6}{}^{3}=\zeta_{4}{}^{2}=\zeta_{2}{}^{1}$$

"꼭 분수의 약분 같지."

$$\frac{6}{12}=\frac{3}{6}=\frac{2}{4}=\frac{1}{2}$$

"이걸 염두에 두고, ζ_n을 k제곱한 표를 만들어 보자."

											$\zeta_1{}^1$
					$\zeta_2{}^1$						$\zeta_2{}^2$
			$\zeta_3{}^1$				$\zeta_3{}^2$				$\zeta_3{}^3$
		$\zeta_4{}^1$			$\zeta_4{}^2$			$\zeta_4{}^3$			$\zeta_4{}^4$
	$\zeta_6{}^1$		$\zeta_6{}^2$		$\zeta_6{}^3$		$\zeta_6{}^4$		$\zeta_6{}^5$		$\zeta_6{}^6$
$\zeta_{12}{}^1$	$\zeta_{12}{}^2$	$\zeta_{12}{}^3$	$\zeta_{12}{}^4$	$\zeta_{12}{}^5$	$\zeta_{12}{}^6$	$\zeta_{12}{}^7$	$\zeta_{12}{}^8$	$\zeta_{12}{}^9$	$\zeta_{12}{}^{10}$	$\zeta_{12}{}^{11}$	$\zeta_{12}{}^{12}$

$$\zeta_n=\cos\frac{2\pi}{n}+i\sin\frac{2\pi}{n}\text{의 } k\text{제곱}$$

"규칙성이 있네요."
"그렇지? 미르카, 이 표에서 세로로 나열된 수는 전부 다 같네."

꼭짓점을 공유하는 정다각형

미르카는 노트의 페이지를 넘기더니 (미르카가 열심히 쓰고 있는 건 내 노트다) 말을 이었다.
"다음으로 정12각형과 꼭짓점을 공유하는 정다각형을 생각해 볼게."
"꼭짓점을 공유하는······ 정다각형이요?" 테트라가 말했다.
"먼저 정1각형과 정2각형이 있겠네."
"네? 정1각형에 정2각형이라니······ 그게 뭐예요?"

"상상력 문제." 미르카는 말하면서 노트에 그림을 그렸다.

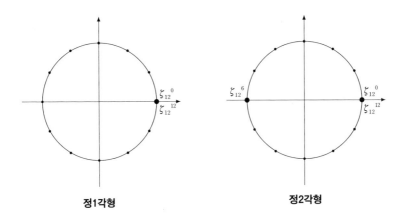

정1각형

정2각형

"하하…… 그렇군요! 순수하게 꼭짓점의 수만 가지고 생각하면 그렇게 되네요."

"이번에는 정3각형과 정4각형…… 정다각형이야."

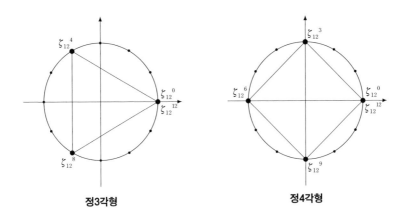

정3각형

정4각형

"정12각형의 꼭짓점으로 정5각형은 그릴 수 없어. 그러니까 다음은 정6각형이야. 그리고 7부터 11도 건너뛰고 마지막으로 정12각형이 오지."

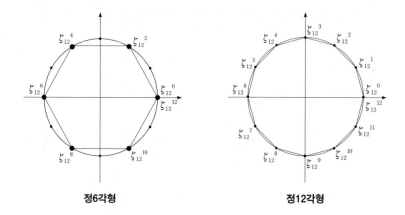

정6각형　　　　　　　　**정12각형**

"역시 정5각형은 그릴 수 없네요." 테트라가 말했다.

"꼭짓점의 수를 세어 보자." 미르카가 신나서 말했다. "정12각형과 꼭짓점을 공유할 수 있는 정n각형은 n이 1, 2, 3, 4, 6, 12일 때뿐이라는 걸 알 수 있어."

"아, 12의 약수!"

$$\{1, 2, 3, 4, 6, 12\}$$

"맞아. 정12각형과 꼭짓점을 공유하는 정다각형……. 그 꼭짓점의 수는 12의 약수야." 미르카가 고개를 끄덕였다.

"하지만 정다각형이라는 모양을 생각하면 당연해." 내가 말했다.

"아, 저기……." 테트라가 뭔가 깨달은 듯 말을 꺼냈다. "이렇게 '꼭짓점을 공유하는 정다각형'도 '구조'를 생각하는 것과 연결이 될까요?"

"응?" 미르카가 눈을 가늘게 떴다.

"왠지 부분으로 나눠서 구조를 생각하는 느낌이 들었거든요." 테트라가 말을 덧붙였다.

"흠…… 그거 괜찮네."

미르카는 그리스 문자 φ 모양으로 손가락을 흔들었다.

1의 원시 12제곱근

"정12각형의 꼭짓점이 1의 12제곱근이라는 사실은 이제 알았지." 미르카는 벌떡 일어나더니 책상을 돌아 테트라의 등 뒤에 섰다. "그럼, 다른 관점으로 1의 12제곱근을 연구해 보자. 예를 들어 허수 단위인 i는 4제곱하면 1과 같아. 12제곱을 할 것도 없이 1을 만들 수 있어."

테트라가 의자에 앉은 채 몸을 돌려 미르카를 향해 말했다.

"아, 저 방금 그걸 생각했어요! 그게요, -1은 2제곱하기만 해도 이미 1과 같아요. i나 $-i$는 4제곱만 하면 1과 같아지고요. 12제곱을 할 필요도 없어요!"

"흠." 미르카가 의심스러운 표정이다.

"앗, 죄송해요. 괜히 끼어들어서······."

"그럼 바로 넘어갈 수 있겠네." 미르카는 그렇게 말하고 테트라 옆자리에 앉았다.

"n제곱해서 1과 같아지는 수를 1의 n제곱근이라고 했지? 이 조건을 조금 더 까다롭게 만들자. 그러니까 n의 값을 1, 2, 3, …으로 점점 늘렸을 때, n제곱을 해서 맨 처음 1과 같아지는 수를 생각하는 거야. 이걸 1의 **원시 n제곱근**이라고 해."

1의 n제곱근	n제곱을 해서 1과 같아지는 수
1의 **원시** n제곱근	n제곱을 해서 처음으로 1과 같아지는 수

"1의 원시 n제곱근······ 이름이 있군요!" 테트라가 말했다.

"그럼 **문제**를 풀어서 더 확실히 이해하자."

'1의 원시 1제곱근'은 무엇인가?

"이건 간단하죠! 1제곱을 해서 처음으로 1이 되는 수, 그건 1밖에 없어요. 1제곱을 한다는 건 '그대로' 유지된다는 거니까요. 1의 원시 1제곱근은 1이에요."

"그래 됐어. 그럼 다음은……."

"미르카 선배!" 테트라가 손을 벌린 자세로 말했다. "'예시는 이해를 돕는 시금석'이에요. 이제 '1의 원시 n제곱'의 정의는 알고 있으니까 직접 예시를 만들 수 있을 것 같아요."

테트라, 기특하다.

"1의 원시 2제곱근은 -1이에요. 2제곱해서 처음으로 1이 되는 수니까요. 그리고 1의 원시 3제곱근은…… 어디 보자, 아, 이거네요. $1, \omega, \omega^2$ 중에서 1을 제외한 수, 그러니까 ω와 ω^2이에요. 아, 알았어요. 1의 원시 n제곱근을 생각하고 싶을 때는 $n = 1, 2, 3, 4, \cdots$처럼 순서대로 작은 n부터 '1의 n제곱근'을 생각해 보고, 처음으로 나온 수만 고르면 돼요!"

"정다각형을 생각하면 틀림없지." 미르카가 말했다. "이미 나온 수에 동그라미를 쳐 보자."

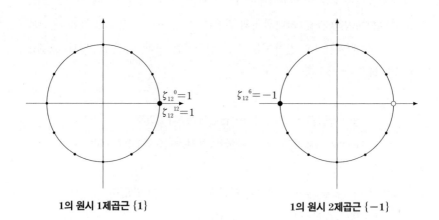

1의 원시 1제곱근 $\{1\}$ 1의 원시 2제곱근 $\{-1\}$

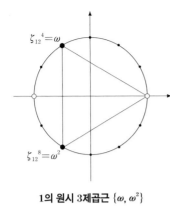

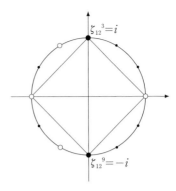

1의 원시 3제곱근 $\{\omega, \omega^2\}$　　　　**1의 원시 4제곱근 $\{i, -i\}$**

원분다항식

"여기까지 1의 원시 n제곱근을 생각해 봤어. 이번에는 어디로 가 볼까?" 미르카가 말했다.

우리는 가끔 '이번에는 어디로 가 볼까?'라는 말을 한다. 수학 토론을 어느 쪽으로 진행할까 묻는 것이다.

"그림은 이미 그렸으니까……." 테트라가 말했다.

그때 내 머릿속에서 뭔가 번뜩 떠올랐다.

"1의 원시 n제곱근을 근으로 하는 다항식을 생각해 보는 건 어때?"

"그거 괜찮네. 계수는 유리수로 하자." 미르카가 말했다.

"1의 원시 n제곱근을 근으로 하는 다항식이라……." 테트라가 생각에 잠기더니 말했다. "그렇구나, 근을 이미 알고 있다면 다항식도 간단히 만들겠네요. 1차식의 곱을 전개하면 되니까요."

"그렇지. 1의 원시 1제곱근과 1의 원시 2제곱근을 근으로 하는 다항식은 바로 만들 수 있어." 내가 말했다.

$$x - \zeta_{12}^{\ 0} = x - 1 \qquad \text{······ '1의 원시 1제곱근'을 근으로 하는 다항식}$$

$$x - \zeta_{12}^{\ 6} = x - (-1)$$

$$= x + 1 \qquad \text{······ '1의 원시 2제곱근'을 근으로 하는 다항식}$$

"아, 선배. 간단한 부분 먼저 하자는 거죠? 1의 원시 3제곱근은 ω와 ω^2이니까……."

$$(x-\zeta_{12}{}^4)(x-\zeta_{12}{}^8)=(x-\omega)(x-\omega^2)$$
$$=x^2-(\omega+\omega^2)x+\omega^3$$
$$=x^2-(\omega+\omega^2)x+1 \qquad \omega^3=1\text{이므로}$$
$$\cdots\cdots$$

"어? 이제 어떻게 풀어 가죠?"

"$\omega^2+\omega+1=0$이니까 $\omega^2+\omega=-1$을 쓸 수 있어." 내가 거들었다.

$$(x-\zeta_{12}{}^4)(x-\zeta_{12}{}^8)=x^2-(\omega+\omega^2)x+1$$
$$=x^2-(-1)x+1 \qquad \omega^2+\omega=-1\text{이므로}$$
$$=x^2+x+1 \qquad \cdots\cdots \text{ '1의 원시 3제곱근'을}$$
$$\text{근으로 갖는 다항식}$$

"그렇구나." 테트라가 고개를 끄덕였다.

"다음으로 1의 원시 4제곱근은 i, $-i$니까……."

$$(x-\zeta_{12}{}^3)(x-\zeta_{12}{}^9)=(x-i)(x-(-i))$$
$$=(x-i)(x+i)$$
$$=x^2+1 \qquad \cdots\cdots \text{ '1의 원시 4제곱근'을}$$
$$\text{근으로 갖는 다항식}$$

"그리고 1의 원시 6제곱근은…… 다음과 같이 되네요."

$$(x-\zeta_{12}{}^2)(x-\zeta_{12}{}^{10})=x^2-(\zeta_{12}{}^2+\zeta_{12}{}^{10})x+\zeta_{12}{}^2\zeta_{12}{}^{10}$$
$$=x^2-(\zeta_{12}{}^2+\zeta_{12}{}^{10})x+\zeta_{12}{}^{2+10}$$

$$=x^2-(\zeta_{12}{}^2+\zeta_{12}{}^{10})x+\zeta_{12}{}^{12}$$
$$=x^2-(\zeta_{12}{}^2+\zeta_{12}{}^{10})x+1$$
$$=?$$

"어? $\zeta_{12}{}^2+\zeta_{12}{}^{10}$이 뭐죠?"

"벡타의 합을 생각하면 1과 같다는 걸 알 수 있어." 미르카가 바로 답했다. 미르카는 항상 '벡터'를 '벡타'라고 발음한다.

"벡터의 합이 뭐예요?"

"$\zeta_{12}{}^2$와 $\zeta_{12}{}^{10}$의 합이야."

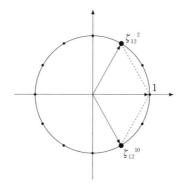

"그, 그렇구나……."

$$(x-\zeta_{12}{}^2)(x-\zeta_{12}{}^{10})$$
$$=x^2-(\zeta_{12}{}^2+\zeta_{12}{}^{10})x+1$$
$$=x^2-1x+1 \qquad \zeta_{12}{}^2+\zeta_{12}{}^{10}=1\text{을 사용}$$
$$=x^2-x+1 \qquad \cdots\cdots\text{'1의 원시 6제곱근'을 근으로 갖는 다항식}$$

"그럼 '1의 원시 12제곱근'은……."

$$(x-\zeta_{12}^{\ 1})(x-\zeta_{12}^{\ 5})(x-\zeta_{12}^{\ 7})(x-\zeta_{12}^{\ 11})$$
$$=(x^2-(\ \zeta_{12}^{\ 1}+\zeta_{12}^{\ 5})x+\zeta_{12}^{\ 1}\zeta_{12}^{\ 5})(x^2-(\zeta_{12}^{\ 7}+\zeta_{12}^{\ 11})x+\zeta_{12}^{\ 7}\zeta_{12}^{\ 11})$$
$$=?$$

"어? 벡터의 합과 지수법칙으로 계산할 수 있겠어요!"

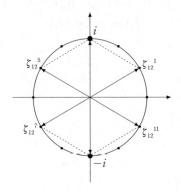

$$(x-\zeta_{12}^{\ 1})(x-\zeta_{12}^{\ 5})(x-\zeta_{12}^{\ 7})(x-\zeta_{12}^{\ 11})$$
$$=(x^2-\underbrace{(\zeta_{12}^{\ 1}+\zeta_{12}^{\ 5})}_{i}x+\underbrace{\zeta_{12}^{\ 1}\zeta_{12}^{\ 5}}_{\zeta_{12}^{1+5}=-1})(x^2-\underbrace{(\zeta_{12}^{\ 7}+\zeta_{12}^{\ 11})}_{-i}x+\underbrace{\zeta_{12}^{\ 7}\zeta_{12}^{\ 11}}_{\zeta_{12}^{7+11}=-1})$$
$$=(x^2-ix-1)(x^2+ix-1)\ v$$
$$=x^4+i\!\!\!/x^3-\!\!\!/x^2-i\!\!\!/x^3+\!\!\!/x^2+i\!\!\!/x-x^2-i\!\!\!/x+1$$
$$=x^4-x^2+1 \qquad \cdots\cdots \text{'1의 원시 12제곱근'을 근으로 갖는 다항식}$$

"이렇게 다 모였네."

내가 말하자 미르카가 고개를 끄덕였다.

"근이 1인 원시 k제곱근이 된 다항식'을 $\Phi_k(x)$라고 두자. 다 하나로 정해지니까 가장 높은 차수의 계수는 1로 할게."

$$\Phi_1(x)=x-1$$
$$\Phi_2(x)=x+1$$

$$\Phi_3(x) = x^2 + x + 1$$

$$\Phi_4(x) = x^2 + 1$$

$$\Phi_6(x) = x^2 - x + 1$$

$$\Phi_{12}(x) = x^4 - x^2 + 1$$

"이런 다항식 $\Phi_k(x)$를 **원분다항식**이라고 해. 그럼 기다리던 **퀴즈** 시간이야. 이 원분다항식을 모두 곱하면 어떻게 될까?"

$$\Phi_1(x)\Phi_2(x)\Phi_3(x)\Phi_4(x)\Phi_6(x)\Phi_{12}(x) = ?$$

"바로 계산할게요!"

"잠깐, 잠깐!" 테트라가 계산에 들어가려는데 내가 가로막았다. 그러자 미르카가 다급히 책상 아래로 내 다리를 걷어찼다.

"아…… 바로 계산하면 안 돼요?"

"계산하지 않아도 답이 나와." 미르카가 말했다. "여기서 곱을 뗀 원분다항식의 근을 복소평면 위에 그리면 어떻게 될까? 단위원을 12등분하는 점을…… 빠짐없이, 겹치지 않고 그리게 돼. 그러니까 이 원분다항식의 곱은 $x^{12} - 1$과 같다는 거지."

$$\Phi_1(x)\Phi_2(x)\Phi_3(x)\Phi_4(x)\Phi_6(x)\Phi_{12}(x) = x^{12} - 1$$

"반대로 말하면 $x^{12} - 1$은 복소수의 범위에서 다음과 같이 인수분해를 할 수 있어."

$$x^{12} - 1 = \underbrace{(x - \zeta_1^{\,1})}_{\Phi_1(x)} \underbrace{(x - \zeta_2^{\,1})}_{\Phi_2(x)} \underbrace{(x - \zeta_3^{\,1})(x - \zeta_3^{\,2})}_{\Phi_3(x)}$$

$$\underbrace{(x - \zeta_4^{\,1})(x - \zeta_4^{\,3})}_{\Phi_4(x)} \underbrace{(x - \zeta_6^{\,1})(x - \zeta_6^{\,5})}_{\Phi_6(x)}$$

$$\underbrace{(x-\zeta_{12}{}^{1})(x-\zeta_{12}{}^{5})(x-\zeta_{12}{}^{7})(x-\zeta_{12}{}^{11})}_{\Phi_{12}(x)}$$

"$x^{12}-1$에 대해서 원분다항식은 마치 소수와 같은 역할을 한다는 걸 알 수 있을 거야. 일반적으로 원분다항식 $\Phi_n(x)$는 n과 서로소인 정수 k를 사용해서 다음과 같이 쓸 수 있어."

$$\Phi_n(x) = \prod_{n \perp k}(x-\zeta_n{}^{k}) \qquad (n \perp k \text{는 '}n\text{과 } k\text{는 서로소'라는 뜻})$$

"대, 대단해요! 하나하나는 당연한 것처럼 생각되는데, 여러 가지가 연결돼서…… 적잖이 진동하고 있어요!" 테트라는 크게 흥분하며 양팔을 마구 휘저었다.

"그러니까…… 원이랑 정n각형이랑 1의 원시 n제곱근이랑 정수랑 다항식의 인수분해랑 방정식의 해랑 복소수의 거듭제곱이랑 삼각함수가 전부 다 연결되어 있어요!"

"정말 그렇구나." 나도 감탄했다.

"하나 더 이을 수 있어." 미르카가 말했다. "1의 원시 n제곱근의 개수는 오일러 선생님의 φ 함수 값이 돼. 함수 $\varphi(n)$은 $1 \leq k < n$의 범위에서 n과 서로소인 자연수의 개수를 나타내고, 나아가 순환군의 생성원 개수도 나타내거든."

미르카는 φ를 그리듯 손가락을 흔들었다.

"서로소의 열렬한 팬인 유리가 이 자리에 없는 게 아쉽군. 왜 오늘은 안 데려왔어?"

미르카가 나를 째려봤다.

원분방정식

"무라키 선생님이 주신 이 카드 한 장으로 세계가 꽤 넓게 펼쳐지네요." 테트라가 말했다.

"확실히 그러네." 나도 고개를 끄덕였다.

"사이클러토믹 이퀘이션(cyclotomic equation)." 미르카가 말했다.

"사이클러토믹? 아, 그렇군요." 테트라가 영어 단어의 조합을 해부하기 시작했다.

"'cyclo-'는 'cycle'에서 왔네요. 빙글빙글 돌아가는 원. 그럼 '-tomic'은? 'atom'이 '나눌 수 없는 것', 즉 원자를 말하니까 아마 '-tom'은 '나누다'가 아닐까요? 그리고 '-ic'는 형용사를 만드는 접미사. 그러니까 'cyclotomic equation'은 '원을 나누는 방정식'으로 해석돼요!"

"아마도……." 미르카가 고개를 끄덕였다.

"이걸 **원분방정식**이라고 해. n차 원분방정식의 해는 단위원을 n등분으로 분할해. $x^n - 1 = 0$의 꼴을 한 방정식은 n차 원분방정식이라고 하고, $x^{12} - 1 = 0$이면 12차 원분방정식이지."

$$x^{12} - 1 = 0 \qquad \text{(12차 원분방정식)}$$

"으으……." 내 입에서 안타까운 탄식이 새어 나왔다.

나는 방정식 $x^{12} = 1$에서 드무아브르의 정리를 사용해 1의 12제곱근을 구하는 법을 알고 있었다. 또한 오일러의 φ 함수도 들은 적이 있다. 하지만 이 원분다항식 이야기는 몰랐다.

아름답다. 뿔뿔이 흩어져 있던 것들이 연결되어 있다. $x^{12} - 1$이라는 다항식 하나에서 시작되었다. 이 식을 들여다보고만 있으면 아무 일도 일어나지 않는다. 하지만 좀 더 원시적인 원소로 분해하자는 발상이 이토록 흥미로운 세계를 펼쳐 낼 수 있다니. 원시 원소로 분해하고, 분해한 원소를 조합한다. '분해'와 '합성'을 거쳐 우리는 구조를 파악할 수 있는 것이다.

"마치…… 마치 ω의 왈츠 변주곡 같아." 미르카가 창밖을 바라보며 말했다.

"그러네." 내가 말했다.

정12각형 안에는 $\{\zeta_{12}{}^0, \zeta_{12}{}^4, \zeta_{12}{}^8\}$가 숨겨져 있다. 정3각형이라는 작은 구조물이다. 그리고 그건 나와 미르카의 추억…… 'ω의 왈츠'와도 이어져 있다.

"언어……라고 해야 할까요? 어떻게 표현하는지가 중요하네요." 테트라가 말했다.

"$\cos\theta + \sin\theta$라고 하면 편각 θ를 잘 알 수 있어서 복소평면 위의 좌표가 명확해요. ζ_{12}라고 하면 $\zeta_{12}{}^6 = \zeta_2{}^1$이라는 식이 분수와 비슷해서 깔끔하죠. 그리고 $e^{i\theta}$는 지수법칙을 이해할 수 있는 형태를 띠고 있어요. 수식 기호를 다르게 쓰면 뉘앙스도 달라지거든요. 표현하는 사람의 마음…… 그러니까 수식을 통해 메시지를 전하는 사람의 마음도 알 것 같은 기분이에요."

풀이 4-1a 인수분해

$x^{12}-1$은 아래와 같이 인수분해를 할 수 있다(계수가 **유리수**인 경우).

$$x^{12}-1$$
$$= \Phi_1(x)\Phi_2(x)\Phi_3(x)\Phi_4(x)\Phi_6(x)\Phi_{12}(x)$$
$$= \underbrace{(x-1)}_{\Phi_1(x)}\underbrace{(x+1)}_{\Phi_2(x)}\underbrace{(x^2+x+1)}_{\Phi_3(x)}\underbrace{(x^2+1)}_{\Phi_4(x)}\underbrace{(x^2-x+1)}_{\Phi_6(x)}\underbrace{(x^4-x^2+1)}_{\Phi_{12}(x)}$$

풀이 4-1b 인수분해

$x^{12}-1$은 아래와 같이 인수분해를 할 수 있다(계수가 **복소수**인 경우).

$$x^{12}-1 = \underbrace{(x-\zeta_1{}^1)}_{\Phi_1(x)}\underbrace{(x-\zeta_2{}^1)}_{\Phi_2(x)}\underbrace{(x-\zeta_3{}^1)(x-\zeta_3{}^2)}_{\Phi_3(x)}$$

$$\underbrace{(x-\zeta_4{}^1)(x-\zeta_4{}^3)}_{\Phi_4(x)}\underbrace{(x-\zeta_6{}^1)(x-\zeta_6{}^5)}_{\Phi_6(x)}$$

$$\underbrace{(x-\zeta_{12}{}^1)(x-\zeta_{12}{}^5)(x-\zeta_{12}{}^7)(x-\zeta_{12}{}^{11})}_{\Phi_{12}(x)}$$

단, $\zeta_n = \cos\dfrac{2\pi}{n} + i\sin\dfrac{2\pi}{n} = e^{\frac{2\pi i}{n}}$이다.

"이런 도형도 즐겁네." 미르카가 말했다.

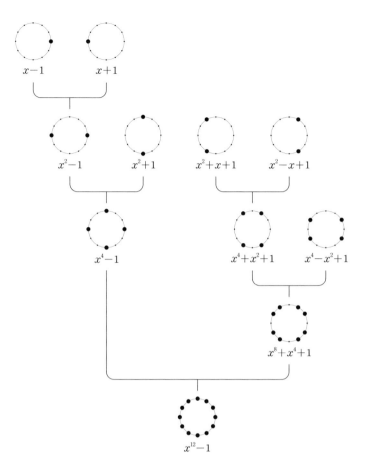

$x^{12}-1$의 인수분해(계수가 유리수인 경우)

너와 멍에를 공유하며

"이 그림을 보다가 발견했는데요." 테트라가 말을 꺼냈다. "이 까만 점은 위아래로 대칭이잖아요. 마치 실수축을 수면으로 했을 때 하늘에 있는 별이 비추는 것 같아요."

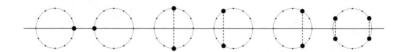

"**켤레복소수야.**" 미르카가 말했다. "$a+bi$와 $a-bi$처럼 대칭인 복소수들을 가리키는 말이야. 단위원 위에 없어도 돼."

"이차방정식 복소수의 해는 반드시 켤레복소수가 돼." 나도 덧붙였다.

"켤레복소수의 '켤레'를 뜻하는 한자어는 '공액(共軛)'인데, 이때 '액'자는 '멍에'를 뜻해." 미르카가 말했다.

"멍에……. 그게 무슨 뜻이지?" 내가 물었다.

"멍에는 소의 목에 얹는 농기구예요. 쟁기질이나 수레를 끌게 하는 도구죠. 벗어날 수 없는 '구속'이나 '억압'을 뜻하는 말로도 쓰여요." 테트라가 나서서 설명했다.

"테트라, 어떻게 그렇게 잘 알고 있어?" 내가 말했다.

"켤레복소수에는 방정식이라는 멍에가 걸려 있어." 이번에는 미르카가 나섰다.

"켤레복소수는 한쪽이 움직이면 다른 한쪽도 움직여. 이차방정식으로 서로 묶여 있기 때문에 마음대로 움직이지 못하지. 멍에를 공유한다는 것이 바로 공액의 뜻이기도 해. 이렇게 같이 묶인 해는 항상 방정식이라는 멍에를 공유하기 때문에 따로 움직일 수가 없어."

"거울에 비친 나처럼?" 내가 말했다. "거울 이쪽에 있는 나와 저쪽에 있는 나는 항상 같이 움직이잖아. 거울로 묶여 있는 것처럼."

"결혼한 부부처럼?" 테트라가 말했다. "결혼한 남편과 아내는 항상 인생을 같이하잖아요. 약속으로 묶여 있으니까."

"약속?" 내가 말했다.

"네. 결혼은 '당신과 멍에를 공유하겠습니다'라는 약속이니까요." 테트라는 말하면서 고개를 크게 끄덕였다.

"어쨌든 켤레인 근은 방정식이라는 멍에를 공유하고 있어. 그 수수께끼를 통찰한 사람이 바로 천재 갈루아야. 자, 이제 이해된 거지?" 미르카가 말했다.

순환군과 생성원

"정12각형과는 이제 친구가 된 것 같아요!" 테트라가 말했다.

"그럼 다른 관점에서 ζ_{12}에 대해 생각해 보자." 미르카가 말했다. "우선 'a' 라는 표기를 다음과 같이 정의할게."

$$\langle a \rangle = 수\ a를\ n제곱해서\ 얻을\ 수\ 있는\ 수\ 전체의\ 집합\ (n = 1, 2, 3, \cdots)$$

"그리고 $\zeta_{12} = \cos\dfrac{2\pi}{12} + i\sin\dfrac{2\pi}{12}$ 라고 하면 다음이 성립해."

$$\langle \zeta_{12} \rangle = \{\zeta_{12}{}^{1}, \zeta_{12}{}^{2}, \zeta_{12}{}^{3}, \zeta_{12}{}^{4}, \zeta_{12}{}^{5}, \zeta_{12}{}^{6}, \zeta_{12}{}^{7}, \zeta_{12}{}^{8}, \zeta_{12}{}^{9}, \zeta_{12}{}^{10}, \zeta_{12}{}^{11}, \zeta_{12}{}^{12}\}$$

"네, 그렇군요."

"그럼 **퀴즈**를 낼게. $n = 1, 2, 3, \cdots$은 무수히 있는데, 왜 집합 'ζ_{12}'에는 원소가 12개밖에 없을까?"

"12개로 한 바퀴 돌아서…… 그러니까 예를 들어 $\zeta_{12}{}^{13}$은 $\zeta_{12}{}^{1}$과 같으니까요. 몇 제곱을 해도 12개보다 늘어날 일은 없어요."

"좋아. 그럼 문제 낼게."

문제 4-2 생성원의 개수

다음 등식을 만족하는 정수 k는 $1 \leq k < 12$의 범위에 몇 개 있는가?

$$\langle \zeta_{12} \rangle = \langle \zeta_{12}{}^{k} \rangle$$

"음……."

테트라는 손톱을 깨물면서 깊은 생각에 잠겼다.

나는 '역시' 하는 생각이 들었다. 이 문제는…… 이렇게 바꿔 말할 수 있다. 'ζ_{12}는 거듭제곱을 반복하면 '1의 12제곱근'을 모두 생성한다. 그와 마찬가지로 거듭제곱을 반복했을 때 '1의 12제곱근'을 전부 다 생성하는 수는 '1의 12제곱근' 안에 몇 개 있을까?'

문장으로 표현하기는 좀 복잡하다. 하지만 ⟨a⟩라는 표기를 '수 a를 n제곱해서 얻을 수 있는 수 전체의 집합(n=1, 2, 3, …)'으로 정의해 놓으면 간단해지고 의미도 명확해진다. ⟨a⟩라는 표기가 무엇을 뜻하는지 제대로 이해하지 않으면 이해하기 더 어려워질 수 있다.

테트라는 노트를 다시 보고 있다.

미르카는 그런 테트라를 보고 있다.

나는…… 그런 미르카를 보고 있었다.

"나왔어요. 4개예요." 테트라가 말했다.

"구체적으로는?" 미르카가 물었다.

"음, ⟨ζ_{12}⟩＝⟨$\zeta_{12}{}^k$⟩를 만족하는 k는 $1 \leq k < 12$의 범위에서 1, 5, 7, 11이에요."

"잘했어." 미르카가 말했다.

안심하는 테트라.

나는 미르카의 다음 질문을 예상할 수 있었다.

"그렇다면 1, 5, 7, 11은 어떤 수야?" 미르카가 물었다.

역시 내 예상이 맞았다.

"어떤 수……요? 1, 5, 7, 11은 '2, 3, 4, 6, 12로 나누어떨어지지 않는 수'예요. 바꿔 말하면 '1을 제외한 12의 약수로 나누어떨어지지 않는 수'예요."

"틀린 건 아니야. 너는 어떻게 생각해?" 미르카가 나에게 화살을 돌렸다.

"글쎄. 1, 5, 7, 11은 '12와 최대공약수가 1이 되는 수', 그러니까 '12와 서로소인 수'야!"

"맞아." 미르카가 고개를 끄덕였다.

"아차, 그렇군요. 서로소, 서로소. 'relatively prime.' 이렇게 멋진 말을 잊어버리면 안 되죠."

"$\zeta_{12}{}^1, \zeta_{12}{}^5, \zeta_{12}{}^7, \zeta_{12}{}^{11}$은 '1의 원시 12제곱근'이야. 그리고 그 가운데 어떤 수를 거듭제곱해도 $x^{12}-1$의 모든 근을 생성할 수 있어. 그리고 복소수의 곱에

관해서 군을 이루지. 수 하나로 생성된 군, 그러니까 순환군이야. 바꿔 말하면 1의 원시 12제곱근은 모두 순환군 $\langle \zeta_{12} \rangle$를 생성할 수 있는 거야."

$$\langle {\zeta_{12}}^{1} \rangle = \langle {\zeta_{12}}^{5} \rangle = \langle {\zeta_{12}}^{7} \rangle = \langle {\zeta_{12}}^{11} \rangle$$
$$= \{ {\zeta_{12}}^{1}, {\zeta_{12}}^{2}, {\zeta_{12}}^{3}, {\zeta_{12}}^{4}, {\zeta_{12}}^{5}, {\zeta_{12}}^{6}, {\zeta_{12}}^{7}, {\zeta_{12}}^{8}, {\zeta_{12}}^{9}, {\zeta_{12}}^{10}, {\zeta_{12}}^{11}, {\zeta_{12}}^{12} \}$$

$\boxed{\text{풀이 4-2}}$ **생성원의 개수**

다음 등식을 만족하는 정수 k는 $1 \leq k < 12$의 범위에 4개 있다.

$$\langle \zeta_{12} \rangle = \langle {\zeta_{12}}^{k} \rangle$$

3. 모의고사

시험장

"수험표, 필기도구, 시계 말고 책상 위에 아무것도 두지 마세요. '시작하세요'라는 지시가 있을 때까지 문제지에 손을 대면 안 됩니다. 질문이 있는 사람은 가만히 손을 드세요. 그리고……."

나는 눈을 감은 채 시험 감독 선생님이 말하는 주의 사항을 듣고 있다.

이곳은 옆 동네에 있는 고등학교. 유명한 입시학원이 주최하는 모의고사가 치러지고 있다. 시험이 시작되기 전, 교실에 긴장된 분위기가 가득하다. 냉방 효과가 좋지 않은 편이다. 평소와 다른 교실, 평소와 다른 냄새…… 진짜 시험장도 이렇게 낯선 느낌이겠지. 원정 경기에 출전한 듯한 묘한 느낌에 익숙해지는 것도 모의고사의 기능일까?

나는 얼마 전 미르카, 테트라와 함께한 시간을 떠올렸다. 그날의 대화는 무라키 선생님이 내 주신 '$x^{12} - 1$'이라는 카드에서 시작되어 점점 확대되었다.

- 다항식의 인수분해와 방정식의 해
- 정n각형

- 1의 n제곱근과 1의 원시 n제곱근
- 원분다항식과 원분방정식
- 서로소
- 순환군과 생성원
- 그리고 켤레인 근은 방정식이라는 멍에를 나눈다.

수학이 꼬리에 꼬리를 물고 이어졌다.

그리고 나는 테트라의 발상을, 미르카의 강의를 한껏 즐겼다.

그녀들의 매력은 겉모습뿐만이 아니다. 더 심오하다.

나는 그들을, 그리고 수학을 제대로 이해하고 있는 걸까?

나는 테트라를 이해하고 있는 걸까?

나는 미르카를 이해하고 있는 걸까?

나는…… 나 자신조차 이해하지 못하는지도 모른다.

입시 참고서 표지를 보면 '곧바로 이해되는'이라는 수식어를 자주 볼 수 있다. 시험을 잘 보고 싶은 이들의 심리를 자극하는 표현이다. 하지만 중요한 건 '곧바로 이해되는' 게 아니다. 정말 중요한 건…….

그 순간 시험 감독관의 목소리가 들렸다.

"시작하세요."

나는 눈을 떴다.

그럼 열심히 해 볼까, 수험생!

정말 중요한 건…….

16세가 된 갈루아는 몰두할 수 있는 수학이 있었기 때문에
학교생활에 불만은 있었을지언정 더 이상 불행하지는 않았다.
_하라다 고이치로

각의 3등분

나뭇가지와 가시가 얽히고설켜 아무도 들어가지 못하게 되자
이윽고 탑 꼭대기만 보였습니다.
이렇게 공주가 고이 잠든 곳으로
누군가 재미 삼아 찾아갈 염려는 사라졌습니다.
_『잠자는 숲속의 공주』

1. 도형의 세계

유리

"정신 차려, 대입 수험생!" 유리가 소리쳤다.

"큭, 갑자기 뭐야, 고등학교 수험생!" 내가 대답했다.

"헤헷!" 유리가 재미있다는 듯 웃었다. 우리끼리 통하는 대화 방식이다.

나의 방. 점심시간이 지나 유리가 내 방을 찾았다. 여름방학이라 유리가 자주 놀러 오고 있다.

얼마 전에 치른 모의고사 성적은 좋지도 나쁘지도 않았다. 큰 실수는 없었지만 자잘한 실수도 꽤 있었다. 나는 답안을 비교하면서 해설을 읽고 노트에 정리해 두었다. 작은 실수라도 하나하나 확인하는 과정은 성적을 올리는 데 큰 도움이 된다. 하지만 긴장되거나 호기심을 자극하는 정도의 특별한 과정도 아닌, 담담히 수행해야 하는 입시 공부의 하나다.

"유리야, 나 좀 바쁘거든."

"어느 대학 갈지는 정한 거야?"

"뭐, 대략은……."

내가 지원할 대학은 정했다. 하지만 마음속에 이런 질문이 남아 있다.

'나의 진로란 무엇일까? 나는 왜 진학을 하는 걸까? 대학에 가서 하고 싶은 공부는 무엇일까?'

하지만 이런 이야기를 중학교 3학년 유리에게 해 봤자 소용이 없다.

"와, 정했구나."

"그래서 이렇게 바쁘게 공부하고 있잖아."

"그건 그렇고, 오빠……."

"그건 그렇지 않아."

"오늘은 부탁이 있어서 왔어."

"뭔데?" 나는 스펠링이 틀린 영어 단어를 카드에 적으며 대답했다. '장황한'은 'redundant'이고, '짓궂은'은 'mischievous'인가?

"오늘 하루만 도와줘! 나약한 소녀랑 함께해 줘."

"나약한 소녀가 어디 있는데?"

"오빠 눈앞에! ……혼자서 가지 말라고 했단 말이야." 팔짱을 끼고 눈을 부릅뜨는 나약한 소녀.

"어딜 가는데?"

"나라비쿠라 도서관!"

각의 3등분 문제

전철역 자판기에서 주스를 뽑아 유리에게 건넸다.

"고마워." 유리가 받아들었다.

전철 안. 결국 나는 나라비쿠라 도서관으로 가고 있다.

"오빠도 한 모금 마실래? 아, 간접 키스는 좀 그런가?"

"무슨 헛소리! 그런데 나라비쿠라 도서관에서 뭘……."

"있잖아, 오빠! **각의 3등분 문제** 알아?"

"당근이지. 수학 역사상 가장 유명한 문제 중 하나니까."

고대 그리스 시대부터 있었던 문제로 알려져 있다.

문제 5-1 각의 3등분 문제

자와 컴퍼스만 사용해서 주어진 각을 3등분할 수 있는가?

"그거야, 그거. 각의 3등분은 '불가능하다'는 답이 나오잖아?"

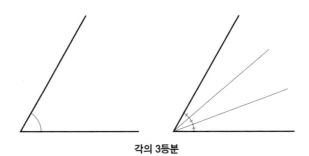

각의 3등분

"맞아. 이미 증명되었어. 자와 컴퍼스만 사용해서 임의의 각을 3등분할 수는 없어."

"그런데 예를 들어, 자와 컴퍼스를 사용하면 정삼각형을 그릴 수 있잖아?"

유리는 조심조심 노트를 꺼냈다.

정삼각형을 자와 컴퍼스로 작도하는 순서

1. 자로 두 점 A, B를 지나는 직선을 그린다.

2. 컴퍼스로 점 A를 중심으로 B를 지나는 원을 그린다.

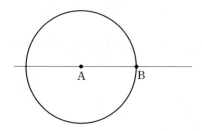

3. 컴퍼스로 점 B를 중심으로 A를 지나는 원을 그리고, 교점 중 하나를 C로 한다.

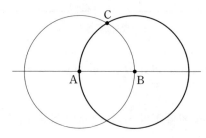

4. 자로 두 점 A, C를 지나는 직선을 그린다.

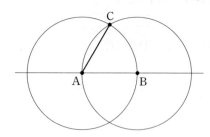

(여기서는 두 점 A, C를 연결하는 선분을 그렸다.)

5. 자로 두 점 B, C를 지나는 직선을 그린다.

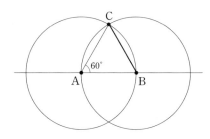

"정삼각형의 한 각은 60°잖아. 그럼 180°라는 각을 3등분한 게 되는 거잖아. 180°÷3＝60°니까. 그럼 각을 3등분할 수 없다고 주장할 수 없잖아."

"유리야, 나는 '임의의 각을 3등분한다고 할 수는 없다'라고 했어. 그러니까 3등분할 수 있는 각도 있고 3등분할 수 없는 각도 있다는 거야. 180°는 자와 컴퍼스로 3등분할 수 있는 각인 경우지."

"그런가?" 유리가 고개를 끄덕였다. "그럼 3등분할 수 있는 각은 어떤 거야?"

"방금 유리가 말한 것처럼 180°는 3등분할 수 있어. 거기에 직각인 90°를 만들 수 있으니까 270°도 3등분할 수 있지. 90°와 60°를 만들 수 있다는 건 90°－60°＝30°를 만들 수 있으니까 90°도 3등분할 수 있어."

"많이 있네. 그럼 3등분할 수 없는 각은?"

"책을 오래전에 봐서 기억이 가물가물하네." 내가 말했다.

"예를 들어 60°는 3등분이 안 돼?" 유리는 갑자기 목소리를 낮췄다.

"응? 아, 그럴지도. 확실히 60°는 3등분할 수 없는 것 같아."

"그러니까 자와 컴퍼스로는 60°÷3＝20°를 만들 수 없다는 거지?"

문제 5-2 20° 작도

자와 컴퍼스로 20°를 그릴 수 있을까?

"그렇지. 60°는 3등분을 못하니까 20°를 작도할 수 없어."

"정말? 열심히 하면 만들 수 있을 것 같은데……. 도형 문제는 보조선을 그러면 풀릴 때도 있잖아? 연구를 하면 가능한 거 아닐까?"

"그렇지 않아. 제대로 설명할게."

나는 유리가 바라는 대로 '각의 3등분 문제'에 대해 설명을 시작했다.

전철 안이든 어디든, 우리는 수학 이야기를 즐길 수 있다.

각의 3등분 문제에 대한 오해

각의 3등분 문제를 다룬 책을 읽은 적이 있는데, 다음과 같은 문제는 자주 오해를 받는대.

자와 컴퍼스만 사용해서 임의의 각을 3등분할 수 있는가?

'잘하면 가능할 것 같은 느낌'이 드니까 말야. 오해에는 몇 가지 패턴이 있어.

먼저 **'수학적으로 불가능'**이라는 뜻을 오해하는 패턴이야. 수학적으로 불가능하다는 건 증명되어 있다는 거야. 단순히 노력 부족으로 못 찾는 게 아니야. 작도가 불가능하다고 수학적으로 증명되었다면 그건 완전히 불가능한 거야. '이것저것 해 보면 될 것 같은데……'라는 건 말도 안 된다고. 보조선을 사용한다는 발상은 좋지만, 보조선이라도 마음대로 그을 수는 없잖아. 보조선을 그을 때도 두 점이 필요하니까.

그리고 '각의 3등분은 불가능하다'를 **'3등분할 수 있는 각은 하나도 없다'라고 오해하는 패턴**도 있을 법하지. '각의 3등분은 불가능하다'는 건 '3등분을 할 수 없는 각이 최소한 하나는 존재한다'라고 바꿔 말할 수 있어. 그러니까 각의 3등분 문제의 불가능성은 3등분이 되지 않는 각을 딱 하나만 찾아내면 증명 끝이야.

그리고 문제의 **'전제 조건'을 오해하는 패턴**도 아마 많을 거야. 각의 3등분 문제에서 작도에 쓰는 도구는 제한되어 있어. 자와 컴퍼스, 이 둘뿐이지. 게다가 횟수도 유한하지. 도구를 '발명'해서 '이 도구를 사용하면 3등분이 가능해!'라고 말하는 건 의미가 없어.

'존재'와 '작도 가능'을 혼동하는 패턴도 있어. 어떤 각에 대해서도 3등분 각은 존재할 수 있지만 반드시 작도할 수 있는 건 아니야. 특히 이 문제에서는 자와 컴퍼스만 사용해야 한다는 제약이 있어. 그런 제약을 무시한 채 작도가 가능하다고 말할 수는 없지. 3등분한 각은 존재할 수 있지만 항상 유한한 횟수로 규칙에 맞게 작도할 수는 없어.

◆ ◆ ◆

"그런데……." 유리는 주스를 남김없이 들이켜고 말했다. "각의 3등분 문제는 쉽게 말해서 '그림을 만들 수 있는가'라는 문제잖아? 그림을 만드는 방법에는 여러 가지가 있어. '작도 가능'은 증명할 수 있을지 모르겠지만, '작도 불가능'을 증명할 수 있어? 그림이란 뭐랄까, 얼마든지 넓힐 수 있으니까."

"유리가 말하는 '넓힐 수 있다'는 건 증명을 했다고 해도 빠져나갈 구멍이 있을 거라는 뜻이야?"

"음, 뭐 그런 비슷한 거."

"빠져나갈 수 없어. 우리 같이 '주어진 각의 3등분은 불가능하다'라는 문제를 생각해 보자. 증명의 마지막 지점까지 도착할 수 있을지는 모르겠지만, 갈 수 있는 데까지 가 보자."

"수학 시작하자!"

유리는 말이 끝나기가 무섭게 뿔테 안경을 썼다.

자와 컴퍼스

차근차근 가 보자. 먼저 자와 컴퍼스부터 점검하자고.

각의 3등분 문제를 생각할 때 쓸 수 있는 도구는 자와 컴퍼스뿐이야. 이건 문제의 전제 조건이야. 이 전제 조건을 무시해도 된다면 각의 3등분 문제는 완전히 누워서 떡 먹기야. 각도기를 써서 3등분하면 끝나 버리니까.

먼저 **자**부터 생각해 보자. 자를 써서 할 수 있는 건 딱 하나야.

'주어진 두 점을 지나는 직선을 그릴 수 있다.'

여기서 말하는 자는 주어진 두 점이 아무리 떨어져 있거나 아무리 가까이 있어도 문제없이 그 두 점을 지나는 직선을 이을 수 있다고 하자. 단, 두 점이 일치해서는 안 돼.

그리고 할 수 없는 것 또는 해선 안 되는 것도 있어. 자의 눈금을 쓰면 안 된다는 거야. 그러니까 어떤 거리도 잴 수 없어. 주어진 자는 두 점을 지나는 직선을 긋는 도구로 쓸 수밖에 없는 거야.

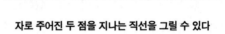

자로 주어진 두 점을 지나는 직선을 그릴 수 있다

이번에는 **컴퍼스**. 컴퍼스는 원을 그리는 도구야. 컴퍼스도 딱 한 가지 기능만 사용할 수 있어.

'주어진 두 점 중 한 점을 중심으로 다른 한 점을 지나는 원을 그릴 수 있다.'

컴퍼스로 주어진 두 점 중 한 점을 중심으로 다른 한 점을 지나는 원을 그릴 수 있다

정리하자면, 각의 3등분 문제를 생각할 때 우리가 할 수 있는 일은 이것뿐이야.

자　　주어진 두 점을 지나는 직선을 그릴 수 있다.

컴퍼스　주어진 두 점 중 한 점을 중심으로 다른 한 점을 지나는 원을 그릴 수 있다.

자와 컴퍼스를 사용할 수 있는 조건이 분명해졌어. 이게 규칙이야.
자와 컴퍼스는 유한 번이라면 몇 번이든 반복해서 사용해도 좋아. 그러니까 잘 조합하면 여러 가지 도형을 만들 수 있어. 아까 정삼각형도 만들어 봤지?

이제 우리는 '자와 컴퍼스로 작도 가능한 도형은 무엇인가'를 연구할 거야.

'작도 가능'이라는 말

"유리, 여기까지 됐어?"

"응. 자와 컴퍼스, 두 점으로 직선을 그릴 수 있다, 두 점으로 원을 그릴 수 있다. 못 알아들은 건 없어. 그런데 처음에 점이 주어져 있지 않으면 아무것도 그릴 수 없잖아?"

"오, 예리한데? 맞아. 두 점은 처음부터 주어져 있었다고 하자. 그렇지 않으면 아무것도 시작할 수 없으니까. 어느 시점에 도달하면 두 점은 '직선과 원', '직선과 직선', '원과 원'의 교점으로 제한하자. 그리고 컴퍼스로 원을 그린 다음 컴퍼스의 중심을 다른 점으로 이동해서 원을 그려도 상관없어. 즉 다른 점에서도 반지름이 같은 원을 그릴 수 있다는 거야."

"응. 그건 알겠는데…… 아직 확실히 입증할 수 있을까 의심스럽다웅. 오빠도 아까 '여러 가지 도형을 만들 수 있다'고 했잖아. 얼마든지 자유롭게 그릴 수 있을 것 같단 말이지. 그림은 수에 대한 증명과 다르잖아. 예를 들어 '$\sqrt{2}$는 유리수다'나 '3은 짝수다'를 증명하는 건 불가능하지만 어떤 그림을 만들어 낼 수 없다는 걸 어떻게 증명해?"

"무슨 말인지 알겠어……."

나는 유리의 말을 곰곰이 되새겼다. 어느덧 유리의 사고력이 깊어진 것 같다. 자신이 모르는 부분을 말로 설명하는 능력도 늘었다.

"오빠?"

"유리야, '작도할 수 있다'라는 말의 의미를 잘 생각해 보자. 그리고 도형의 세계를 수의 세계로 옮겨서 생각해 보는 거야. 이건 여행이야. '도형의 세계'에서 '수의 세계'로 가는 여행."

"여행?"

우리를 태운 전철은 나라비쿠라 도서관으로 향하고 있다.

그 안에서 우리는 수의 세계로 나아갔다.

2. 수의 세계

구체적인 예시

"우리는 자와 컴퍼스를 사용해서 그릴 수 있는 도형을 연구하고 싶어. 그러려면 **점이 필요**하지. 그러니까 이제부터 **'작도 가능한 점'**에 대해 알아볼 거야."

"알았다옹."

"좌표평면 위에서 점은 (x, y)라는 좌표로 나타낼 수 있으니까, 결국 작도 가능한 점의 x좌표와 y좌표에 쓰이는 수를 연구해야 해."

"아, 그럼 **작도 가능한 수**겠네?"

"맞아, 작도 가능한 수……. 유리, 뭐 알고 있는 거야?"

"조금. 사실은 말이야……."

유리는 웅얼거리며 머리카락 끝을 만지작거렸다.

"사실 오늘 말이야……. 페스티벌 준비위원회 모임이 있어."

"페스티벌?"

"옹. 그게 나라비쿠라 도서관에 가는 이유야. 미르카 언니랑 다른 사람도 온다고……."

아하, 미르카도 온다는 건 무슨 수학 이벤트가 열린다는 말이군.

"유리가 '각의 3등분 문제'를 물어본 이유도 그…… 페스티벌 때문이야?"

"뭐, 그런 거지. 그래서 예습을 좀 하려고."

그렇군. 수학을 좋아하는 사람들이 모인다, 수학 이야기를 한다, 수학 문제를 푼다, 미르카가 흥미로운 관점으로 해설한다…… 익숙한 방식이다. 지금 우리가 가는 이유가 바로 그 행사 때문이란 말이군.

"다시 본론으로 돌아가자. 작도 가능한 수." 유리가 말했다.

"그러자. 도형을 그리기 전에 작도 가능한 점의 좌표로 주어진 수를 작도 가능한 수라고 부를 거야."

"옹."

"원점 $(0, 0)$과 $(1, 0)$이라는 두 점이 주어졌다고 치자. 그러니까 0과 1은 작도 가능한 수야. 이 두 점을 시작으로 자와 컴퍼스를 사용해서 직선과 원을

만들 거야. 그리고 '직선과 직선', '직선과 원' 혹은 '원과 원'의 교점이 만들어
지면 그 x좌표와 y좌표도 작도 가능한 수가 되겠지?"

"음…… 구체적으로 말해 줘!"

"먼저 $(0, 0)$과 $(1, 0)$을 잇는 직선을 그으면 x축이 생기지."

"옆으로 쓱 그리는 거지?"

"$(0, 0)$을 중심으로 반지름이 1인 원을 그리면 x축과 만나는 교점은 $(1, 0)$과 $(-1, 0)$이 돼. 그러면 -1도 작도 가능한 수가 되겠지. 이번에는 컴퍼스 바늘을 $(1, 0)$으로 옮겨서 원을 그릴게. 그러면 x축과 만나는 교점이 $(2, 0)$이 되니까 2도 작도 가능한 수가 돼. 이런 원을 반복해서 그리면 ……-3, -2, -1, 0, 1, 2, 3,…이 모두 작도 가능한 수에 포함돼. 그러니까 모든 정수는 작도 가능한 수가 된다는 말이지."

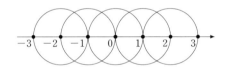

"그렇구나."

"자와 컴퍼스를 사용하면 주어진 직선과 직교하는 직선을 그릴 수 있으니까 y축도 작도가 가능해."

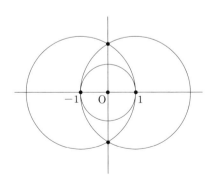

자와 컴퍼스로 주어진 직선과 직교하는 선을 그릴 수 있다

자와 컴퍼스를 이용해서 **격자점**을 그릴 수도 있어.

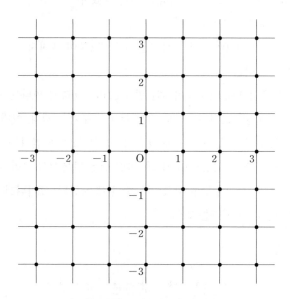

자와 컴퍼스로 격자점을 그릴 수 있다

이렇게 많은 작도 가능한 수를 일일이 말하기가 귀찮으니까 이름을 붙여 볼까? 예를 들면…… D가 괜찮겠다. 그럼 작도 가능한 수 전체의 집합을 D라고 할게. 그러면 a가 작도 가능한 수라는 사실을 수식 $a \in D$(수 a는 집합 D에 속한다)로 표현할 수 있지.

$$\text{'}a\text{는 작도 가능한 수다'} \iff a \in D$$

이렇게 쓰면 훨씬 편하겠지?

$0 \in D$ 0은 작도 가능한 수다(처음부터 주어진 수)

$1 \in D$ 1은 작도 가능한 수다(처음부터 주어진 수)

$\cdots, -3, -2, -1, 0, 1, 2, 3, \cdots \in D$ 정수는 모두 작도 가능한 수다

정수 전체의 집합을 $\mathbb{Z}=\{\cdots,-3,-2,-1,0,1,2,3,\cdots\}$로 하면 작도 가능한 수 집합은 부분집합 기호 $\subset$를 써서 이렇게 나타낼 수 있어.

$$\{\cdots,-3,-2,-1,0,1,2,3,\cdots\}\subset D$$

$$\mathbb{Z}\subset D$$

◆◆◆

"이건 D가 어떤 집합인지 알아보는 거지?" 유리가 말했다.

"그렇지. ……D는 집합이라기보다 **체**야."

"체가 뭐더라?"

"간단히 말하면 사칙연산을 자유롭게 할 수 있는 수의 집합이야."

"도형에서 덧셈, 뺄셈을?"

"맞아. 자와 컴퍼스로 사칙연산이 가능해."

도형의 사칙연산

도형에서도 자와 컴퍼스를 사용해서 수를 덧셈할 수 있어.

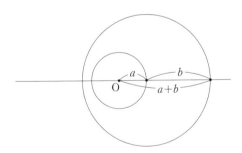

a와 b로 $a+b$를 작도한다

마찬가지로 수를 뺄셈할 수도 있어. 점이 원점의 오른쪽 혹은 왼쪽에 있느냐에 따라 양수인지 음수인지 알 수 있으니까.

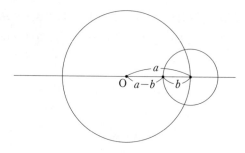

a와 b로 $a-b$를 작도한다

삼각형의 비례를 쓰면 수를 곱셈할 수도 있지.

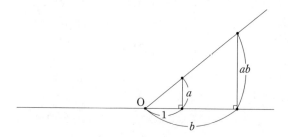

a와 b로 ab를 작도한다

곱셈을 반대로 하면 나눗셈도 할 수 있어.

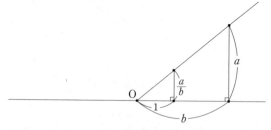

a와 b로 $\dfrac{a}{b}$를 작도한다

◆ ◆ ◆

"오빠, 신기하다! 자와 컴퍼스로 계산을 하다니!"

"응, 이걸로 자와 컴퍼스를 사용해서 사칙연산을 할 수 있다는 걸 알았지? 정수가 작도 가능한 수이고 사칙연산이 가능하니까 유리수는 작도 가능한 수가 돼. 유리수는 $\dfrac{정수}{0\ 이외의\ 정수}$니까."

"유리수는 정수의 나눗셈을 만들 수 있으니까?"

"맞아, $\mathbb{Z} \subset D$이고, D는 사칙연산에 대해 닫혀 있으니까 $\mathbb{Q}$(유리수)$\subset D$라고 할 수 있어."

$$\mathbb{Q} \subset D$$

"흠."

"사칙연산에 대해 닫혀 있으니까 작도 가능한 수 전체는 체가 된다고 할 수 있어."

$$a, b \in D \implies a + b \in D$$
$$a, b \in D \implies a - b \in D$$
$$a, b \in D \implies a \times b \in D$$
$$a, b \in D \implies a \div b \in D \quad (b \neq 0)$$

도형의 루트 계산

"작도 문제는 사칙연산으로 만들 수 있는 수가 중요하구나!"

"아니, 뭔가 이상한데?" 나는 다시 생각해 봤다. "사칙연산 외에 하나 더 있는 것 같아. 제곱근을 구하는 계산도 있잖아. **루트 계산** 말이야. 분명 제곱근도 자와 컴퍼스로 구할 수 있을 거야."

"아! 알았다. $\sqrt{2}$는 정사각형의 대각선으로 만들 수 있지."

"응. $\sqrt{2}$는 그렇지. 아마도 2뿐만 아니라 0보다 큰 어떤 수 a가 주어진다 해도 자와 컴퍼스를 사용해서 $\sqrt{a}$를 만들 수 있을 거야."

"오빠, 만들 수 있어?"

나는 노트에 썼다가 지웠다 하면서 루트의 작도 순서를 생각해 냈다.

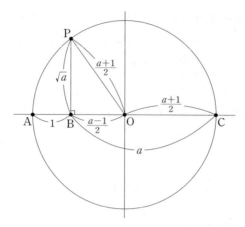

자와 컴퍼스를 사용해서 루트 계산을 할 수 있다(a에서 $\sqrt{a}$를 얻다)

자와 컴퍼스를 사용해서 루트 계산하는 순서

1. 점 A에서 오른쪽으로 1 떨어진 점 B를 얻는다(1은 작도 가능한 수).

2. 점 B에서 오른쪽으로 a만큼 떨어진 점 C를 얻는다(a는 주어진 작도 가능한 수).

3. 점 C에서 왼쪽으로 $\dfrac{a+1}{2}$ 만큼 떨어진 점 O를 구한다.

   ($\dfrac{a+1}{2}$을 만들기 위한 덧셈과 나눗셈은 자와 컴퍼스로 작도 가능)

4. 점 O를 중심으로 해서 점 C를 지나는 원을 그린다.

5. 점 B에서 수직으로 직선을 그리고 원과 만나는 교점 중 하나를 점 P로 한다.

6. 이렇게 해서 점 B와 점 P의 거리는 $\sqrt{a}$이다.

"점 B와 점 P의 거리 $\overline{BP}$가 $\sqrt{a}$와 같다는 건 **피타고라스의 정리**로 알 수 있어."

$$\overline{BP}^2 + \overline{BO}^2 = \overline{OP}^2 \qquad \text{피타고라스의 정리에서}$$

$$\overline{BP}^2 + \left(\frac{a-1}{2}\right)^2 = \left(\frac{a+1}{2}\right)^2 \qquad \text{변의 길이를 } a \text{로 나타낸다}$$

$$4\overline{BP}^2 + a^2 - 2a + 1 = a^2 + 2a + 1 \qquad \text{전개해서 분모를 제거한다}$$

$$\overline{BP}^2 = a \qquad \text{계산한다}$$

$$\overline{BP} = \sqrt{a} \qquad \overline{BP} \text{는 } a \text{의 양의 제곱근이다}$$

"오!" 유리가 감탄했다.

"방금 자와 컴퍼스로 계산할 수 있다는 걸 확인했으니까 이제 유리수는 전부 작도 가능한 수라는 사실을 알 수 있어. 그러니까 a를 양의 유리수라고 했을 때, $\sqrt{a}$도 작도 가능한 수라고 할 수 있어. $\sqrt{2}, \sqrt{3}, \sqrt{0.5}$ 같은 수들은 전부 작도 가능한 수야."

$$\sqrt{2} \in \mathrm{D}$$
$$\sqrt{3} \in \mathrm{D}$$
$$\sqrt{0.5} \in \mathrm{D}$$
$$\sqrt{a} \in \mathrm{D} \quad (a \in \mathbb{Q}, a > 0)$$

"그리고 루트 계산을 반복해도 돼. 그러니까 다음과 같지."

$$a \in \mathrm{D} \implies \sqrt{a} \in \mathrm{D} \quad (a > 0)$$

"그러니까 a를 양의 유리수라고 하고……."

$$\sqrt{a} \in \mathrm{D}$$
$$\sqrt{\sqrt{a}} \in \mathrm{D}$$
$$\sqrt{\sqrt{\sqrt{a}}} \in \mathrm{D}$$
$$\sqrt{\sqrt{\sqrt{\sqrt{a}}}} \in \mathrm{D}$$

"오! 반복할 수 있구나!"

"그리고 이렇게 만든 수는 사칙연산이 가능하니까 p, q, r을 양의 유리수로 해서 이런 수식도 만들 수 있어."

$$\sqrt{\sqrt{p} + \sqrt{q}} \in \mathrm{D}$$
$$\sqrt{\sqrt{p}\sqrt{\sqrt{q}} + \sqrt{r}} \in \mathrm{D}$$
$$\sqrt{\sqrt{\sqrt{p}\sqrt{\sqrt{q}} + \sqrt{r}}} \in \mathrm{D}$$

"잠깐, $\sqrt{a}$를 그릴 수 있고, $\sqrt{\sqrt{a}}$도 그릴 수 있고, $\sqrt{\sqrt{\sqrt{a}}}$도 그릴 수 있다면 어떤 수든 다 그릴 수 있다는 거 아니야?"

"그렇지는 않아. 제곱근만 쓸 수 있으니까. 예를 들어 $\sqrt{\sqrt{a}} = \sqrt[4]{a}$이고 $\sqrt{\sqrt{\sqrt{a}}} = \sqrt[8]{a}$이니까 단순히 루트를 반복해서 만들 수 있는 건 2^n제곱근뿐이야."

"그렇구나…… 응? 근데 왜 제곱근만 쓸 수가 있지?"

"직선은 일차방정식으로 쓸 수 있고, 원은 이차방정식으로 쓸 수 있어. 그 교점은 연립방정식으로 구할 수 있어. 연립방정식에 쓸 수 있는 건 일차방정식과 이차방정식밖에 없어. 그러니까 작도로 만들 수 있는 수는 일차방정식 아니면 이차방정식의 해가 되는 것뿐인 거지."

"그래서?"

"일차방정식은 사칙연산만 가지고 풀 수 있어. 근의 공식을 생각해 봐. 이차방정식은 사칙연산과 루트…… 그러니까 제곱근만 가지고 풀 수 있다는 걸 알 수 있겠지?"

"그렇긴 하지만."

"쉽게 말하자면……."

'사칙연산과 루트를 반복 사용해서 만들 수 있는 수'

"이게 작도 가능한 수야. 직선과 직선, 직선과 원, 원과 원의 연립방정식을 잘 세워서 교점의 좌표를 구하면 이해가 갈 거야. 특히 원의 방정식이 까다롭지."

원의 방정식을 적으려고 하는 순간 유리가 말했다.

"오빠, 다 왔어!"

"원의 방정식은 숙제로 하자. 나라비쿠라 도서관에 가려면 언덕을 올라가야 하니까."

"한참 올라가야 하지."

"불평은 그만. 아무리 오래 걸려도 한 걸음 한 걸음씩 나아가는 거야."

"헤…… '그래 봤자 한계 있음'이라고 말하려고 했지?"

3. 삼각함수의 세계

나라비쿠라 도서관

나라비쿠라 도서관은 바닷가 언덕 위에 있다. 언덕을 한참 오르다 보면 하얗고 둥근 돔이 가장 먼저 눈에 들어온다. 3층으로 지어진 나라비쿠라 도서관의 옥상이 그것이다. 조금 더 걸어 올라가면 좌우 대칭의 아름다운 도서관의 자태를 볼 수 있다.

건물 뒤로는 바다를 마주한 등대가 멀리 보인다. 날씨가 좋으면 등대 너머로 뚜렷한 수평선을 볼 수 있다. 말 그대로 그림 같은 전망이다.

나라비쿠라 도서관은 나라비쿠라 박사가 세운 사설 도서관이다. 수학과 과학 분야의 심도 있는 서적을 많이 보유하고 있으며 소규모 학술회의도 자주 개최하여 수학과 물리의 발전에 크게 기여하고 있다. 미국에서 수리연구소 소장을 맡고 있는 나라비쿠라 박사는 미르카의 작은아버지인데, 나는 아직 뵌 적이 없다. 하지만 나는 이 도서관에서 개최한 세미나에 몇 번 참석했고, 이곳 회의실에 여럿이 모여 수학 공부를 하기도 했다. 개인적으로 공부하는 사람들에게는 고마운 교류 장소다.

하지만…… 도서관 입구에 '폐관'이라고 써 붙인 패널이 놓여 있다.

"유리야, 오늘 휴관일이잖아!" 내가 말했다.

"응? 이상한데…….""

"시간 확인 안 했어?"

"아…… 그래도 들어갈 수 있어!"

열려 있는 출입문으로 들어가 로비를 둘러보았으나 아무도 없다. 바다 냄새와 책 냄새가 흐릿하게 배어 있는 서늘한 공간. 로비 천장은 3층까지 뚫려 있고 사방으로 도서관 공간이 연결되어 있다. 위층에도 인기척이 없었다. 그때 휘파람 소리가 실내에 울렸다.

"뭐지?" 유리가 말했다.

"쉿!"

주위를 둘러봤지만 아무도 없다.

휘파람 소리에 귀를 기울이자 멜로디가 익숙했다.

내가 아는 노래다. 뭐더라…….

우리는 소리가 나는 쪽으로 걸어가 책장 뒤쪽을 들여다봤다.

소파에 웬 빨강머리 소녀가 앉아 있었다. 무릎 위에 빨간 노트북을 올려놓고 무서운 속도로 키보드를 두드리고 있다.

"리사 양?" 나는 불렀다.

빨강머리는 이쪽을 돌아보더니 허스키한 목소리로 대답했다.

"'양'은 빼."

나라비쿠라 리사. 고등학교 1학년, 나라비쿠라 박사님의 딸이다.

리사

고3인 나, 중3인 유리, 그리고 고1인 리사.

우리는 아무도 없는 나라비쿠라 도서관의 로비 소파에 앉아 있다.

"오늘 준비위원회가 있다고 들었어요." 유리가 말했다.

"있었어." 리사가 무표정으로 유리에게 말했다. "이미 끝났지만."

리사는 빨강머리를 자기 손으로 싹둑싹둑 자른 듯한 헤어스타일 때문에 반항아 같은 인상이다. 조용한 성격이며 길게 얘기하는 경우가 거의 없다. 주로 노트북과 대화를 한다. 사람과 대화하는 것보다 컴퓨터가 더 즐겁고 편한 모양이다.

"앗! 걔랑 약속했는데." 유리가 깜짝 놀란 목소리로 말했다.

'걔라니?'

"왔던데?" 또 무표정한 리사.

"오늘 오후 3시부터 한다고 했는데." 유리가 말했다.

"오늘 10시였어. 점심 먹고 갔어." 리사가 대답했다.

"유리, 시간을 착각한 거야?" 내가 물었다.

"앗, 이럴 수가…… 예습해 왔는데."

"토론했어. 포스터 정리하는 법." 리사가 말했다.

"포스터가 뭐야?" 내가 물었다.

"준비 중." 리사가 대답했다.

침묵.

도대체 무슨 말인지.

"아, 이번 페스티벌 주제…… 각의 3등분 문제에 관한 거야?" 내가 물었다.

"그건 일부." 리사가 대답했다.

침묵.

답답하다.

"리사 양은 페스티벌 사무국 일을 맡았나 봐?" 내가 물었다.

"'양'은 빼." 리사가 대답했다.

"리사는 사무국 일을 하는 거야?"

내가 다시 묻자 리사는 고개를 끄덕였다.

침묵.

"아무튼 오늘은 그 준비위원회 모임이 끝났다는 거지?"

리사는 고개를 끄덕였다. 고개를 끄덕이는 행동에서 전달되는 정보는 1비트뿐이라서 대화 진행이 쉽지 않다.

"미르카는 벌써 갔어?"

"미르카?" 리사가 눈썹을 살짝 찡그렸다. "왔어. 일찌감치 돌아갔지만." 리사는 쿨럭쿨럭 기침을 했다.

"그 친구…… 뭐 얘기한 거 있어요?" 유리가 리사에게 물었다.

"자와 컴퍼스로 사칙연산과 루트 계산."

"아, 그게 아니라 전하는 말 같은 거…….." 유리가 우물거렸다.

대화는 다소 삐걱댔지만 페스티벌이 어떻게 진행되는지는 대충 짐작이 갔다. 여름방학을 맞아 수학 애호가들이 모여 각자 발표하는 거겠지. 미르카는 이런 수학 모임에는 적극 참여하는 것 같다. 고등학생, 대학생, 사회인…… 사회적 틀을 뛰어넘어 활동을 넓히고 있다.

그리고 이번에는 유리의 남자 친구('개'라고 불리는 중학생)도 페스티벌에 참여하는 모양이다. 무뚝뚝하면서도 잘 챙겨 주는 리사가 이번 페스티벌의 운영을 맡고 있다니. 그게 흔히 있는 일인가.

"음, 60° 썼어요?" 유리가 리사에게 다시 물었다.

"$\frac{\pi}{3}$." 리사가 대답했다.

"오빠. $\frac{\pi}{3}$가 뭐야?"

"$\frac{\pi}{3}$는 각도야. 단위가 라디안일 뿐이지. π 라디안이 180°니까 $\frac{\pi}{3}$는 60°야. 그러니까 역시 60°의 3등분에 대한 이야기를 했던 것 아닐까?"

리사의 설명을 내가 대신했다.

"그렇구나……. 어떤 토론을 했을까옹."

"혹시 칠판에 뭐 써 놓은 거 없어?" 내가 물었다.

"없어." 리사는 컴퓨터를 만지작거리며 짧게 대답했다.

"아쉽지만 집으로 돌아가자. 또 같이 생각해 보자." 나는 유리에게 말했다.

"음……." 뾰로통한 유리.

"$\cos\frac{\pi}{9}$." 리사가 말했다.

"코사인 9분의 파이? 그게 뭐야?" 유리가 물었다.

"$\cos 20°$를 말하는 거네. 아하, 그렇구나!" 내가 말했다.

"뭐가 그렇다는 거야?"

"그러니까 이런 뜻이야. $\cos 20°$가 작도 가능한 수라면 20°라는 각을 작도할 수 있고, 반대로 20°라는 각을 작도할 수 있으면 $\cos 20°$가 작도 가능한 수가 되는 거야. 그러니까 $\cos 20°$라는 수를 알아보면 돼."

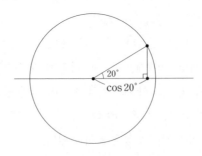

유리는 리사와 이런 식의 '대화'를 주고받으면서 준비위원회의 다음 일정을 확인했다.

"오늘은 이만 갈게." 나는 리사에게 인사했다.

리사는 말없이 고개를 끄덕였다.

나라비쿠라 도서관 밖으로 나서자 뜨거운 더위가 우리를 덮쳤다. 리사는 우리를 배웅하기 위해 로비 밖까지 따라 나왔다.

"페스티벌은 수학학회 이벤트인 모양인데……. 포스터라는 게 뭐야?" 내가 리사에게 물었다.

"발표를 정리하는 거." 리사가 말했다.

"그렇구나. 문화제에서는 사람들이 대충 보고 지나치고…… 수학은 많은 걸 보여 줄 수 없으니까."

고개를 갸웃거리는 리사.

"뭐, 불만이라는 건 아니고. 수학은 추상적인 학문이라 전체 그림이 보이지 않으니까 그림을 써서 '보이도록' 연구하지 않으면 앞으로 나아갈 방향이 보이지 않잖아."

고개를 끄덕이는 리사.

"자, 그럼 또 봐."

"탑을 세우기도 하나?" 리사가 무표정하게 말했다.

"탑?"

작별의 순간

집으로 가는 전철 안에서 유리는 내내 말이 없더니 내릴 때가 되자 한마디 내뱉었다.

"난 정말 바보 같아."

"바보? 무슨 말이야?"

"오빠, 항상 같이할 수는 없나 봐."

누구랑……? 물어보려다가 그만두었다.

오늘 만나지 못한 남자 친구를 말하는 것이겠지. 전학 간 후로는 잘 만나지 못하는 유리의 수학 친구.

"다시 연락하면 되지. 오늘 일을 화제 삼아서."

나는 일부러 가볍게 말했다.

"음……. 그런가. 오빠, 오늘은 미안하다옹."

"응?"

"수험생을 억지로 끌고 와서……. 각의 3등분 문제도 흐지부지되고."

"괜찮아, 또 같이 공부하면 돼."

"$\cos 20°$를 알아보면 되는 거지." 유리가 말했다.

"응, 우리가 생각해 왔던 작도 가능한 수 전체의 집합 D에 $\cos 20°$라는 수가 속하지 않는다는 사실을 확인하면 증명은 끝나. 하지만 $\cos 20°$가 어떤 수인지 알아보는 건 좀 어려워 보이네. 사칙연산과 $\sqrt{}$를 반복해서 $\cos 20°$를 만들 수 있을까?"

"오빠한테는 무기가 있잖아. 미분, 적분, 방정식 같은 거."

"말이야 쉽지." 나는 웃으며 유리의 머리를 쓰다듬었다.

평소 같았으면 만지지 말라고 발끈했을 텐데 오늘은 얌전하다. 갈색 포니테일의 유리.

4. 방정식의 세계

구조 파악하기

한밤중. 방에서 공부를 하고 있는 나의 머릿속에 $\cos 20°$가 콕 박혀 사라지지 않고 있다. $\cos$을 연산하는 계산기를 쓰면 이렇게 된다.

$$\cos 20° = 0.93969262078590838405410927732473\cdots$$

하지만 내가 알고 싶은 건 수치가 아니라 $\cos 20°$가 작도 가능한 수인가 하는 점이다. 즉 유리수에서 사칙연산과 루트 계산을 반복해서 $\cos 20°$를 얻을 수 있을까 하는 것이다. 나는 $\cos 20°$가 작도 가능한 수가 아니라는 사실을 증명하고 싶다. 그러니 수치만 따져 보는 건 소용이 없다. $\cos 20°$라는 수가 가진 성질을 파악해야 한다. 그렇다. 구조를 파악하는 마음의 눈을 사용해서…….

문제 5-3 $\cos 20°$의 작도 가능성

$\cos 20°$는 작도 가능한 수인가?

오늘 나라비쿠라 도서관에서 허탕친 유리의 모습이 안타깝다. 헤어질 때 유리가 한 말이 떠올랐다.

'오빠한테는 무기가 있잖아. 미분, 적분, 방정식 같은 거.'

방정식이라고? $\cos 20°$라는 수의 성질을 알아보려면 $\cos 20°$라는 수가 어떤 방정식의 해인지를 살펴보면 어떨까?

괜찮은 생각이다!

나는 일어서서 방 안을 서성거렸다. 뭔가 발견한 것 같은 흥분을 진정시키려고 책장을 두드리기도 했다. 그렇다, '해답에 다가가기 위한 문제'를 발견한 것 같다.

$\cos 20°$는 어떤 방정식의 해인가?

예를 들어 무리수 $\sqrt{2}$는 $x^2-2=0$이라는 방정식의 해에 속하고, 허수 단위 i는 $x^2+1=0$이라는 방정식의 해에 속한다. 그렇다면…….

$\cos 20°$는 어떤 방정식의 해인가?

생각 또 생각…….

내가 $\cos$에 대해 알고 있는 지식을 전부 나열해 보자.

삼각함수, 항등원의 x의 좌표, $\cos^2\theta+\sin^2\theta=1$이 성립한다, 값의 범위는 1 이상 1 이하, 내적 계산에서 사용한다, 코사인 정리, 각도…… 각도?

각의 3등분?

각의 3등분!

20°는 60°의 3등분. $\cos 20°$는 잘 모르겠다. 하지만 $\cos 60°$는 안다. $\frac{1}{2}$이다. 그럼 $\cos 20°$와 $\cos 60°$는 관련을 지을 수 있다.

그렇다. 3배각 공식으로!

3배각 공식은 바로 도출할 수 있다. 3θ회전 행렬이 θ회전 행렬의 3제곱과 같다고 하면, 그렇게만 해도 '3배각의 공식'을 도출할 수 있다. $\cos 20°$를 해로 하는 방정식을 만들 수 있을 것이다!

$$\langle 3\theta \text{회전 행렬} \rangle = \langle \theta \text{회전 행렬의 3제곱} \rangle$$

$$\begin{pmatrix} \cos 3\theta & -\sin 3\theta \\ \sin 3\theta & \cos 3\theta \end{pmatrix} = \begin{pmatrix} \cos \theta & -\sin \theta \\ \sin \theta & \cos \theta \end{pmatrix}^3$$

우변을 계산한다.

$$\begin{pmatrix} \cos \theta & -\sin \theta \\ \sin \theta & \cos \theta \end{pmatrix}^3 = \begin{pmatrix} \cos \theta & -\sin \theta \\ \sin \theta & \cos \theta \end{pmatrix}^2 \begin{pmatrix} \cos \theta & -\sin \theta \\ \sin \theta & \cos \theta \end{pmatrix}$$

$$= \begin{pmatrix} \cos^2 \theta - \sin^2 \theta & -\cos \theta \sin \theta - \sin \theta \cos \theta \\ \sin \theta \cos \theta + \cos \theta \sin \theta & -\sin^2 \theta + \cos^2 \theta \end{pmatrix} \begin{pmatrix} \cos \theta & -\sin \theta \\ \sin \theta & \cos \theta \end{pmatrix}$$

$$= \begin{pmatrix} \cos^3 \theta - 3\cos \theta \sin^2 \theta & \sin^3 \theta - 3\cos^2 \theta \sin \theta \\ -\sin^3 \theta + 3\cos^2 \theta \sin \theta & \cos^3 \theta - 3\cos \theta \sin^2 \theta \end{pmatrix}$$

그러니까 다음 식이 성립한다. 좌변은 '3θ회전 행렬'이고 우변은 'θ회전 행렬의 3제곱'이다.

$$\begin{pmatrix} \cos 3\theta & -\sin 3\theta \\ \sin 3\theta & \cos 3\theta \end{pmatrix} = \begin{pmatrix} \cos^3 \theta - 3\cos \theta \sin^2 \theta & \sin^3 \theta - 3\cos^2 \theta \sin \theta \\ -\sin^3 \theta + 3\cos^2 \theta \sin \theta & \cos^3 \theta - 3\cos \theta \sin^2 \theta \end{pmatrix}$$

이 행렬의 성분들끼리 같다는 사실에서 3배각 공식을 얻을 수 있다.

$$\cos 3\theta = \cos^3 \theta - 3\cos \theta \sin^2 \theta \qquad \text{성분을 비교해서 구한다}$$

$$\cos 3\theta = \cos^3 \theta - 3\cos \theta (1 - \cos^2 \theta) \qquad \sin^2 \theta = 1 - \cos^2 \theta \text{니까}$$

$$\cos 3\theta = 4\cos^3 \theta - 3\cos \theta \qquad \text{계산한다}$$

3배각 공식

$$\cos 3\theta = 4\cos^3 \theta - 3\cos \theta$$

$\theta = 20°$를 3배각 공식에 대입한다.

$$\cos 60° = 4\cos^3 20° - 3\cos 20°$$

$\cos 60° = \dfrac{1}{2}$이므로

$$\frac{1}{2} = 4\cos^3 20° - 3\cos 20°$$

양변에 2를 곱해서 정리하면, $\cos 20°$가 다음 식을 만족한다는 사실을 알 수 있다.

$$8\cos^3 20° - 6\cos 20° - 1 = 0$$

알고 싶은 건 $\cos 20°$의 값. $\cos 20°$ 부분을 X로 두면, X에 관한 삼차방정식을 만들 수 있다. $X = \cos 20°$는 이 삼차방정식의 해 중 하나가 된다.

$$8X^3 - 6X - 1 = 0 \qquad X = \cos 20°\text{를 만족하는 방정식}$$

$x = 2X$로 두면, 방정식은 더 간결해진다.

$$8X^3 - 6X - 1 = 0 \qquad X = \cos 20° 를 \ 만족하는 \ 방정식$$
$$(2X)^3 - 3(2X) - 1 = 0 \qquad 2X로 \ 묶어지도록 \ 만든다$$
$$x^3 - 3x - 1 = 0 \qquad x = 2X로 \ 둔다$$

$x = 2X$로 두었으니 $x = 2\cos 20°$는 방정식 $x^3 - 3x - 1 = 0$의 해 중 하나다. 꽤 괜찮다. 이제는 자도 컴퍼스도 완전히 잊혀졌다. 연구 대상은 이 삼차방정식이다.

$$x^3 - 3x - 1 = 0$$

이 삼차방정식에는 해가 3개 있고, 그중 하나가 $2\cos 20°$이다. 그러니 이 방정식이 '작도 가능한 수의 해를 하나도 갖지 않는다'는 사실이 증명된다면 2로 나눈 $\cos 20°$ 역시 작도할 수 없다. $\cos 20°$를 작도할 수 없다면 $20°$도 작도할 수 없다. $20°$를 작도할 수 없다면 $60°$는 자와 컴퍼스로 3등분할 수 없다. 증명하고 싶은 건 바로 이거다!

방정식 $x^3 - 3x - 1 = 0$에 곧 $60°$를 3등분할 수 있는가의 해답이 담겨 있다. 말하자면 $60°$의 **3등분 방정식**인 것이다!

문제 5-4 **$60°$의 3등분 방정식**

다음 방정식은 작도 가능한 수의 해를 갖는가?

$$x^3 - 3x - 1 = 0$$

앗, 주의하자, 주의!

만약 $x^3 - 3x - 1 = 0$이 작도 가능한 수의 해를 하나도 갖지 않는다면, $2\cos 20°$는 자와 컴퍼스로 작도할 수 없다고 확신할 수 있다. 그런데 혹시 $2\cos 20°$ 이외의 작도 가능한 수의 해를 갖는 경우도 존재할 수 있을까? 아니, 그런 건 지금 생각할 필요가 없다. 우선 '$x^3 - 3x - 1 = 0$은 작도 가능한 수의 해를 갖는가'를 푸는 데 집중하자.

유리수로 몸풀기

남겨진 이 하나의 수식은 나를 어디로 끌고 갈까.

$$x^3 - 3x - 1 = 0 \qquad \text{(60°의 3등분 방정식)}$$

이 방정식이 작도 가능한 수의 해를 하나도 갖지 않는다는 것을 증명하려 한다.

'갖지 않는다'를 증명해야 한다면 귀류법을 써야 할 것이다.

증명의 흐름은 상상할 수 있다. 먼저 이 방정식이 작도 가능한 수의 해를 갖는다고 가정하고, 그 해를 α로 하여 계산하다 보면 모순이 나올 것이다. 하지만…… 작도 가능한 수 α는 모양이 복잡할지도 모른다. 제곱근 몇 개가 쌓일지 알 수 없다. 컴퍼스를 몇 번이든 반복해서 쓸 수 있기 때문이다. 예를 들어 이런 모양이 나올 수도 있다.

$$2 + \sqrt{3 + \sqrt{\sqrt{5} + \sqrt{7}} + 11\sqrt{13 + \sqrt{17}}}$$

……나는 이렇게 복잡한 수와 맞붙어 때려눕힌 적이 없다.

다시 해 볼까?

나는 작도 가능한 수 $\mathbb{D}$가 어떤 것인지 아직 모른다.

먼 길을 돌아가는 걸지 모르지만, 유리수 $\mathbb{Q}$로 '몸풀기'를 해 볼까?

먼저 <u>작도 가능한 수 $\mathbb{D}$</u>가 아니라 <u>유리수 $\mathbb{Q}$</u>의 범위에서 생각해 보자.

문제 5-5 60°의 3등분 방정식과 유리수 해

다음 방정식은 유리수의 해를 갖는가?

$$x^3 - 3x - 1 = 0$$

$\mathbb{Q} \subset \mathbb{D}$이므로 방정식 $x^3 - 3x - 1 = 0$은 $\mathbb{Q}$의 범위에서도 '해가 없다'가 나올 것이다. 나는 그렇게 예상한다.

증명할 명제 : $x^3 - 3x - 1 = 0$은 유리수의 해를 갖지 않는다.

귀류법을 사용해서 증명하자. 증명할 명제의 부정을 가정한다.

귀류법의 가정 : $x^3 - 3x - 1 = 0$은 유리수의 해를 갖는다.

유리수의 해는 $\dfrac{A}{B}$라고 쓴다. 여기서 A와 B는 정수이고 B≠0이다. 그리고 A와 B는 서로소라고 가정해도 일반성을 잃지 않는다. A와 B가 서로소라는 것은 A와 B의 최대공약수가 1이라는 것. 바꿔 말하면 분수 $\dfrac{A}{B}$는 약분이 끝난 형태라는 뜻이다.

$$x^3 - 3x - 1 = 0 \qquad \text{60°의 3등분 방정식}$$

$$\left(\frac{A}{B}\right)^3 - 3\left(\frac{A}{B}\right) - 1 = 0 \qquad x = \frac{A}{B}\text{를 대입한다}$$

$$A^3 - 3AB^2 - B^3 = 0 \qquad \text{양변에 } B^3 \text{을 곱해서 분모를 제거한다}$$

$$A^3 = 3AB^2 + B^3 \qquad \text{우변으로 } -3AB^2 - B^3 \text{을 이항한다}$$

$$A^3 = (3A + B)B^2 \qquad B^2 \text{으로 묶는다}$$

$A^3 = (3A+B)B^2$이라는 곱의 꼴로 만들었다. 좋아, 잘하고 있어. 곱의 형태인 정수 문제는 소인수를 사용할 수 있으니까 다루기 쉬운 편이다. 나눗셈도 쓸 수 있으니까 '나눗셈을 이용한 분석'도 할 수 있을까?

A도 B도 정수. '정수의 구조는 소인수가 나타내니까' 정수 A의 소인수, 즉 A를 나누어떨어지게 하는 소수에 주목하자. 정수 A의 소인수를 하나 골라서 p로 둔다.

앗, 소수 p가 존재하지 않는 경우도 있겠구나. 먼저 A=0, 1, −1일 경우부터 해치우자.

나는 $A^3 = (3A+B)B^2$이라는 식과 눈싸움을 벌였다.

<u>A=0일 때</u> 좌변은 $A^3 = 0$이다. 우변은 $(3A+B)B^2 = B^3$이니까 B=0이

되어 B≠0을 위반한다. 그러므로 A≠0이다.

A=1일 때 좌변은 $A^3=1$이다. 하지만 우변은 $(3A+B)B^2=(B+3)B^2$이 된다. 이게 1과 같아질 수는 없다. 따라서 A≠1이다.

A=−1일 때 좌변은 $A^3=-1$이다. 하지만 우변은 $(3A+B)B^2=(B-3)B^2$이 된다. 이게 −1과 같아질 수는 없다. 따라서 A≠−1이다.

이렇게 해서 A는 0, 1, −1이 아니기 때문에 소수 p를 하나 고른다.

그리고 애초에 A>0으로 해도 일반성을 잃지 않는다. 만약 A<0이었으면 B의 부호를 바꾸기만 해도 $\dfrac{A}{B}$의 값을 바꾸지 않고도 A>0으로 할 수 있으니까. 이제부터는 A>0으로 고정해서 생각한다.

A의 소인수 중 하나를 p로 두면, $A^3=(3A+B)B^2$의 좌변 A^3은 p로 나누어떨어진다. A는 p로 나누어떨어지니까. 그러나 우변 $(3A+B)B^2$은 p로 나누어떨어지지 않는다. 그 이유는, 먼저 3A+B는 p로 나누어떨어지지 않는다. A는 p로 나누어떨어지니까 3A 역시 p로 나누어떨어진다. 결국 '3A+B를 p로 나눈 나머지'는 'B를 p로 나눈 나머지'와 같다. 그리고 A와 B는 서로소이므로 B를 p로 나눈 나머지가 0이 될 일은 없다.

또한 B^2도 p로 나누어떨어지지 않는다. 만약 B^2이 p로 나누어떨어진다면 p는 소수이므로 B도 p로 나누어떨어진다. A와 B 모두 p로 나누어떨어진다는 말이다. 이는 A와 B는 서로소…… 그러니까 A와 B의 최대공약수가 1과 같다는 사실을 위반한다. 따라서 우변 $(3A+B)B^2$은 p로 나누어떨어지지 않는다.

이러한 과정을 거쳐 등식 $A^3=(3A+B)B^2$에 대하여 다음과 같이 말할 수 있다.

- 좌변은 A의 소인수 p로 나누어떨어진다.
- 우변은 A의 소인수 p로 나누어떨어지지 않는다.

이건 모순이다.

이렇게 귀류법 가정의 부정이 증명되었다.

귀류법 가정의 부정: $x^3 - 3x - 1 = 0$은 유리수의 해를 갖지 않는다.

이걸로 증명을 끝냈다.

風이 5-5 **60°의 3등분 방정식과 유리수 해**
다음 방정식은 유리수의 해를 갖지 않는다.

$$x^3 - 3x - 1 = 0$$

예상대로 60°의 3등분 방정식은 유리수의 해를 갖지 않는다.

하지만 여기까지는 '몸풀기'에 불과하다. 유리수의 해를 갖지 않는다고 해서 작도 가능한 수의 해도 갖지 않는다고 말할 수는 없으니까.

작도 가능한 수…… 유리수에 대해 사칙연산과 루트 계산을 반복하는 수.

유한한 반복이라 하지만 그 반복은 어떻게 다뤄야 할까?

한 걸음 또 한 걸음

깊은 밤. 나는 방정식과 고군분투를 벌이고 있다. 60°의 3등분 방정식이 유리수의 해를 갖지 않는다는 사실은 증명했다. 하지만 정말 알고 싶은 건 작도 가능한 수의 해를 갖는가 하는 것이다.

문제 5-4 **60°의 3등분 방정식**
다음 방정식은 작도 가능한 수의 해를 갖는가?

$$x^3 - 3x - 1 = 0$$

작도 가능한 수에 나오는 루트 계산의 반복을 어떻게 다뤄야 할까? 반복하고 또 반복하고…… 많긴 하지만 한 걸음 한 걸음 나아가야 한다. 한 걸음 더 나아가서 <u>사용하는 제곱근을 1개로 제한하는 것</u>에 도전해 보자.

루트를 한 번만 실행한 수는 일반적으로 $p+q\sqrt{r}$로 둘 수 있다.

방정식 $x^3-3x-1=0$은 $p+q\sqrt{r}$이라는 해를 가질까?

여기서 p,q,r은 어떤 수인가…… 나는 눈을 감고 생각했다.

다음 단계로 넘어갈까?

눈을 떠 보니 어느새 나는 책상에 엎드려 있다. 나도 모르게 잠에 빠져든 모양이다.

시계를 보니 1시 30분. 무슨 생각을 하고 있었더라……. 맞다, 방정식 $x^3-3x-1=0$의 해가 $p+q\sqrt{r}$이라는 꼴이 되는가 하는 문제였지. 내 아이디어는 '한 걸음 한 걸음' 반복해서 '많음'에 도달하는 것. 그러니까 이런 명제를 증명하고 싶다.

방정식 $x^3-3x-1=0$의 해는
$p,q,r\in\mathbb{Q}$에서 $p+q\sqrt{r}$의 꼴로 나타낼 수 없다.

이 명제를 증명하면 유한 번 루트를 반복해서 해를 얻을 수 없다는 사실을 나타낼 수 있을 것이다. 아, 진정해, 진정. 순서를 정해서 생각해 보자. 먼저 $\mathrm{K}=\mathbb{Q}$라고 하자.

방정식 $x^3-3x-1=0$의 해는……
$p,q,r\in\mathrm{K}$에서 $p+q\sqrt{r}$의 꼴로 나타낼 수 없다(라고 하고 싶다).

다음으로 $p,q,r\in\mathrm{K}$로 하고 $p+q\sqrt{r}$ 꼴의 수 전체 집합을 K'라고 한다.

방정식 $x^3-3x-1=0$의 해는…….
$p',q',r'\in\mathrm{K}'$에서 $p'+q'\sqrt{r'}$의 꼴로 나타낼 수 없다(라고 하고 싶다).

이걸 반복한다.

p'', q'', $r'' \in K''$에서 $p'' + q'' \sqrt{r''}$의 꼴로 나타낼 수 없다(라고 말하고 싶다).

p''', q''', $r''' \in K'''$에서 $p''' + q''' \sqrt{r'''}$의 꼴로 나타낼 수 없다(라고 말하고 싶다).

이런 식으로 반복해 보자. 그리고 이러한 $\mathbb{Q} = K, K', K'', K''', \cdots$이라는 수의 집합을 순서대로 생각하면⋯⋯ 수의 집합? 응, 이건 **체**다. 게다가 이건 미르카가 전에 설명한 '수를 추가해서 만드는 체'가 된다!

사칙연산이 성립하는 수의 집합에 '새로운 수를 한 방울' 넣는다. $\sqrt{r}$이다. 그리고 그 한 방울로 수가 확 퍼져 나간다.

응, 제대로 생각해 보자. 지금 K를 체로 두고⋯⋯

$$K' = \{p + q\sqrt{r} \mid p, q, r \in K, \sqrt{r} \notin K\}$$

여기서 K'는 K에 $\sqrt{r}$을 추가한 체가 된다. 그렇다면 다음과 같다.

$$K' = K(\sqrt{r})$$

K'가 체 $K(\sqrt{r})$이 되는지는 사칙연산을 구체적으로 시험해 보면 바로 알수 있다. 방정식 $x^3 - 3x - 1 = 0$이 체 K 위에서 해를 갖지 않는 경우⋯⋯.

체 $K(\sqrt{r})$에는 해가 없다.

이 사실을 증명하고 싶다. 만약 이 한 걸음을 보여 줄 수 있다면, 그것을 반복함으로써 유한 번 루트 계산을 반복해 봤자 해를 만들 수 없다는 사실을 증명할 수 있다!

> **전제 조건**: $x^3 - 3x - 1 = 0$은 체 K 위에서 해를 갖지 않는다.
> **증명하려는 것**: $x^3 - 3x - 1 = 0$은 체 $\mathrm{K}(\sqrt{r})$ 위에서 해를 갖지 않는다.

증명에는 귀류법을 쓴다.

> **귀류법의 가정**: $x^3 - 3x - 1 = 0$은 체 $\mathrm{K}(\sqrt{r})$에 해를 갖는다.

여기서부터 목표는 모순을 이끌어 내는 것이다. 해를 가진다고 증명했으니까 그 해를 $p + q\sqrt{r} \in \mathrm{K}(\sqrt{r})$로 둔다.

이때 $q \neq 0$이라고 할 수 있다. 왜냐하면 $q = 0$이라면 $p + q\sqrt{r} = p \in \mathrm{K}$가 되어 방정식 $x^3 - 3x - 1 = 0$이 체 K 위에 해를 갖지 않는다는 전제 조건을 위반하게 된다. 마찬가지로 $r \neq 0$도 말할 수 있다.

$p + q\sqrt{r}$이 방정식의 해가 되므로 $x = p + q\sqrt{r}$을 식 $x^3 - 3x - 1$에 대입하면 그 결과는 0과 같을 것이다.

$$
\begin{aligned}
x^3 - 3x - 1 &= (p + q\sqrt{r})^3 - 3(p + q\sqrt{r}) - 1 \\
&= (p^3 + 3p^2 q\sqrt{r} + 3pq^2\sqrt{r}^2 + q^3\sqrt{r}^3) - 3p - 3q\sqrt{r} - 1
\end{aligned}
$$

허수의 해는 생각하지 않으니 $r > 0$이다. $\sqrt{r}^2 = r$과 $\sqrt{r}^3 = r\sqrt{r}$이므로,

$$
= (p^3 - 3p - 1 + 3pq^2 r) + 3p^2 q\sqrt{r} + q^3 r\sqrt{r} - 3q\sqrt{r}
$$

$q\sqrt{r}$로 묶는다.

$$
\begin{aligned}
&= (p^3 - 3p - 1 + 3pq^2 r) + (3p^2 + q^2 r - 3)q\sqrt{r} \\
&= 0
\end{aligned}
$$

따라서,

$$\underbrace{(p^3-3p-1+3pq^2r)}_{\text{K에 속한다}}+\underbrace{(3p^2+q^2r-3)q}_{\text{K에 속한다}}\sqrt{r}=0$$

즉, $P=p^3-3p-1+3pq^2r$과 $Q=(3p^2+q^2r-3)q$로 두었더니 $P\in K$ 및 $Q\in K$에서 $P+Q\sqrt{r}=0$이 되었다.

하지만 그래서 뭐 어쩌라는 것인가?

지금은 체 K 위에서 해를 갖지 않는다는 전제 조건에서 다음과 같은 명제를 증명하는 중이다.

체 $K(\sqrt{r})$ 위에서 해가 없다.

그리고, 그리고…… 나는 눈을 감고 생각에 잠겼다.

발견한 건가?

이런, 또 책상에 엎드려 잠이 들었군.

새벽 3시 30분. 가장 어두운 새벽 시간이다.

내가 뭘 생각하고 있었지?

방정식 $x^3-3x-1=0$이 체 K 위에서 해를 갖지 않는다는 전제 조건 아래 체 $K(\sqrt{r})$에 $p+q\sqrt{r}$이라는 해를 갖는다고 가정하면 모순이라는 사실을 밝힐 생각이다.

$P=p^3-3p-1+3pq^2r$과 $Q=(3p^2+q^2r-3)q$로 두면, $P+Q\sqrt{r}=0$이라고 할 수 있다.

하지만 여기서 어떻게 모순을 이끌어 낼 수 있을까? 그건 아직 모르겠다.

묘하게도 머리는 맑았지만 목이 말랐다.

부엌으로 나가 물을 한 잔 마셨다. 밤의 공기는 무겁다.

그러고 보니 잠든 틈에 꿈을 꿨다. 꿈속에서 뭔가를 발견했다. ……끈?

끈이 뭐지?

가족의 끈인가? 리사의 어머니는 나라비쿠라 박사. 나라비쿠라 박사는 미르카의 작은아버지. 그 말은 미르카와 리사가 사촌이라는 말. 유리는 나의 사촌. 아니다. 그런 건 아니다. 끈이 아니다.

멍에다.

'결혼은 당신과 멍에를 공유하겠다는 약속이니까요.'

테트라는 이런 말을 했다.

'켤레인 근은 방정식이라는 멍에를 공유한다.'

미르카는 이런 말을 했다.

이거다! 이차방정식이 $a+bi$를 하나의 해로 가질 때, 그 방정식은 $a-bi$도 해를 가진다. $a+bi$와 $a-bi$는 켤레인 복소수다. 만약 i를 $\sqrt{-1}$이라고 쓴다면,

$$a+b\sqrt{-1}\text{과 } a-b\sqrt{-1}$$

여기서 유추하면, 방정식 $x^3-3x-1=0$이 $p+q\sqrt{r}$을 하나의 해로 갖는다면 $p-q\sqrt{r}$도 역시 해라고 할 수 있지 않을까?

$$p+q\sqrt{r}\text{과 } p-q\sqrt{r}$$

이 2개의 해는 $x^3-3x-1=0$이라는 멍에를 공유하는 게 아닐까?

그럼 확인해 보자! 나는 서둘러 방으로 돌아갔다.

$x=p-q\sqrt{r}$은 방정식 $x^3-3x-1=0$의 해인가?

대입하면 바로 알 수 있을 거야.

$$x^3 - 3x - 1 = (p - q\sqrt{r})^3 - 3(p - q\sqrt{r}) - 1 \qquad x = p - q\sqrt{r} \text{를 대입}$$
$$= (p^3 - 3p^2 q\sqrt{r} + 3pq^2\sqrt{r}^2 - q^3\sqrt{r}^3) - 3p + 3q\sqrt{r} - 1$$
$$= p^3 - 3p^2 q\sqrt{r} + 3pq^2 r - q^3 r\sqrt{r} - 3p + 3q\sqrt{r} - 1$$
$$= (p^3 - 3p - 1 + 3pq^2 r) - (3p^2 + q^2 r - 3)q\sqrt{r}$$
$$= P - Q\sqrt{r}$$

지금 $P = p^3 - 3p - 1 + 3pq^2 r$, $Q = (3p^2 + q^2 r - 3)q$로 두었다.

게다가 이 P, Q는 아까 했던 것과 똑같다.

재미있다!

$x^3 - 3x - 1$의 x에 $p + q\sqrt{r}$과 $p - q\sqrt{r}$을 대입한 결과는 각각 $P + Q\sqrt{r}$과 $P - Q\sqrt{r}$이 되는 것인가!

잠깐, 의문이 생겼다. 내가 말하고 싶은 건 $P - Q\sqrt{r} = 0$이다. $p - q\sqrt{r}$이 $x^3 - 3x - 1 = 0$의 해라는 걸 확인할 생각이니까. 그런데 그게 성립할까?

문제 5-6 **나의 의문**

K를 유리수를 확대하여 만든 체라고 하고 $P, Q, r \in K$이고 $\sqrt{r} \notin K$일 때, 다음 식은 성립하는가?

$$P + Q\sqrt{r} = 0 \implies P - Q\sqrt{r} = 0$$

성립할 거야. 나는 비슷한 문제를 알고 있으니까 증명도 할 수 있을 것이다. 괜찮다. 머리는 맑다. 이대로 달리자.

가설과 정리

각의 3등분 문제로부터 꽤 멀어지고 말았다. 전체 그림은 나중에 살펴보기로 하고 지금은 '$P + Q\sqrt{r} = 0$이라면 $P - Q\sqrt{r} = 0$'을 증명하는 데 힘을 쏟자.

나는 비슷한 문제를 안다. 입시 공부를 할 때 가끔 $p, q \in \mathbb{Q}$인 $p + q\sqrt{2}$라는 수를 다루었고, 다음과 같은 정리를 사용하곤 했다.

정리: $p+q\sqrt{2}=0 \iff p=q=0$ $(p,q,2\in\mathbb{Q}, \sqrt{2}\notin\mathbb{Q})$

이와 똑같은 것이 체 K에서도 성립할 것이라는 가설을 세웠다.

가설: $p+q\sqrt{r}=0 \iff p=q=0$ $(p,q,r\in K, \sqrt{r}\notin K)$

가설을 세웠으니 다음은 증명이다. 증명되지 않으면 '정리'라고 할 수 없으니까.

$\mathbb{Q}$를 확대해서 만든 체 K, 그리고 K에 $\sqrt{r}$을 추가해서 만든 체 $K(\sqrt{r})$를 생각해 보자. 물론 $r\in K, \sqrt{r}\notin K$로 생각한다.

▶$p+q\sqrt{r}=0 \Leftarrow p=q=0$의 **증명**

$\Leftarrow$의 증명은 간단하다. $p=q=0$이라면 명백하게 $q+q\sqrt{r}=0$이니까.

▶$p+q\sqrt{r}=0 \Rightarrow p=q=0$의 **증명**

$\Rightarrow$의 증명은 어떤가. 이것도 알 수 있다. $p+q\sqrt{r}=0$이 성립한다고 하자. 이때 $q=0$이라면 $p=0$이라고 바로 말할 수 있다. 만약 $q\neq0$이라고 가정하면…….

$$p+q\sqrt{r}=0$$
$$q\sqrt{r}=-p$$
$$\sqrt{r}=-\frac{p}{q} \qquad q\neq0이므로$$

여기서 좌변의 $\sqrt{r}$은 K에 속하지 않지만 우변의 $-\dfrac{p}{q}$는 K에 속한다. 이것은 모순이다. 따라서 $q=0$이어야 한다. 이것으로 $p+q\sqrt{r}=0 \Rightarrow p=q=0$이라 할 수 있다.

증명 끝.

좋아. 이걸로 내 가설은 정리가 되었다!

정리: $p+q\sqrt{r}=0 \iff p=q=0 \quad (p,q,r\in\mathrm{K}, \sqrt{r}\notin\mathrm{K})$

이 정리에 따라 내 의문(문제 5-6)은 풀렸다. 왜냐하면 $\mathrm{P}+\mathrm{Q}\sqrt{r}=0$에서 $\mathrm{P}=\mathrm{Q}=0$이라는 사실이 확인되었기 때문에 $\mathrm{P}-\mathrm{Q}\sqrt{r}=0$이 성립된다.

풀이 5-6 **나의 의문**

K를 유리수를 확대하여 만든 체라고 하고, P, Q, $r\in\mathrm{K}$이고 $\sqrt{r}\notin\mathrm{K}$일 때, 다음 식은 성립한다.

$$\mathrm{P}+\mathrm{Q}\sqrt{r}=0 \implies \mathrm{P}-\mathrm{Q}\sqrt{r}=0$$

이것으로 $p+q\sqrt{r}$이 3등분 방정식 $x^3-3x-1=0$의 해가 될 때 $p-q\sqrt{r}$도 이 방정식의 해가 된다고 할 수 있다. 바꿔 말하면 $p+q\sqrt{r}$과 $p-q\sqrt{r}$은 확실히 명에를 공유한다!

여기까지는 좋다. 이제 어느 쪽으로 가 볼까?

진로는?

나아갈 길을 정하기 위해 현재 위치를 정확히 확인하자.

지금까지 방정식 $x^3-3x-1=0$의 해 2개를 알았다. 삼차방정식이니까 해는 모두 3개. 그것을 α, β, γ라고 하면 이렇게 된다.

$$\begin{cases} \alpha=p+q\sqrt{r} \\ \beta=p-q\sqrt{r} \\ \gamma=? \end{cases}$$

$x^3-3x-1=0$은 K에 해를 갖지 않으므로 $q\neq0$이라고 할 수 있다. 즉 $\beta=p-q\sqrt{r}\notin\mathrm{K}$라는 사실을 알 수 있다.

그렇다면 γ은 어떨까? $\gamma\in\mathrm{K}$인가? $\gamma\notin\mathrm{K}$인가?

애초에 나는 지금 귀류법을 하는 중이니까 모순을 이끌어 내야 한다. 만약

$\gamma \in K$라면 증명 끝. 왜냐하면 체 K에 해를 갖지 않는다는 전제 조건과 모순 되니까.

하지만 γ가 어떤 수인지는 전혀 모르겠다.

음…….

방정식은 $x^3 - 3x - 1 = 0$이라는 형태.

해 α, β, γ 중 2개는 알고 있다.

2개의 해는 $\alpha = p + q\sqrt{r}$과 $\beta = p - q\sqrt{r}$이다.

나는 뭐든 좋으니 γ에 대해 알고 싶다.

어떻게 할까?

……모르겠다.

해의 '합과 곱'에 대해 이야기할 때였나? 테트라가 한 말이 떠오른다.

'모르는 상황이 닥치면 '☞'이 불쑥 나와서 가르쳐 주면 좋을 텐데.'

지금이 그때다. 불쑥 나와 주길.

$\alpha = p + q\sqrt{r}$이고 $\beta = p - q\sqrt{r}$이니까 합은 $\alpha + \beta = (p + q\sqrt{r}) + (p - q\sqrt{r})$ $= 2p$가 된다. $2p$는 K에 속한다.

알았다!

근과 계수의 관계다!

삼차방정식의 '근과 계수의 관계'를 사용하면 돼!

$$(x - \alpha)(x - \beta)(x - \gamma) = x^3 - (\alpha + \beta + \gamma)x^2 + (\alpha\beta + \beta\gamma + \gamma\alpha)x - \alpha\beta\gamma$$

이런 항등식을 사용하면 다항식 $x^3 - 3x - 1$은 다음과 같이 쓸 수 있다.

$$x^3 - 3x - 1 = x^3 - (\alpha + \beta + \gamma)x^2 + (\alpha\beta + \beta\gamma + \gamma\alpha)x - \alpha\beta\gamma$$

양변에 있는 x^2의 계수를 비교하면 다음 식이 성립된다!

$$\alpha + \beta + \gamma = 0$$

이것이 $x^3-3x-1=0$에서 근과 계수의 관계다. 좋아!

$$\alpha+\beta+\gamma=0$$ 근과 계수의 관계에서

$$(p+q\sqrt{r})+(p-q\sqrt{r})+\gamma=0$$ $\alpha=p+q\sqrt{r},\ \beta=p-q\sqrt{r}$ 를 사용

$$2p+\gamma=0$$ 계산한다

$$\gamma=-2p$$ $2p$를 우변으로 이항한다

됐다!

$\gamma=-2p$를 도출했다. $p\in K$이니까 $-2p\in K$, 그러니까 $\gamma\in K$다!

> **도출한 사실:** $x^3-3x-1=0$은 체 K 위에서 해를 가진다.
> **전제 조건:** $x^3-3x-1=0$은 체 K 위에서 해를 갖지 않는다.

이 2개의 주장은 모순된다.

이것으로 귀류법의 가정은 부정되었고, 다음 사실도 증명되었다.

> '$x^3-3x-1=0$은 체 K 위에서 해를 갖지 않는다'는 전제 조건에서
> '$x^3-3x-1=0$은 체 $K(\sqrt{r})$ 위에서 해를 갖지 않는다.'

제대로 증명하려면 결국 수학적 귀납법을 써야 하는 건가?

0 이상의 정수 n에 대하여 체 K_n을 아래와 같이 정의한다.

$$\begin{cases} K_0 = \mathbb{Q} \\ K_{k+1}=\{p+q\sqrt{r}\,|\,p,q,r\in K_k,\ \sqrt{r}\notin K_k\} \quad \text{단, } k=0,1,2,3,\cdots \\ \quad\quad = K_k(\sqrt{r}) \quad r\in K_k,\ \sqrt{r}\notin K_k \end{cases}$$

그리고 명제 $P(n)$을 다음과 같이 정의한다.

명제 P(n): 방정식 $x^3 - 3x - 1 = 0$은 체 K_n 위에서 해를 갖지 않는다.

0 이상인 어떤 정수 n에 대해서도 명제 P(n)이 성립한다는 사실을 수학적 귀납법으로 증명한다.

스텝 (a): P(0)은 몸풀기(p.180)에서 증명했다. 방정식 $x^3 - 3x - 1 = 0$은 $\mathbb{Q}$, 그러니까 체 K_0에 해를 갖지 않는다.

스텝 (b): 그리고 P(k) $\Rightarrow$ P($k+1$)은 지금 막 증명했다. $x^3 - 3x - 1 = 0$은 체 K_k 위에서 해를 갖지 않는다는 전제 조건에서 $x^3 - 3x - 1 = 0$은 체 $K_{k+1} = K_k(\sqrt{r})$ 위에서 해를 갖지 않는다.

스텝 (a)와 스텝 (b)를 증명했으므로 수학적 귀납법에 따라 0 이상의 어떤 정수 n에 대해서도 P(n)이 성립한다. 다시 말해 방정식 $x^3 - 3x - 1 = 0$은 체 K_n 위에서 해를 갖지 않는다.

그러니까 이 방정식은 유리수부터 시작해서 사칙연산과 루트를 유한 번 반복한 해를 갖지 않는다. 바꿔 말하면 작도 가능한 수인 해를 갖지 않는다.

증명 끝!

[풀이 5-4] **60°의 3등분 방정식**

다음 방정식은 작도 가능한 수인 해를 갖지 않는다.

$$x^3 - 3x - 1 = 0$$

유리수부터 시작해서 사칙연산과 루트를 유한 번 반복하여 $x^3 - 3x - 1 = 0$의 해를 만들 수는 없다. $K_0 (=\mathbb{Q})$, K_1, K_2, K_3, … 중 어느 체에도 해는 존재하지 않기 때문이다. 다시 말해서 자와 컴퍼스를 유한 번 사용해서 $x^3 - 3x - 1 = 0$의 해는 작도 불가능.

따라서 $\cos 20°$는 작도 가능한 수가 아니다.

풀이 5-3 **cos 20°의 작도 가능성**

cos 20°는 작도 가능한 수가 아니다.

그러므로…….

2cos 20°와 20°는 자와 컴퍼스로 작도 불가능.

풀이 5-2 **20°의 작도**

20°는 자와 컴퍼스로 작도 불가능.

20°는 자와 컴퍼스로 작도 불가능하니까…….

60°는 자와 컴퍼스로 3등분할 수 없다.

좋아! 드디어 각의 3등분 문제를 증명할 수 있다.

풀이 5-1 **각의 3등분 문제**

자와 컴퍼스만 사용해서 주어진 각을 무조건 3등분할 수 있다고는 할 수 없다.

예를 들어, 60°는 3등분할 수 없다. 이것이 반례가 된다.

각의 3등분 문제……. 나는 수학책을 통해 이 문제를 알고 있었다. 고대 그리스 시대부터 있던 이 문제는 19세기에 해결되었다.

> 자와 컴퍼스만 사용해서
> 임의의 각을 3등분하는 것은 불가능하다.

이 명제는 이제 누구든 읽고 외우면 말할 수 있는 하나의 지식이다.

하지만 나는 오늘 밤 그것을 증명했다.

이 기분…… 이건 어떤 기쁨일까!

19세기에 증명한 수학 문제를 지금 내가 풀어본들 무슨 소용이 있겠는가.

하지만 내게는 특별한 의미가 있다. 어떻게든 스스로 고민하고 풀이를 거듭하면서 해결해 냈다. 말로 표현할 수 없는 기쁨이다.

나라비쿠라 도서관의 페스티벌에서는 어떤 일이 벌어질까? 나도 가고 싶다. 하지만 입시 공부가 시급한데 그럴 여유가 있을까? 날짜만 확인해 볼까?

리사가 건네준 메모를 확인했다. 여름방학 끝날 무렵이다.

메모에는 '갈루아 페스티벌'이라고 적혀 있었다.

갈루아 페스티벌?

우리가 주장하는 것은
어떤 각이 주어진다 해도
자와 컴퍼스를 유한 번 사용해서 3등분할 수 있는,
그런 방법은 존재하지 않는다는 것입니다.
그러니 자와 컴퍼스를 유한 번 사용해서
정확히 3등분할 수 없는 각이 하나라도 있으면
그것으로 우리의 주장은 증명된 셈입니다.
_야노 겐타로, 『각의 3등분』

두 세계를 잇는 다리

일반화된 아이디어란
어떠한 것에서 추상화되는 것이지,
안개 속에서 마법처럼 나타나는 것이 아니다.
_이언 스튜어트

1. 차원

축제

"안녕하세요." 현관에서 유리의 목소리가 들려왔다.

늦은 저녁 시간에 웬일이지 싶어 나가 봤더니 유리가 화려한 원피스를 입고 있었다.

"귀엽지?"

유리는 현관에 선 채 빙글 돌았다.

귀족들의 무도회에서나 볼 법한 번쩍거리는 구슬이 달린 원피스에 머리핀 장식을 하고는 고급스러운 백도 들고 있었다. 평소와 다르게 치장한 유리…… 낯설다.

"유리, 잘 어울리네." 내가 말했다.

"당연하지!"

"어머, 유리야." 엄마도 현관으로 나왔다.

"축제에 가려고?"

"네, 이모. 오늘 밤 오빠를 빌려도 될까요?"

"좋을 대로. 보디가드로 써도 되고."

"오빠, 빨리 가자."

"축제?"

4차원 세계

주민 자치회에서 기획한 여름 축제가 벌어지는 거리는 꽤 많은 사람들로 북적였다. 떼 지어 다니는 초등학생들을 비롯해서 가족끼리 또는 연인끼리 즐기는 모습을 볼 수 있었다.

나는 유리와 함께 걸으면서 다양한 종류의 가게를 구경했다. 국수 가게, 크레페, 솜사탕, 금붕어 잡기, 사격…… 이런 게 바로 축제다.

유리는 얼마 못 가 원피스가 움직이기 힘들다는 둥 구두가 불편하다는 둥 불평을 늘어놓기 시작했다. 평소 입는 청바지보다 불편해 보이긴 하다.

한 바퀴 둘러본 뒤 우리는 메밀국수를 사 들고 벤치에 앉았다.

"끈 부분이 아파."

유리는 구두를 벗고 발을 문질렀다.

"어? 발톱에 매니큐어 색칠했어?" 내가 물었다.

"오빠, 매니큐어는 손톱이야. 그리고 '색칠'이 뭐야."

"알았어, 알았어. 그렇군요."

"오빠, '4차원 세계'라고 알아?" 구두를 다시 신으면서 유리가 물었다.

"'4차원 세계'라니, TV 드라마?"

요즘 유리는 시간 여행을 소재로 한 드라마에 빠져 있다.

"맞아, 그 드라마에 4차원 세계가 나와. '가로, 세로, 높이와 시간을 초월해서 우리는 4차원 여행을 떠나!' 이게 오프닝 곡이야."

유리의 노래에는 별 관심이 가지 않았다.

"그건 그렇고, 수학에서 n차원이란 어느 특정 점을 하나 지정하는 데 n개 수가 필요하다는 뜻이야."

"나도 그런 건 알아. ……오빠, 이거 줄게."

유리는 메밀국수에 얹혀 있던 초생강을 내 그릇으로 옮겼다.

"그러니까 가로, 세로, 높이, 시간을 4차원이라고 하잖아?"

"확실히 4개의 수로 한 점을 나타내고 있으니 틀린 건 아니지만, 그 드라마에서 4차원 여행이라고 하는 이유는 타임머신으로 공간 이동뿐만 아니라 시간 이동도 할 수 있다는 걸 말하는 거야. 전후, 상하, 좌우 세 방향에 더해 과거와 미래까지 이동할 수 있다는 설정이지."

"그러니까…… 4번째 차원이란 건 시간을 말하는 거지?"

"그걸 조심해야 해. 수학에서 가로, 세로, 높이, 시간을 4차원으로 다루는 건 일부의 경우로 봐야 해. 4차원이라고 해서 언제나 시간이 포함되는 건 아니거든. 수학에서는 5차원이나 6차원, 더 일반적인 n차원도 등장해. 하지만 반드시 시간이 나오는 건 아니야. 수학에서 말하는 차원을 우리 세계에 적용해서 가로, 세로, 높이, 시간을 4차원 공간이라고 간주하는 것뿐이야."

"흠."

유리는 빈 그릇을 쓰레기통에 버렸다.

"유리야, 간단한 퀴즈를 내 볼게."

"퀴즈?"

"직선이란 것은 1차원 도형이지만 평면, 즉 2차원 공간에 있느냐 3차원 공간에 있느냐에 따라 느낌이 달라져."

"무슨 말이야."

"그러니까 2차원 공간에 직선 2개를 놓은 모습을 상상할 수 있어?"

"있지. 평면 위에 직선 2개를 그은 거잖아?"

"그래. 평면 위에 있는 두 직선의 위치 관계는 다음 중 하나야."

• 두 직선은 일치한다.
• 두 직선은 한 점에서 만난다.
• 두 직선은 평행한다.

"언제였더라? 같이 연립방정식 공부할 때 한 말이야!"

"그래. 기억하고 있구나. 그럼 여기서 **퀴즈**! 이번에는 2차원 공간이 아니라 3차원 공간을 생각해 볼게. 3차원 공간 위에 두 직선을 놨을 때를 상상해 봐.

두 직선이 '일치한다', '한 점에서 만난다', '평행한다', 이 세 가지 관계 말고 다른 관계가 추가돼. 자, 어떤 관계일까?"

"음…… 그 전에 붕어빵 먹고 싶다옹."

"응? 또 먹는다고?"

"성장기 청소년은 많이 먹어야 한다고!"

문제 6-1 두 직선의 관계

3차원 공간 위에 두 직선을 놓았을 때, 다음 세 가지 관계 외에 다른 관계가 생긴다. 어떤 관계인가?

- 일치한다.
- 한 점에서 만난다.
- 평행한다.

붕어빵

"앗 뜨거워."

유리는 뜨거운 붕어빵을 입안에서 이리저리 굴리면서 먹는다.

"아까 차원 이야기를 했잖아. 예를 들어 평면 위의 한 점을 지정한다고 하자. 손으로 '여기' 하고 가리켜도 되지만, '원점에서 가로로 어느 정도, 세로로 어느 정도 이동한다'고 지정할 수도 있어. 말하자면 지도 위의 어느 지역을 말할 때 경도와 위도로 말하듯이 2개 수를 한 쌍으로 지정하는 거지."

"2개 수를 한 쌍으로? 그러네."

"그렇게 <u>수 2개</u>로 한 점을 지정할 수 있는 공간을 **2차원 공간**이라고 해. <u>수 3개</u>로 한 점을 지정할 수 있는 공간은 **3차원 공간**이야. 그와 같은 발상을 이어 나가면 <u>수 4개</u>로 한 점을 지정할 수 있는 공간은 **4차원 공간**이겠지. 그림으로 는 그리지 못하겠지만."

"흠……."

"가로, 세로, 높이, 시간으로 나타낼 수 있는 공간은 4차원 공간이라고 할 수 있어. 하지만 시간이 나오는 건 한 예일 뿐이야."

"흠…… 그렇구나."

유리는 가방을 빙글빙글 돌리며 말했다.

"아! 정답 알았다. 간단하네. 이런 거지."

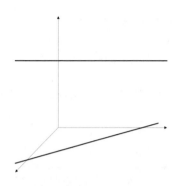

"맞아, 그걸 **꼬인 위치** 관계라고 해."

"꼬인 위치…… 확실히 꼬여 있네."

풀이 6-1 두 직선의 관계

3차원 공간 위에 두 직선을 놓았을 때, 다음 네 가지 관계가 생긴다.

- 일치한다.
- 한 점에서 만난다.
- 평행한다.
- 꼬인 위치 관계

떠받치는 것

"오빠…… 차원이란 뭘까?" 유리가 말했다.

"응? 지금까지 계속 얘기했잖아. n차원 공간은……."

"그게 아니라…… 직선은 1차원 도형이잖아. 그런데 3차원 공간에 놓을 수 있잖아?"

"그렇지."

유리가 곰곰이 생각하면서 이야기하는 모습이 어딘가 테트라와 닮은 것 같다. 유리는 중학생이고 테트라는 고등학생이라서 자주 만나지는 못하지만 가끔 같이 수학 공부를 한다. 유리는 열정적으로 공부하는 테트라의 모습에 감동하기도 했다.

"궁금한 건…… 3차원 공간의 한 점은 3개의 수로 나타내는데, 1차원 도형의 직선은 수 1개로…… 으음, 설명을 잘 못 하겠어!"

나는 짐작되는 유리의 생각을 말했다.

"이런 건가? 직선은 1차원 도형이고 1개의 수로 한 점을 지정할 수 있어. 그런데 3차원 공간 속에 있는 한 점은 3개의 수로 표현해. 그럼 3차원 공간에 놓인 직선 위의 한 점은 몇 개의 수로 나타낼 수 있는가…… 그런 거야?"

"맞아, 맞아! 그건 어떻게 된 거야?"

"그런 생각을 하다니 훌륭한데? 3차원 공간에 놓인 직선 위의 한 점은 확실히 (x, y, z)라는 3개의 수 조합으로 나타낼 수 있지만 '이 직선 위에 있다'라는 조건을 붙이면 1개의 수로 나타낼 수 있어. 벡터를 활용하면 이해가 될 거야."

나는 수첩에 간단한 그림을 그렸다.

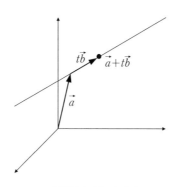

3차원 공간에 놓인 직선

"이 그림에서 직선상의 한 점은 벡터 $\vec{a}$와 벡터 $t\vec{b}$의 합으로 나타낼 수 있어. 원점에서 일단 벡터 $\vec{a}$ 끝까지 간 다음에 거기부터 벡터 $\vec{b}$를 t배 한 곳까지

가면 된다는 거야."

"잘 모르겠어. 그런데 왜 1차원이야?"

"여기 이 t라는 변수에 주목해 봐. $\vec{a}$와 $\vec{b}$는 이 직선을 정하는 벡터니까 t의 값을 결정하기만 해도 직선상의 한 점이 결정돼. 여기서 직선이 1차원이라는 사실이 나타나지."

"잘은 모르겠지만, 이 t에 수를 넣는다는 거야? t에 넣는 수를 바꾸면 직선 위의 점이 움직인다는 거야?"

"맞아. 바로 그거야. $\vec{a}+t\vec{b}$라는 식은 2개의 벡터 $\vec{a}$와 $\vec{b}$로 직선을 결정하는데, 하나의 수 t로 그 직선상의 한 점을 나타내. 그리고 $\vec{b}$의 방향에서는 얼마든지 점을 움직일 수 있어. t를 바꾸면 돼. 이 식에서 직선만의 특징을 엿볼 수 있지."

"수식 마니아 같은 발언은 잘 모르겠지만…… 오빠가 해 주는 얘기는 재미있어!"

유리는 이렇게 말하면서 내 팔짱을 끼었다. 향긋한 비누 향이 번졌다.

"더 늦기 전에 이제 그만 가자."

시끌시끌한 축제 거리에서 벗어나자 밤하늘을 수놓은 별들이 또렷이 보였다.

"예쁘다…… 별이 정말 많아."

"그러네."

"커다란 우주인데 고작 수 3개 조합으로 나타낼 수 있다니 정말 신기해."

"우주를 연구하는 과학자들은 더 다양한 생각을 한대. 4차원보다 높은 차원에서 우주를 표현하는 모양이야."

"무슨 뜻이야?"

"자세히는 모르겠지만, 우주의 한 점이 취할 수 있는 상태를 표현하는 데 많은 수를 사용하면 공간의 성질을 더 잘 연구할 수 있다는 거지."

"가로, 세로, 높이, 시간 이외의 차원은 도무지 상상이 안 돼!"

"나도 마찬가지야. 눈에 보이도록 나타낼 수 있는지도 모르겠어. 최첨단 과학을 연구하는 사람들은 우주라는 것을 수식을 통해 보지 않을까?"

"그런가! 우주란 넓고 크잖아!" 유리가 양팔을 밤하늘로 뻗으며 외쳤다.

"유리……."

"오빠, 나 배 고픈데."

"네 위장이야말로 우주처럼 큰 거 같다!"

2. 선형공간

도서실

"유리랑 그런 대화를 했어." 내가 말했다.

"4차원 공간인가요?." 테트라가 질문했다.

오늘도 나는 도서실에서 입시 공부를 하고 있다. 지금은 잠시 공부를 쉬고 테트라와 이야기를 나누고 있다. 옆자리에 앉은 미르카는 열심히 뭔가를 적고 있다.

"유리는 요즘 그 드라마에 빠져 있어." 내가 말했다.

"SF 드라마는 4차원 세계를 자주 다루죠. 그런데 4차원이라는 말은 '다른 차원의 세계'라는 뜻으로 쓰이는 경우도 많은 것 같아요." 테트라가 말했다.

"맞아, 그런 것 같네."

"4차원 공간이라는 말은 멋진 것 같아요." 테트라가 큰 눈을 굴리며 말했다. "아니, '공간'이라는 것 자체가 멋진 것 같아요. 뭔가 넓게 퍼지면서…… 수학의 '공간'을 '스페이스'로 생각해도 될까요, 미르카 선배?"

"돼." 미르카는 쓰는 행동을 멈추지 않은 채 말했다. "수학에서는 '공간'과 '집합'이 거의 같은 뜻이야. 대부분 집합에 구조를 넣은 것을 공간이라고 하지. 표본 공간, 확률 공간, 선형공간……."

테트라가 손을 들었다.

"표본 공간이랑 확률 공간은 얼마 전에 배웠는데…… 선형공간은 뭐죠?"

"선형공간은 직감적으로도 공간다운 공간을 말해. 영어로 말하면 벡타 스페이스." 미르카가 고개를 들면서 말했다. 미르카는 '벡타'로 발음하며 V에 힘을 주는 편이다.

"벡터 스페이스…… 아, 벡터 공간?" 내가 말했다.

"선형공간의 공리가 뭔지 알아?" 미르카가 내게 물었다.

"아니, 몰라."

"흠……."

미르카가 눈을 가늘게 뜨면서 싸늘한 표정을 지었다.

"어떤 책에서 벡터 공간이라는 용어를 본 적 있어." 나는 서둘러서 덧붙였다.

"죄송해요, 머리가 복잡해졌어요. 선형공간과 벡터 스페이스와 벡터 공간……. 모두 같은 말인가요?" 테트라가 말했다.

"완전히 같은 말이야, 테트라."

"벡타는 벡터를 말하는 거죠?"

"응. 나는 원어 발음 비슷하게 벡타라고 해. 그런데 '스칼라'를 '스케일러' 라는 원어 발음으로 하지 않으니까 일관성은 없네." 미르카가 미소 지었다. "뭐, V 발음은 멋있는 척하는 것뿐이야. 'Shall we discuss in English?'"

"If you prefer." 테트라가 대답했다.

"잠깐만, 둘 다 왜 이래?" 나는 급히 둘의 대화를 저지했다.

"벡터는 'vector'이고, 스칼라는 'scalar'인가요……. 벡터는 화살표 기호로 표시하죠. 스칼라는…… 아, scale(스케일)을 하는 것인가요?" 테트라는 혼잣말처럼 말했다.

"스케일한다고?" 내가 물었다.

"네. 뭔가 쭉 늘리는 걸 'scale up'이라고 하고, 줄이는 걸 'scale down'이라고 하잖아요."

"그래, 맞아." 미르카가 말했다. "선형공간에서는 벡타와 스칼라가 등장해. 스칼라는 벡타를 늘리거나 줄이는 역할을 하지. 테트라가 말한 것처럼 어떤 의미에서는 스케일 업하거나 스케일 다운하는 게 스칼라의 역할이야."

스칼라에 그런 뜻이 담겨 있었구나.

"그리고 선형독립인 벡타가 선형공간을 펼쳐. 최대 몇 개의 선형독립인 벡타를 골라낼 수 있는가…… 그 개수가 바로 차원이야."

"아, 그런가!" 내 안에서 무언가가 연결되는 걸 느꼈다.

"저기…… 죄송한데요, 단어가 너무 많이 나오니까 머리가 빙글빙글 돌아요." 테트라가 용어들 때문에 혼란스러운 모양이다.

"선형공간에 대해 얘기해 볼게." 미르카의 강의가 시작됐다.

좌표평면

"먼저 좌표평면부터 시작할게." 미르카가 말했다.

"좌표평면 위의 한 점은 수 2개의 조합으로 나타내. 이를 테면 다음과 같은 좌표평면 위의 점 $(3, 2)$는 x좌표가 3이고 y좌표가 2겠지."

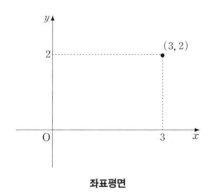

좌표평면

"테트라, 좌표라는 게 뭘까?" 미르카가 물었다.

"좌표평면을 모눈종이라고 생각할 때 눈금……이 좌표예요."

"맞아. 그런데 눈금을 만들려면 '1눈금'을 정할 필요가 있어. 여기서 이렇게 생각해 보자."

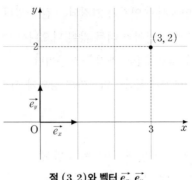

점 $(3, 2)$와 벡터 $\vec{e_x}, \vec{e_y}$

"아하……."

"여기에 $\vec{e_x}$와 $\vec{e_y}$라는 2개의 벡터를 적용하는 거야. 그리고 벡터 $\vec{e_x}$는 x축의 1눈금으로 정하고, 벡터 $\vec{e_y}$는 y축의 1눈금으로 정했어."

"네, 이해했어요."

"그러면 x좌표는 $\vec{e_x}$를 몇 배한 것인지, y좌표는 $\vec{e_y}$를 몇 배한 것인지 나타내."

"앗, 이건 좌표평면을 처음 배울 때 들었던 내용이에요."

"맞아. 지금은 우리가 알고 있는 사실을 다시 확인하는 중이야. 좌표평면 위의 점 (a_x, a_y)는 $\vec{e_x}$를 a_x배한 벡타와 $\vec{e_y}$를 a_y배한 벡타의 합으로 나타내. 예를 들어 점 $(3, 2)$는 $\vec{e_x}$를 3배한 벡타와 $\vec{e_y}$를 2배한 벡타의 합이 돼. 그걸 이렇게 쓰자."

$$3\vec{e_x} + 2\vec{e_y}$$

"점 $(3, 2)$와 이렇게 대응하는군요." 테트라가 고개를 끄덕였다.

$$\text{점}(3, 2) \quad \longleftrightarrow \quad \underbrace{3}_{x\text{좌표}} \vec{e_x} + \underbrace{2}_{y\text{좌표}} \vec{e_y}$$

"물론이야. 좌표 값이 실수인 좌표평면 전체는 다음과 같은 집합의 꼴로 나타낼 수 있어. 어렵지는 않아.”

$$\text{좌표평면 위의 점 전체의 집합} = \{\ a_x\vec{e_x} + a_y\vec{e_y} \mid a_x \in \mathbb{R}, a_y \in \mathbb{R}\ \}$$

“아, 죄송해요……. 어렵지는 않지만 미르카 선배가 뭘 설명하려는 건지 모르겠어요.”

“좌표평면은 우리에게 친숙한 공간이니까 이렇게 시작한 거야.” 미르카는 손가락을 빙글빙글 돌리며 말했다. “이제부터 좌표평면을 추상화할게. $a_x\vec{e_x} + a_y\vec{e_y}$ 라는 식을 관찰하면…….”

$$\underbrace{\overbrace{a_x}^{\text{스칼라}}\ \overbrace{\vec{e_x}}^{\text{벡터}}}_{\text{벡터}}\ +\ \underbrace{\overbrace{a_y}^{\text{스칼라}}\ \overbrace{\vec{e_y}}^{\text{벡터}}}_{\text{벡터}}$$

“이런 구조가 보일 거야. 그러니까…….”

• ‘스칼라 배를 한 벡터’는 벡터이고,
• ‘벡터와 벡터의 합’도 벡터이다.

“이런 사실을 알 수 있어. 이게 **선형공간**, 그러니까 **벡타 공간**의 기본이야.”

“어, 아니……? 이거 혹시 ‘곱하고 곱하고 더하기’ 아니에요? 행렬 같아요.”

“$a_x\vec{e_x} + a_y\vec{e_y}$ 와 같은 꼴을 $\vec{e_x}$와 $\vec{e_y}$ 의 **선형결합**이라고 해.”

선형공간

“여기까지는 워밍업이야. 이제부터 선형공간에 대한 일반적인 내용을 이야기할게. 먼저 스칼라의 집합 S와 벡타의 집합 V를 살펴보고, 이 집합에 덧셈과 곱셈이라는 두 가지 연산을 넣는 거야.” 미르카가 말했다.

“두 연산에 대해 살펴보는 거구나.” 내가 말했다.

"맞아. 구체적인 선형공간을 정의할 때는 두 가지 연산을 정의하지. 첫 번째 연산은 **벡타의 스칼라 배**. S의 원소 $s \in S$와 V의 원소 $v \in V$에 대하여 $sv \in V$로 정의해. 스칼라와 벡타의 곱셈을 정의하는 거야. 좀 전에 예로 든 $a_x \vec{e_x}$로 말하면, S는 실수 전체의 집합 $\mathbb{R}$이고 V는 2차원 평면 위의 벡타 전체 집합이야. $a_x \in \mathbb{R}$과 $\vec{e_x} \in V$에 대하여 $a_x \vec{e_x} \in V$로 정의되어 있어."

"네, 알았어요." 테트라가 추임새를 넣었다.

"그리고 두 번째 연산은 **벡타와 벡타의 합**이야. $v \in V$와 $w \in V$에 대하여 $v+w \in V$를 정의하는 거야. 벡타와 벡타의 덧셈을 정의하는 거지. 좀 전에 $a_x \vec{e_x}$와 $a_y \vec{e_y}$의 합은 $a_x \vec{e_x} + a_y \vec{e_y}$라고 한 것과 같아."

"확실히 그렇구나." 내가 말했다.

"V와 S가 위의 법칙을 만족할 때 V를 'S 위의 **선형공간**'이라고 해. 공리로 서술하자면 다음과 같아."

선형공간의 공리

아벨군 V와 체 S가 다음의 공리를 만족할 때, V를 'S 위의 **선형공간**'이라고 한다. 단, v, w는 V의 임의 원소, s, t는 S의 임의 원소이다.

VS1 sv는 V의 원소가 된다.(벡터의 스칼라 배)

VS2 $s(v+w) = sv + sw$가 성립한다.(스칼라 곱의 분배법칙)

VS3 $(s+t)v = sv + tv$가 성립한다.(벡터의 분배법칙)
      (좌변의 +는 스칼라의 합, 우변의 +는 벡터의 합)

VS4 $(st)v = s(tv)$가 성립한다.(스칼라 배의 결합법칙)

VS5 $1v = v$가 성립한다.

"V가 S 위의 선형공간일 때 아벨군 V의 원소를 벡타라고 하고, 체 S의 원소를 스칼라라고 불러." 미르카가 말했다.

"벡터와 스칼라……."

"테트라, 여기서 **퀴즈**! 우리가 평소에 쓰는 좌표평면을 '$\mathbb{R}$ 위의 선형공간'

으로 보자. 'ℝ 위의 선형공간'이니까 실수 전체의 집합 ℝ은 스칼라 집합 S에 해당해."

"네, 그러……네요." 테트라가 주저하면서 말했다.

"그럼 좌표평면을 'ℝ 위의 선형공간'으로 간주했을 때, 벡타의 집합 V는 대체 어떤 집합일까?"

"아, 그게……." 테트라가 생각에 잠겼다.

"V는 말이야……." 내가 말을 꺼냈다.

"너한테 안 물어봤어." 미르카가 내 말을 끊었다.

"죄송해요, 모르겠어요." 테트라가 말했다.

"V는 좌표평면 전체. V의 원소는 좌표평면의 점." 미르카가 말했다.

"아, 그런가요? ……하지만 아직 이해가 안 돼요."

"선형공간에서 벡타의 집합 V라는 건 어쨌든 덧셈이 정의되어 있는 집합이야. 정확히 말하자면 V는 아벨군, 그러니까 교환법칙이 성립하는 군이지."

"자, 잠깐만요!" 테트라가 손을 펼치더니 확인하듯 말을 꺼냈다. "좌표평면을 ℝ 위의 선형공간으로 간주하면…… 벡터의 집합 V는 좌표평면에 해당해요. 벡터는 좌표평면 위의 점. 그리고 V라는 건 아벨군……. 그렇다는 건 좌표평면 위의 점에 덧셈이라는 연산이 들어가는 건가요?"

"맞아. 점에 대해서는 덧셈을 할 수 있잖아, 테트라?"

"아, 그러네요! 예를 들어 $(2,3)+(1,2)=(3,5)$처럼요!"

"그래. 좌표평면 위의 점을 **위치벡타**라고 하지. 이제 벡타라는 용어는 논리적 모순을 띠지 않고 사용되는 거야."

"그렇구나…… 이제 조금 이해가 돼요." 테트라가 말했다.

잠자코 두 '수학 걸'의 대화를 듣고 있으니까 왠지 테트라의 질문에 답하는 미르카의 대응이 재미있다.

"벡타의 집합 V는 좌표평면 위의 점의 집합이고, 그렇다면 벡타를 스칼라배를 한다는 건?" 테트라가 물었다.

"테트라, 벡타의 실수곱이란 뭘까?"

"방향을 바꾸지 않고 벡터를 늘리거나 줄이거나……."

"맞아. 그게 벡타의 스칼라 배야. 평면 위 벡타의 실수곱을 벡타의 스칼라 곱으로 표현한 것뿐이지. 하지만 벡타의 방향이나 크기는 선형공간의 공리에 나오지 않아. 그걸 위해서는 '내적'을 도입해야 해."

"아하……"

"좌표평면에서 선형공간의 기본을 확인해 보자. 스칼라 배를 한 벡타는 벡타이고, 벡타와 벡타의 합도 벡타. 우리가 학교에서 벡타에 대해 배울 때 이런 내용은 당연한 것들이야. 그러니까 선형공간의 정의를 들으면 당연한 것을 복잡하게 돌려 말하는 것처럼 들리지."

"하지만 그런 경우는 꽤 많았어. 공리가 나올 때는 언제나 그렇지. 처음에는 재미가 없어." 내가 끼어들었다.

"재미는…… 같은 공리를 만족하는 다른 수학적 대상을 찾았을 때부터 시작이지. 벡타라고 생각할 수 없는 것을 벡타로 보는 거."

"사다리 타기를 군으로 본 것처럼?" 내가 말했다.

"유리수 전체 집합을 체라고 본 것처럼?" 테트라가 말했다.

확실히 그렇다. 공리를 만족하는 수학적 대상에 군이나 체와 같이 추상적인 이름을 붙이면 새로운 세계가 열린다. 우리는 그것을 몇 번이나 경험했다. 선형공간도 그와 같을까?

"벡터라고 생각할 수 없는 것은 뭘까요?" 테트라가 물었다.

"예를 들면 복소수." 미르카가 대답했다.

"복소수가…… 벡터라고요?" 테트라가 되물었다.

"그렇게 보게 만드는 거지."

$\mathbb{R}$ 위의 선형공간으로서의 $\mathbb{C}$

도서실에서 미르카의 강의는 계속 이어졌다.

미르카는 노트에 기호와 문자와 도형을 적으면서 설명했다.

"지금 우리는 선형공간의 예를 알아볼 거야. 이제부터 우리는 벡타라고 생각할 수 없는 것도 선형공간의 공리를 만족하면 벡타로 취급할 거야. 먼저 복소수부터."

"복소수를 벡터로 본다는 건가요?" 테트라가 확인했다.

"맞아. 복소수 전체의 집합 $\mathbb{C}$를 벡타의 집합으로 보고, 실수 전체의 집합을 스칼라의 집합으로 보자. 복소수의 실수곱을 벡타의 스칼라 배, 복소수의 합을 벡타의 합으로 생각하면 $\mathbb{C}$는 '$\mathbb{R}$ 위의 선형공간'으로 간주할 수 있어."

복소수 전체의 집합 $\mathbb{C}$　　　벡터의 집합

실수 전체의 집합 $\mathbb{R}$　　　스칼라의 집합

$\mathbb{C}$를 $\mathbb{R}$ 위의 선형공간으로 간주한다

"그렇구나!" 나는 목소리를 높였다. "좌표평면 위의 점과 복소수를 동일시할 수 있는 건 복소평면을 생각하면 바로 알 수 있어. 둘 다 선형공간으로 간주할 수 있어. 그렇게 보니까 재미있네."

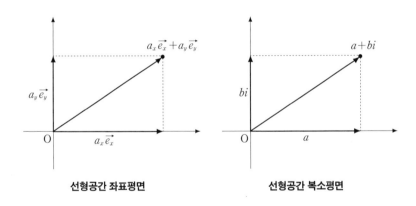

선형공간 좌표평면　　　**선형공간 복소평면**

'좌표평면'과 '복소평면'…… 악기는 다르지만 분명 선형공간이라는 곡을 연주하고 있다. 우리는 한동안 그 소리에 귀를 기울였다. 테트라가 먼저 입을 열었다.

"이제 선형공간이 조금 익숙해졌어요. 하지만 복소평면을 좌표평면에 동일시할 수 있다면 왜 선형공간을 고려해야 하는지 잘 모르겠어요."

테트라의 말투가 진지하다. 언제나 겸손한 자세로 노력하는 테트라지만

하고 싶은 말은 당당히 하는 스타일이다.

"흠." 미르카가 팔짱을 꼈다. "그럼 다음 예시를 보자. $\mathbb{Q}(\sqrt{2})$를 '$\mathbb{Q}$ 위의 선형공간'으로 보는 거야."

$\mathbb{Q}$ 위의 선형공간인 $\mathbb{Q}(\sqrt{2})$

"$\mathbb{Q}(\sqrt{2})$를 '$\mathbb{Q}$ 위의 선형공간'으로 간주하자. $\mathbb{Q}$에 $\sqrt{2}$를 추가한 **확대체** $\mathbb{Q}(\sqrt{2})$를 벡터의 집합으로 하고 유리수체 $\mathbb{Q}$를 스칼라의 집합으로 하면, $\mathbb{Q}(\sqrt{2})$는 '$\mathbb{Q}$ 위의 선형공간'으로 간주할 수 있어. 테트라, $\mathbb{Q}(\sqrt{2})$에 대해 알겠어?"

유리수체에 $\sqrt{2}$를 추가한 체 $\mathbb{Q}(\sqrt{2})$	벡터의 집합
유리수체 $\mathbb{Q}$	스칼라의 집합

$\mathbb{Q}(\sqrt{2})$를 $\mathbb{Q}$ 위의 선형공간으로 간주한다

"네. 체에 대해서는 조금 공부했어요!"

"좋아, 그럼 $\mathbb{Q}(\sqrt{2})$는……."

"저, 제가 설명할게요! 제대로 이해했는지 확인하고 싶어서요!" 테트라가 몸을 앞으로 내밀며 손을 들었다. "$\mathbb{Q}(\sqrt{2})$에 대해 설명하는 거죠!"

활기 넘치는 소녀의 모습으로 돌아온 테트라.

"$\mathbb{Q}(\sqrt{2})$라는 건 $\mathbb{Q}$에 $\sqrt{2}$를 추가한 체예요. 음, 그러니까 먼저 $\mathbb{Q}$라는 건 유리수 전체 집합이고, 이건 사칙연산을 할 수 있으니까 체예요. $\mathbb{Q}$에 $\sqrt{2}$를 추가한 체 $\mathbb{Q}(\sqrt{2})$는 유리수와 $\sqrt{2}$를 사용해서 사칙연산을 했을 때 생기는 체예요."

"예를 들면?"

"네?"

"$\mathbb{Q}(\sqrt{2})$의 원소의 예를 몇 가지 들어 줘, 테트라."

"네, 이해했으니까 예시도 제시할 수 있어요. '예시는 이해를 돕는 시금석'이잖아요. $\mathbb{Q}(\sqrt{2})$의 원소는 유리수와 $\sqrt{2}$를 사용해서 사칙연산이 가능한 식을 만들어 버리면 되잖아요!"

$$1 \quad 0 \quad 0.5 \quad -\frac{1}{3} \quad \sqrt{2} \quad \frac{\sqrt{2}}{3} \quad \frac{1+3\sqrt{2}}{2-\sqrt{2}}$$

"그렇지." 미르카는 만족스러운 듯 고개를 끄덕였다.

"'사칙연산을 하는 식'을 **유리식**이라고 해."

"유리식…… 네." 테트라가 대답했다.

"정수의 유리식에서 값은 유리수가 돼." 미르카가 말했다.

"아하, 그렇구나. 음…….." 테트라는 잠시 생각하더니 말했다. "정수의 유리식에서 값은 유리수, 그럼 유리수인 유리식의 값은 모두 유리수라고 할 수 있겠네요."

"맞아, 유리수 전체 집합은 체로써 닫혀 있으니까."

"네, 네!" 테트라가 크게 고개를 끄덕였다.

"그럼 **퀴즈**를 내 볼까." 미르카가 말했다.

$\sqrt{\sqrt{2}} \in \mathbb{Q}(\sqrt{2})$인가?

"아니에요. $\sqrt{\sqrt{2}}$는 유리수와 $\sqrt{2}$의 사칙연산으로 만들 수 없어요. 유리수와 $\sqrt{2}$로 만드는 유리식의 값이 되지 않는다고 할 수 있겠죠."

"그렇지."

테트라는 미르카의 퀴즈에 늘 적극적이다. 대답이 틀릴 때도 있지만 결코 굴하지 않는다.

"확대체 $\mathbb{Q}(\sqrt{2})$는 이런 이야기 같아요." 테트라가 말했다. "유리수를 가진 사람이 있다고 할게요. 그 사람에게 '자, 이거 쓰세요' 하면서 무리수 $\sqrt{2}$를 선물하는 거예요. 지금까지 아무리 노력해도 유리수밖에 만들지 못했는데, 선물로 받은 $\sqrt{2}$를 썼더니 새로운 수를 만들 수 있게 됐어요. 더 넓은 세계가 펼쳐졌다, 뭐 이런 얘기요."

"뭐, 그런 셈이네. 테트라에게 걸리면 동화가 되어 버리네." 미르카가 웃으며 말했다.

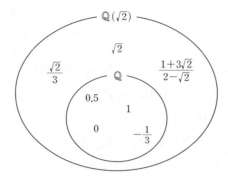

유리수체 ℚ와 확대체 ℚ(√2̄)

 "유리수만 가진 사람에게 '자, 이거 쓰세요' 하면서 유리수를…… 예를 들어 0.5를 선물한다면 '어머, 그건 이미 갖고 있어요'가 되는 거죠."

 "오, 꽤 올바른 감각인걸." 미르카가 진지한 얼굴로 돌아서서 말했다. "유리수체 ℚ에 유리수를 추가해도 체는 변하지 않아. '유리수체에 0.5를 추가한 체는 유리수체와 같다'는 수식으로 이렇게 쓸 수 있어."

$$\mathbb{Q}(0.5)=\mathbb{Q}$$

 "물론 일반적으로 ℚ(유리수)=ℚ가 성립해. 그런데 ℚ(√2̄)는 다음과 같이 쓸 수 있어."

$$\mathbb{Q}(\sqrt{2})=\{p+q\sqrt{2} \mid p\in\mathbb{Q}, q\in\mathbb{Q}\}$$

 "아, 네."

 "왜 원소를 $\dfrac{p+q\sqrt{2}}{r+s\sqrt{2}}$처럼 분수로 쓰지 않을까?"

 "그러고 보니 그러네요. ℚ(√2̄)는 체예요. 사칙연산을 할 수 있으니까 $p+q\sqrt{2}$라는 형태가 아니라 $\dfrac{p+q\sqrt{2}}{r+s\sqrt{2}}$가 일반형인 거 아니에요? 나눗셈도 생각해야 하잖아요?"

 "분모의 유리화." 미르카가 말했다.

"아! 분모를 유리화하면 결국 $p+\sqrt{2}$의 형태가 되나……요?"

"맞아. $p+q\sqrt{2}$ 쪽으로 정리하는 방향을 알면 $\mathbb{Q}(\sqrt{2})$가 사칙연산에 대하여 닫혀 있다는 것을 확인하는 건 계산 연습이 되지."

(덧셈) $(p+q\sqrt{2})+(r+s\sqrt{2})=\underbrace{(p+r)}_{\in\mathbb{Q}}+\underbrace{(q+s)}_{\in\mathbb{Q}}\sqrt{2}$

(뺄셈) $(p+q\sqrt{2})-(r+s\sqrt{2})=\underbrace{(p-r)}_{\in\mathbb{Q}}+\underbrace{(q-s)}_{\in\mathbb{Q}}\sqrt{2}$

(곱셈) $(p+q\sqrt{2})-(r+s\sqrt{2})=\underbrace{(pr+2qs)}_{\in\mathbb{Q}}+\underbrace{(ps+qr)}_{\in\mathbb{Q}}\sqrt{2}$

(나눗셈)
$$\frac{p+q\sqrt{2}}{r+s\sqrt{2}}=\frac{p+q\sqrt{2}}{r+s\sqrt{2}}\cdot\frac{r-s\sqrt{2}}{r-s\sqrt{2}} \qquad \text{분모의 유리화}$$
$$=\frac{(p+q\sqrt{2})(r-s\sqrt{2})}{(r+s\sqrt{2})(r-s\sqrt{2})}$$
$$=\frac{(pr-2qs)+(qr-ps)\sqrt{2}}{r^2-2s^2}$$
$$=\underbrace{\frac{pr-2qs}{r^2-2s^2}}_{\in\mathbb{Q}}+\underbrace{\frac{qr-ps}{r^2-2s^2}}_{\in\mathbb{Q}}\sqrt{2}$$

"그렇구나…… 분모의 유리화는 이걸 위해 있는 걸지도 모르겠네요." 테트라가 말했다. "공리를 확인할 때 사칙연산에 대해 닫혀 있다는 걸 확인하면서 '유리수＋유리수$\sqrt{2}$'라는 형태를 만들잖아요. 이렇게 식을 변형하는 의도나 방향이 있다는 걸 최근에 알게 됐어요."

"미르카, $\mathbb{Q}(\sqrt{2})$라는 체는 $\mathbb{Q}$에 $\sqrt{2}$를 추가해서 사칙연산이 가능하도록 넓게 확대된 체라고 생각하면 되겠지?" 내가 말했다.

"그렇다고 할 수 있지." 미르카가 대답했다. "사실은 $\mathbb{Q}$와 $\sqrt{2}$를 포함하는 '최소의 체'라고 표현하는 경우가 많아. 여기서 말하는 최소라는 건 포함 관계를 대소 관계로 판단한 거야. 그럼 가벼운 **퀴즈** 하나 낼게."

n을 양의 정수라고 했을 때, $\mathbb{Q}(\sqrt{n})=\mathbb{Q}$가 되는 건 언제인가?

"간단하죠. $\sqrt{n}$이 유리수가 될 때예요! 유리수체를 가진 사람에게 유리수를 건네 봤자 세계는 넓어지지 않으니까요. 그러니까 n이 $1^2, 2^2, 3^2, 4^2, \cdots$처럼 제곱수일 때 $\mathbb{Q}(\sqrt{n})=\mathbb{Q}$가 돼요!" 테트라가 말했다.

"빙고!"

확장의 크기

"그런데 선형공간을 살펴보는 건 어떤 즐거움이 있을까요?"

테트라가 묻자 미르카가 벌떡 일어섰다. 우리는 미르카가 무슨 말을 할지 기다렸다. 왠지 미르카의 강의를 들을 때면 자연스레 '더 알고 싶다'는 마음이 생긴다. 이유가 뭘까?

"선형공간에서 우리는 '확장의 크기'를 표현할 수 있어." 미르카가 말했다. "선형공간에는 '공간'이라는 말에 어울리는 일종의 '확장'이 있어. 그리고 벡터를 사용해서 그 확장의 '크기'를 수학적으로 나타낼 수 있어."

"확장의 크기…… 그게 뭐예요?" 테트라가 물었다.

"무엇일 것 같아?" 미르카가 나를 향해 말했다.

"혹시……." 귓가에서 유리의 구두 소리가 울렸다. "차원 아닐까?"

"빙고!" 미르카가 검지를 세우며 외쳤다.

◆◆◆

차원이란 무엇일까?

먼저 선형공간에서 임의의 점을 선형결합으로 한결같이 나타낼 수 있는 벡터의 집합을 그 선형공간의 **기저**라고 해. 또한 '기저의 원소 수'를 차원이라고 해. 그리고 선형공간에서 임의의 점을 선형결합으로 나타내는 데 '필요 충분한 벡터의 개수'를 차원이라고 할 수 있지.

좌표평면 위의 임의의 점 (a_x, a_y)는 $\vec{e_x}$와 $\vec{e_y}$라는 벡터 2개의 선형결합 $a_x\vec{e_x}+a_y\vec{e_y}$에서 유일하게 나타낼 수 있다. 따라서 이 선형공간은 2차원.

임의의 복소수 $a+bi$는 1과 i라는 벡터 2개의 선형결합 $a\cdot1+b\cdot i$에서 유일하게 나타낼 수 있다. 따라서 이 선형공간도 2차원.

어려우면 방금 나온 $a_x\vec{e_x}+a_y\vec{e_y}$라는 식을 관찰했을 때와 마찬가지로 $a+bi$라는 식을 관찰하면 다음 구조가 보일 거야.

$$\underbrace{\overbrace{a}^{\text{스칼라}} \cdot \underbrace{\overbrace{1}^{\text{벡터}}}_{\text{벡타}} + \underbrace{\overbrace{b}^{\text{스칼라}} \cdot \underbrace{\overbrace{i}^{\text{벡터}}}_{\text{벡타}}}_{\text{벡터}} \qquad a, b \in \mathbb{R}, 1, i \in \mathbb{C}$$

$\mathbb{C}$를 $\mathbb{R}$ 위의 선형공간으로 간주한다

마찬가지로 체 $\mathbb{Q}(\sqrt{2})$에서 임의의 원소 $p+q\sqrt{2}$는 1과 $\sqrt{2}$이라는 벡터 2개의 선형결합 $p\cdot 1 + q\cdot\sqrt{2}$에서 유일하게 나타낼 수 있다. 이것도 2차원. $p+q\sqrt{2}$라는 식을 관찰하면 다음 구조가 보인다.

$$\underbrace{\overbrace{p}^{\text{스칼라}} \cdot \underbrace{\overbrace{1}^{\text{벡터}}}_{\text{벡터}} + \overbrace{q}^{\text{스칼라}} \cdot \underbrace{\overbrace{\sqrt{2}}^{\text{벡터}}}_{\text{벡터}}}_{\text{벡터}} \qquad p, q \in \mathbb{Q}, 1, \sqrt{2} \in \mathbb{Q}(\sqrt{2})$$

$\mathbb{Q}(\sqrt{2})$를 $\mathbb{Q}$ 위의 선형공간으로 간주한다

◆◆◆

"차원과 기저……." 테트라가 중얼거리면서 노트에 적었다.

"$\{\vec{e_x}, \vec{e_y}\}$는 좌표평면을 $\mathbb{R}$ 위의 선형공간으로 간주한 기저 중 하나야."

"그렇구나. 그 기저의 원소 수가 차원이구나." 내가 말했다.

"$\mathbb{C}$를 $\mathbb{R}$ 위의 선형공간으로 봤을 때의 기저는 예를 들면 $\{1, i\}$야. 기저는 그밖에도 고를 수가 있어. $\{-1, i\}$여도 좋고, $\{100, -20i\}$ 또는 $\{1+i, 1-i\}$여도 상관없어. 하지만 기저를 어떤 식으로 고르든 그 기저에 속하는 벡타의 수는 항상 2개야." 미르카가 말했다.

"2차원의 2는 기저의 원소 수구나." 내가 말했다.

"선형공간에서 임의의 점을 벡타의 선형결합으로 나타낼 수 있다는 걸

'선형공간을 펼친다'라고 해. 이 용어를 쓰면 '기저는 선형공간을 펼친다'라고 표현할 수 있어." 미르카가 말했다.

"박쥐우산의 뼈대처럼?" 내가 말했다.

"건물을 떠받치는 기둥처럼?" 테트라가 말했다.

"기저의 모양은 좋을 대로 생각해. 아무튼 광대한 좌표평면이 벡타 2개로 이루어지는 기저의 선형결합으로 만들어지는 거야. 여기에는 무한을 유한으로 인식하는 시선이 있어." 미르카가 말했다.

"그렇구나." 테트라가 말했다.

"그렇구나? 그럼 **퀴즈**." 미르카가 말했다.

$\mathbb{Q}(\sqrt{2})$를 $\mathbb{Q}$ 위의 선형공간으로 간주했을 때, $\{\sqrt{2}, 2\}$는 기저가 되는가?

"아차차! 죄송해요. '그렇구나'는 무심결에 튀어나온 말이에요." 테트라는 부랴부랴 사과하더니 곧 진지한 표정으로 생각에 잠겼다. "음…… $\{\sqrt{2}, 2\}$는 기저예요."

"그 이유는?"

"기저가 $\{1, \sqrt{2}\}$일 때 $p \cdot 1 + q \cdot \sqrt{2}$라고 쓸 수 있는 수는 기저를 $\{\sqrt{2}, 2\}$일 때 $q \cdot \sqrt{2} + \left(\dfrac{p}{2}\right) \cdot 2$로 쓸 수 있고요……."

"흠." 미르카가 고개를 끄덕였다.

그러자 테트라도 같이 고개를 끄덕이면서 말을 이었다.

"이렇게 $\mathbb{Q}(\sqrt{2})$의 원소는 모두 $\sqrt{2}$와 2의 합으로 나타……."

"선형결합으로 나타내." 미르카가 슬쩍 말을 정정해 주었다.

"아, 그러네요. $\mathbb{Q}(\sqrt{2})$의 원소는 모두 $\sqrt{2}$와 2의 선형결합으로 나타낼 수 있어요. 그러니까 $\{\sqrt{2}, 2\}$에서 $\mathbb{Q}$ 위의 선형공간 $\mathbb{Q}(\sqrt{2})$를 펼칠 수 있다……는 게 되겠네요."

"그건 맞았어."

"선형공간을 펼칠 수 있으니까 $\{\sqrt{2}, 2\}$는 기저가 돼요."

"유일성이 빠졌어." 미르카가 말했다.

"네?"

"선형공간을 펼칠 수 있다는 건 선형공간에서 임의의 점을 선형결합으로 나타낼 수 있다는 뜻이야. 기저는 선형공간에서 임의의 점을 선형결합으로 유일하게 나타낼 수 있는 벡타의 집합. 테트라의 '선형공간을 펼칠 수 있으니까 기저가 된다'라는 설명은 곤란해. 유일성이 빠졌어."

"기저의 정의에…… 잠시만요, 유일성이라는 조건이 필요한가요?"

"필요해. 만약 기저의 정의에 유일성의 조건을 붙이지 않고 '선형공간에서 임의의 점을 선형결합으로 유일하게 나타낼 수 있는 벡타의 집합'으로 한다면, $\{1, \sqrt{2}, 2\}$라는 3개의 원소로 이루어진 집합도 $\mathbb{Q}(\sqrt{2})$의 기저라고 할 수 있게 돼. 왜냐, 테트라가 예로 든 $p \cdot 1 + q \cdot \sqrt{2}$라는 수도 다음과 같이 표현할 수 있게 되니까."

$$\frac{p}{3} \cdot 1 + q \cdot \sqrt{2} + \frac{p}{3} \cdot 2 \qquad (1, \sqrt{2}, 2\text{의 선형결합})$$

"유일성이 없으면 벡타의 수는 유일성 있게 정해지지 않고 차원도 정의할 수 없어."

"……"

미르카의 말에 테트라는 아무 말 없이 골똘히 생각에 빠졌다. 나는 테트라에게 잠시 생각할 시간을 주기로 했다. 미르카도 강의를 잠시 중단하고 기다렸다. 함께 공부할 때는 '침묵'이라는 존중이 필요하다는 걸 알기 때문이다.

나는 유리에게 4차원을 설명할 때 '4개의 수로 한 점을 나타낼 수 있다'고 했다. 틀린 건 아니지만, 수학적으로는 설명이 부족하다고 할 수 있다. '4개의 수'에는 '4개의 기저'가 있기 때문이다. 임의의 점은 기저의 선형결합으로 유일하게 나타낼 수 있다. 4개의 기저를 얼마나 스칼라 배를 해서 합을 취하는가, 4개의 기저에 대응한 4개의 스칼라, 그것이 '4개의 수'구나.

한참 만에 테트라가 말을 꺼냈다.

"기저의 원소는 제각각이어야 하네요."

"제각각?" 미르카가 되물었다.

"방금 전 미르카 선배가 말한 대로 기저에 2가 들어 있으면 1을 넣는 건 안 돼요. 선형결합의 유일성이 없어지니까요. 설명하기 어려운데, 기저에 이미 2가 들어 있다면 그 2로 만들 수 있는 1을 기저에 넣어선 안 돼요. 그리고 2와 $\sqrt{2}$를 기저에 넣으면 2와 $\sqrt{2}$로 만들 수 있는 $2+\sqrt{2}$도 기저에 넣을 수 없어요. 선형결합의 유일성이 사라져요. 그러니까 이렇게, 음…… 만들어 내는…… 아, 미르카 선배, 그걸 나타낼 만한 말을 찾을 수가 없어요!"

"그걸 나타낼 말이라니?" 내가 말했다.

"상대를 선형결합으로 만들어 내거나 만들어 낼 수 없다는 걸 나타내는 말이요!" 테트라가 답답하다는 듯 말했다. "이 개념, 즉 '만들어 낸다'거나 '만들어 내지 못한다'를 뜻하는 용어가 있을 것 같아요!"

"용어보다 먼저 개념을 잡았구나, 테트라." 미르카가 말했다. "그건 일차 종속과 인차 독립이야."

"일차 종속과 일차 독립……."

"선형결합으로 만들 수 있으면 일차 종속, 선형결합으로 만들지 못하면 일차 독립. 나중에 제대로 정의하자." 미르카가 말했다.

"영어로는 뭐라고 하죠?" 테트라가 물었다.

"일차 종속은 'linear dependence'이고, 일차 독립은 'linear independence'."

"그렇구나! 아, 이번에 '그렇구나'는 진심이에요. 벡터가 다른 벡터에 의존하는지 안 하는지를 따져 보는 거군요. 그렇구나, 그렇구나!" 테트라는 자신의 세계에 들어가 꿈을 꾸는 듯한 표정을 지었다. "선형결합으로 만들 수 있으면 'be dependent on', 그러니까 상대에게 의존한다. 선형결합으로 만들 수 없으면 'be independent of', 그러니까 상대에게 의존하지 않는다. 선형공간에서 일차 독립인 벡타는 '서로 둘도 없이 소중한 존재'일지도……."

"점점 수학에서 벗어나고 있어." 미르카가 말했다.

3. 일차 독립

일차 독립

"선형공간에서 일차 독립은 중요한 개념이야."

미르카는 다시 강의를 시작했다.

◆ ◆ ◆

하나의 벡터가 주어지면 스칼라 배를 해서 무수히 많은 벡터를 만들 수 있어. 하지만 스칼라 배로는 다다를 수 없는 확장도 가능해. 그 확장을 만드는 게 **일차 독립**인 벡터끼리 선형결합을 하는 거야.

일차 독립에 대해 제대로 설명할게. S 위의 선형공간에서 벡터 v와 w가 일차 독립이라는 사실을 다음과 같이 정의할게.

일차 독립

V를 'S 위의 선형공간'이라고 하고, $v, w \in$ V 및 $s, t \in$ S로 한다.
아래 조건이 성립할 때, 벡터 v와 w는 **일차 독립**이라고 한다.

$$sv + tw = 0 \iff s = 0 \wedge t = 0$$

일차 독립이 아닐 때, 벡터 v와 w는 **일차 종속**이라고 한다.
일차 독립은 **선형독립**, 일차 종속은 **선형종속**이라고도 한다.

V를 S 위의 선형공간으로 간주했을 때, 벡터 v와 w가 일차 독립이라는 사실은 다음과 같이 나타낼 수 있어.

$$sv + tw = 0 \iff s = 0 \wedge t = 0 \quad (s, t \in S)$$

좌표평면을 $\mathbb{R}$ 위의 선형공간으로 간주했을 때, 벡터 $\vec{e_x}$와 $\vec{e_y}$가 일차 독립이라는 사실은 다음과 같이 나타낼 수 있어.

$$a_x \overrightarrow{e_x} + a_y \overrightarrow{e_y} = 0 \iff a_x = 0 \wedge a_y = 0 \quad (a_x, a_y \in \mathbb{R})$$

$\mathbb{C}$를 $\mathbb{R}$ 위의 선형공간으로 간주했을 때, 일차 독립의 조건은 실수와 복소수의 기본적인 명제로서 등장해.

$$a + bi = 0 \iff a = 0 \wedge b = 0 \quad (a, b \in \mathbb{R})$$

$\mathbb{Q}(\sqrt{2})$를 $\mathbb{Q}$ 위의 선형공간으로 간주했을 때, 일차 독립의 조건은 이래.

$$p + q\sqrt{2} = 0 \iff p = 0 \wedge q = 0 \quad (p, q \in \mathbb{Q})$$

◆◆◆

"아! 각의 3등분 문제를 풀었을 때 쓴 거다." 내 입에서 이런 말이 튀어나왔다.

"선형공간에서는 일차 독립이 중요하니까." 태연하게 말하는 미르카.

"전부 같은 꼴이네요." 테트라가 말했다.

"확실히……."

◆◆◆

나는 벅차오르는 감정을 느꼈다.

새로운 악기로 연주를 하던 중 익숙한 멜로디를 발견한 듯한 기쁨이다.

그 멜로디의 이름은…… 일차 독립.

- 선형공간에서 $sv + tw = 0 \iff s = 0 \wedge t = 0$
- 좌표평면에서 $a_x \overrightarrow{e_x} + a_y \overrightarrow{e_y} = 0 \iff a_x = 0 \wedge a_y = 0$
- 복소수체에서 $a + bi = 0 \iff a = 0 \wedge b = 0$
- 체 $\mathbb{Q}(\sqrt{2})$에서 $p + q\sqrt{2} = 0 \iff p = 0 \wedge q = 0$

'복소수 $a + bi$가 0과 같다'는 것과 'a와 b가 모두 0과 같다'는 것이 등치라는 건 시험에도 자주 나오는 정석의 개념이다. 하지만 그것이 벡터와 관계가 있는 줄은 생각해 본 적이 없다. $a+bi=0 \iff a=0 \land b=0$이라는 명제는 $\mathbb{C}$를 $\mathbb{R}$ 위의 선형공간으로 간주할 때의 '일차 독립' 조건 그 자체다. 1과 i가 일차 독립이라는 명제.

나는 생각했다. $a+bi=0$이라는 건 $a=-bi$라는 것. 여기서 만약 $a \neq 0$이라면 $1=-\dfrac{b}{a} \cdot i$가 된다. 1이라는 벡터가 i라는 벡터의 선형결합으로 쓸 수 있게 된다. 또한 만약 $b \neq 0$이라면 $i=-\dfrac{a}{b} \cdot 1$이 된다. i라는 벡터가 1이라는 벡터의 선형결합으로 쓸 수 있게 된다. 그러니까 $a=0 \land b=0$이라는 조건에서 1은 i의 선형결합으로 쓸 수 없고, i도 1의 선형결합으로 쓸 수 없다는 걸 주장하는 것이다.

1과 i는 둘 다 상대의 선형결합으로 나타낼 수 없다. 이게 바로 일차 독립이다.

◆◆◆

"여기까지는 2차원밖에 없었어." 미르카가 말했다.

"일반화하자."

일차 독립(일반화)

V를 'S 위의 선형공간'으로 두고, $v_k \in$ V 및 $s_k \in$ S라고 한다($k=1, 2, 3, \cdots, m$). 아래가 성립할 때, 벡터 $v_1, v_2, \cdots, v_m$은 **일차 독립**이라고 한다.

$$s_1 v_1 + s_2 v_2 + \cdots + s_m v_m = 0 \iff s_1=0 \land s_2=0 \land \cdots \land s_m=0$$

성립하지 않을 때 벡터 $v_1, v_2, \cdots, v_m$은 **일차 종속**이라고 한다.

"요, 용어가 너무 많아서 머리에 과부하가 오는 것 같아요!" 테트라가 말했다.

"전체를 멀리서 내려다보자." 미르카가 담담히 말했다. "벡터의 수가 너무 적으면 선형공간 전체를 펼칠 수 없어."

- $\vec{e_x}$의 실수곱으로 만들 수 있는 건 직선뿐이다. 좌표평면은 만들 수 없다.
- 1의 실수곱으로 만들 수 있는 건 $\mathbb{R}$뿐이다. $\mathbb{C}$는 만들 수 없다.
- 1의 유리수곱으로 만들 수 있는 건 $\mathbb{Q}$뿐이다. $\mathbb{Q}(\sqrt{2})$는 만들 수 없다.

"확실히 그렇군. 스칼라 배만으로는 확장이 되지 않아." 내가 말했다.

"그런 한편 벡타의 수가 너무 많으면 선형공간의 점을 유일하게 나타낼 수 없어." 미르카가 설명을 덧붙였다.

"네, 유일성이 무너져요." 테트라가 말했다.

"선형공간에서 임의의 점을 유일하게 나타내고 싶어. 그러기 위해 필요충분한 벡타의 집합, 이게 기저야. 임의의 점을 유일하게 나타내기 때문에 기저는 '선형공간 전체를 펼치는 최소의 벡타 집합'이자 '일차 독립이 되는 최대의 벡타 집합'이라는 것도 나타낼 수 있어. 최소, 최대라는 건 원소 개수 이야기야. 그리고 기저를 고르는 방법은 꼭 한 가지만 있는 건 아니지만, 기저를 어떤 방법으로 골랐다 하더라도 그 원소 개수는 변하지 않아. 불변이야."

미르카의 눈이 빛났다.

'불변한 것에는 이름을 붙일 가치가 있다.'

"선형공간 기저의 원소 개수. 거기에 붙인 이름이 바로 '차원'이야."

차원의 불변성

"불변한 것에는 이름을 붙일 가치가 있다니, 재미있어요!" 테트라가 말했다.

"정말 그러네." 나도 동의했다.

"미르카 선배, 대단해요!"

"물리학에서는 '보존'이라고도 불러." 미르카는 갑자기 다른 곳으로 눈을 돌리면서 말했다. "보존량이나 보존칙에 이름이 붙는 건 지당하신 말씀."

나는 그런 식으로 생각해 본 적이 없었다. 수학적 개념은 설명을 듣거나 책을 읽으면 이해할 수 있다. 정리도 마찬가지다. 어려운 개념이라면 애를 먹긴 하겠지만 노력하면 알 수 있다. 하지만 미르카가 방금 말한 '불변한 것에는 이름을 붙일 가치가 있다'는 생각은…… 대체 뭘까? 어디서 나온 걸까?

"미르카 선배! '웰 디파인드(well-defined)'네요!" 테트라가 가슴께에 두 손을 모으고 말했다.

"응?" 미르카가 고개를 갸웃했다.

"전에 '정의' 개념에 대해 이야기해 주셨잖아요. 고르는 방법에 의존하지 않기 때문에 정의할 수 있는 개념 이야기요. 선형공간에서 기저를 고르는 방법은 여러 가지가 있지만, 기저에 속한 벡터의 개수는 고르는 방법과 상관없이 불변하고, 그래서 차원이라는 개념을 정의할 수 있는 것이다! 그렇다면 차원이라는 개념은 그야말로 '잘 정의된(well-defined)' 것이구나 싶어요. 아, 이상한 말을 한 건가요?"

미르카가 웃음을 터뜨렸다.

"테트라, 넌 대체 정체가 뭐니? 테트라, 이리 와 봐. 아니, 내가 갈게."

미르카는 잽싸게 테트라에게 다가가더니 두 팔로 감싸 안고 뺨에 뽀뽀를 했다!

"으아아아! ……미미미미미미미미르카 선배!"

"난 똑똑한 애가 좋더라."

확대차수

도서실에서 소란을 피우면 미즈타니 선생님이 나타나 주의를 내린다. 지나치게 소란스러우면 아주 엄한 경고를 받기 때문에 우리는 곧 목소리를 낮춰야 했다.

"그러고 보니 체를 공부했다고?" 내가 테트라에게 물었다.

"네!" 테트라가 기쁜 듯 말했다. "전에 $\mathbb{Q}(\sqrt{\text{판별식}})$ 이야기를 듣고 좀 더 연구하고 싶어서요. 그래 봤자 책을 조금 읽어 본 것뿐이에요. 여러 가지 정리와 증명이 잔뜩 적혀 있어서 제대로 이해하진 못했어요."

"그렇긴 하지."

나도 수학 서적을 읽고 비슷한 경험을 했다. 간혹 알 만한 용어도 있고 예시도 이해는 되는데, 주요한 정리 → 증명 → 정리 → 증명 → 정리 → 증명의 흐름을 따라가기는 무척 버거웠다.

"$\mathbb{Q}$에서는 풀지 못하는 이차방정식은 $\mathbb{Q}(\sqrt{판별식})$으로 풀 수 있다는 건 근의 공식을 도입하니까 조금 이해했어요. 아니, 이해될 것 같았어요. 그리고 체에 관한 것은 파고들면 보물이 발견될 것 같아요." 테트라가 말했다.

"$\mathbb{Q}$에 $\sqrt{판별식}$을 적용한 체를 생각하는 경우는 자주 있어." 미르카가 말했다. "만약 $\sqrt{판별식} \in \mathbb{Q}$라면 확대체는 $\mathbb{Q}$와 같아. 그러니까 $\mathbb{Q} = \mathbb{Q}(\sqrt{판별식})$이라는 거지."

"그렇군요. 바뀌는 게 없네요."

"하지만 $\sqrt{판별식} \notin \mathbb{Q}$라면 확대체는 $\mathbb{Q}(\sqrt{판별식})$으로 확대돼."

"네. 선물을 받고 세계가 넓어지고!"

"그럼 얼마나 확장될까?" 미르카가 말했다.

"네? 얼마나……라니요?" 테트라는 의아한 표정을 지었다.

"확장의 크기 말이야." 미르카가 짓궂은 미소를 지으며 말했다.

가끔 미르카는 상대의 반응을 이끌어 내려는 듯 말을 아낄 때가 있다.

"확장의 크기……라고 말할 것 같으면……?"

"'넓이의 크기'라는 말이 더 나으려나." 미르카가 눈을 가늘게 뜨고 말했다.

"넓이의 크기…… 차원 말인가요!"

"맞아." 미르카는 오른손으로 테트라의 손을 잡았다. 아주 자연스럽게. "체의 확대는 선형공간의 시점에서 인식할 수 있어. 체 $\mathbb{Q}$와 확대체 $\mathbb{Q}(\alpha)$가 있을 때, 그 확대의 크기를 차원을 써서 기술할 수 있는 거야."

"……!" 무슨 말인지 알 것 같다. 하지만 아무 말도 할 수가 없다.

"확실히 말하자면……." 미르카는 왼손으로 내 손을 잡았다.

따뜻하다.

"체 $\mathbb{Q}(\alpha)$를 '$\mathbb{Q}$ 위의 선형공간'으로 간주하는 거야. 그때 최대 몇 개의 일차 독립인 벡터를 고를 수 있는가? 그러니까 $\mathbb{Q}(\alpha)$는 $\mathbb{Q}$ 위에서 몇 차원인가? 그 질문에 대답을 하는 건 체의 확대를 정량적으로 인식하는 것이고, α라는 원소가 있다는 측면을 특징으로 부여하는 것이기도 해. 나아가 선형공간을 사용하는 접근으로 이어지지."

"접근이라…… 뭐에 접근하는 건데?" 내가 물었다.

"그거야 당연히 방정식의 해법에 접근하는 거지."

"방정식?" 어째서 방정식이 나오는 거지?

"방정식을 대수적으로 푸는 건 간단히 말하면 인수분해를 하는 거야. 그리고 인수분해에서는 어느 체에서 생각하는지를 명확히 해야 해. 방정식의 해를 전부 포함한 확대체에서는 방정식을 1차식의 곱으로 인수분해할 수 있어. 방정식론이란 바로 체의 이론이야."

미르카는 반쯤 노래 부르듯 말을 이었다.

"체에 원소를 추가했을 때, 체는 얼마나 확대되는가? 선형공간의 차원을 사용해서 확대의 크기…… 그러니까 **확대차수**를 정의할 수 있어. 선형공간의 차원이라는 개념에서 체의 확대를 측정할 수 있어. 우리가 방정식에서 알고 있는 개념…… 근, 근의 수, 방정식의 차수, 근의 공식 같은 것들은 선형공간에서 어떤 개념과 대응하는가? 아주 흥미롭지? 왜냐하면……."

미르카는 잡은 손에 힘을 주었다.

"왜냐하면 선형공간이 두 세계를 잇는 다리 역할을 하거든. '방정식의 세계'와 '체의 세계' 그 두 세계를 잇는 다리."

"또 나왔다." 나는 앓는 소리를 했다.

또 나왔다.

수학의 곳곳에서 발견되는 '두 개의 세계'.

페르마의 마지막 정리에서는 '대수'와 '기하'라는 두 개의 세계.

그리고 '대수'와 '해석'이라는 두 개의 세계.

괴델의 불완전성 정리에서는 '형식'과 '의미'라는 두 개의 세계.

각의 3등분 문제에서는 '작도'와 '수'라는 두 개의 세계.

그리고 이번에는 '방정식'의 세계와 '체'의 세계인가.

수학자는 '두 개의 세계'에 다리를 놓는 걸 좋아한다.

"선형공간이라는 개념에서 두 개의 세계를 연결하는구나." 내가 말했다.

미르카는 검지를 입술에 살짝 댔다.

"두 개의 세계가 맞닿을 때는 늘 기분이 좋아."

수학의 여러 대상에서
덧셈과 스칼라 배라는 연산의 뼈대만을
골라 취하겠다는 관점이
'벡터 공간'이라는 개념의 의미다.

_시가 코지

라그랑주 분해식의 비밀

젊은 왕자는 한 치의 의심도 없이
모험을 끝낼 수 있는 사람은 자신뿐이라고 믿었습니다.
그리고 사랑과 명예에 이끌려
그 성에 가기로 결심했습니다.
_『잠자는 숲속의 공주』

1. 삼차방정식의 근의 공식

테트라

"열심히 하네." 나는 슬쩍 테트라의 노트를 들여다보면서 말했다.

"아, 선배!"

이곳은 학교 도서실. 늘 그렇듯 오전에 학원 강의를 듣고 이곳으로 왔다.

여름방학인데 테트라와 이렇게 자주 보게 되다니, 신기하다.

테트라는 수식이 가득한 노트를 가만히 들여다보면서 말했다.

"선배…… 수식은 너무 어려워요."

단순한 계산이 아닌 모양이다. 길을 못 찾아 헤매고 있는 것 같다.

"방정식 풀고 있었어?"

"무라키 선생님께서 여름방학을 맞아 계산 연습하라고 문제 카드를 7장이나 주셨어요!"

"계산 연습?"

"네. 순서대로 풀면 **삼차방정식의 근의 공식**을 도출할 수 있다고 하네요!"

테트라가 7장의 카드를 꺼내 책상 위에 나열하자 화사한 빨주노초파남보 무지개 색이 펼쳐졌다.

"삼차방정식의 근의 공식을 도출하는 건가……."
나는 카드를 봤다.

- 빨간색 카드 '치른하우스 변형'
- 주황색 카드 '근과 계수의 관계'
- 노란색 카드 '라그랑주의 분해식'
- 초록색 카드 '3제곱의 합'
- 파란색 카드 '3제곱의 곱'
- 남색 카드 '계수에서 해로'
- 보라색 카드 '삼차방정식의 근의 공식'

"지금까지 풀고 있었는데요, 삼차방정식의 근의 공식은 이차방정식의 근의 공식보다 훨씬 어렵네요."

"그렇겠지. 삼차방정식의 근의 공식은 대체 어떤 형태로 되어 있을까? 테트라, 어디까지 해 본 거야?"

"그럼 이쪽으로 오세요. 제가 설명할게요."

테트라가 옆자리 의자를 끌어다 나를 앉혔다.

'삼차방정식의 근의 공식'을 구하는 여행이 시작되었다.

빨간색 카드 '치른하우스 변형'

첫 번째 빨간색 카드에는 '치른하우스 변형'이라고 적혀 있었다.

"치른하우스?"

"수학자 이름이래요."

문제 7-1 치른하우스 변형

y에 관한 다음 삼차방정식이 주어졌다$(a \neq 0)$.

$$ay^3 + by^2 + cy + d = 0$$

여기서 다음과 같이 변수 변환을 하면,

$$y = x - \frac{b}{3a}$$

x에 관하여 아래의 삼차방정식을 만들 수 있다.

$$x^3 + px + q = 0$$

이때 p, q를 a, b, c, d로 나타내라.

"변수 변환……. 그런데 이건 $ay^3 + by^2 + cy + d$에 $y = x - \frac{b}{3a}$를 대입하면 바로 알 수 있어. 확실히 계산 문제야."

"그건 그렇지만……."

테트라는 나에게 노트를 보여 주었다.

◆◆◆

$$ay^3 + by^2 + cy + d$$

이 식의 y에 $x - \frac{b}{3a}$를 대입할게요.

$$= a\left(x - \frac{b}{3a}\right)^3 + b\left(x - \frac{b}{3a}\right)^2 + c\left(x - \frac{b}{3a}\right) + d$$

3제곱과 2제곱 부분을 각각 전개해요.

$$= a\left(x^3 - 3 \cdot \frac{b}{3a}x^2 + 3 \cdot \frac{b^2}{9a^2}x - \frac{b^3}{27a^3}\right)$$
$$\quad + b\left(x^2 - 2 \cdot \frac{b}{3a}x + \frac{b^2}{9a^2}\right) + c\left(x - \frac{b}{3a}\right) + d$$

괄호를 풀게요.

$$= ax^3 - 3a \cdot \frac{b}{3a}x^2 + 3a \cdot \frac{b^2}{9a^2}x - a \cdot \frac{b^3}{27a^3}$$

$$+ bx^2 - 2b \cdot \frac{b}{3a}x + b \cdot \frac{b^2}{9a^2} + cx - c \cdot \frac{b}{3a} + d$$

식을 정리할게요.

$$= ax^3 - bx^2 + \frac{b^2}{3a}x - \frac{b^3}{27a^2} + bx^2 - \frac{2b^2}{3a}x + \frac{b^3}{9a^2} + cx - \frac{bc}{3a} + d$$

x에 대한 동류항을 묶을게요.

$$= ax^3 + (-b+b)x^2 + \left(\frac{b^2}{3a} - \frac{2b^2}{3a} + c\right)x - \frac{b^3}{27a^2} + \frac{b^3}{9a^2} - \frac{bc}{3a} + d$$

식을 정리해요.

$$= ax^3 - \frac{b^2 - 3ac}{3a}x + \frac{2b^3 - 9abc + 27a^2d}{27a^2}$$

따라서 $ay^3 + by^2 + cy + d = 0$은 다음과 같이 변형할 수 있어요.

$$ax^3 - \frac{b^2 - 3ac}{3a}x + \frac{2b^3 - 9abc + 27a^2d}{27a^2} = 0$$

x^3의 계수를 $x^3 + px + q = 0$에 맞춰 1로 만들기 위해 양변을 a로 나눠요.

$$x^3 - \frac{b^2 - 3ac}{3a^2}x + \frac{2b^3 - 9abc + 27a^2d}{27a^3} = 0$$

이제 $x^3 + px + q = 0$과 계수를 비교하면 p, q를 구할 수 있어요.

$$\begin{cases} p = -\dfrac{b^2 - 3ac}{3a^2} \\ q = \dfrac{2b^3 - 9abc + 27a^2d}{27a^3} \end{cases}$$

◆◆◆

"테트라답게 정성스럽게 풀었네. 신경 쓰이는 점이 뭐야?"

"그게 말예요, 이 변환은 확실히 계산 문제예요. 대입하고 전개하고 동류항을 묶고……. 하지만 이건 So what? 그래서 뭐 어쩌라고, 이런 생각이 들어요. 흥미로운 발견이 있을까 싶었는데 계산으로 끝이에요."

그녀는 어이없는 표정을 지었다.

"그게 아니야, 테트라." 내가 말했다. "여기를 잘 비교해 봐. 변환한 후에 2차항이 사라졌어."

$$ax^3 + by^2 + cy + d = 0 \qquad \text{y에 관한 방정식(변환 전)}$$
$$\downarrow \text{ 치른하우스 변형}$$
$$x^3 \qquad + px + q = 0 \qquad \text{x에 관한 방정식(변환 후)}$$

"아! 진짜 그러네요!"

"빨간색 카드 '치른하우스 변형'은 방정식을 단순화하는 과정이라고 생각해. 분명 삼차방정식의 근의 공식을 도출하는 준비 단계야."

풀이 7-1 **치른하우스 변형**

y에 관한 삼차방정식 $ax^3 + by^2 + cy + d = 0$에 $y = x - \dfrac{b}{3a}$ 라는 변수 변환을 하고 x에 관한 삼차방정식 $x^3 + px + q = 0$을 만들면, a, b, c, d로 p, q를 다음과 같이 나타낼 수 있다.

$$\begin{cases} p = -\dfrac{b^2 - 3ac}{3a^2} \\ q = \dfrac{2b^3 - 9abc + 27a^2d}{27a^3} \end{cases}$$

주황색 카드 '근과 계수의 관계'

"그래서 테트라는 두 번째 카드도 통과했어?"

"아, 네. 주황색…… 이거예요."

문제 7-2 근과 계수의 관계
　　　삼차방정식이 $x^3+px+q=0$의 해를 $x=\alpha$, β, γ라고 했을 때,
　　　근과 계수의 관계를 나타내라.

"이것도 간단한 계산이야." 내가 말했다.

"네. 해가 α, β, γ이고…… 먼저 $(x-\alpha)(x-\beta)(x-\gamma)$를 전개해요."

$$
\begin{aligned}
&(x-\alpha)(x-\beta)(x-\gamma) \\
&=(x^2-\beta x-\alpha x+\alpha\beta)(x-\gamma) \\
&=(x^2-(\alpha+\beta)x+\alpha\beta)(x-\gamma) \\
&=x^3-\gamma x^2-(\alpha+\beta)x^2+(\alpha+\beta)\gamma x+\alpha\beta x-\alpha\beta\gamma \\
&=x^3-(\alpha+\beta+\gamma)x^2+(\alpha\beta+\beta\gamma+\gamma\alpha)x-\alpha\beta\gamma
\end{aligned}
$$

"그리고 이건 x^3+px+q와 같으니까 계수를 비교해서 p와 q를 알 수 있어요."

$$
\begin{aligned}
&x^3-(\alpha+\beta+\gamma)x^2+(\alpha\beta+\beta\gamma+\gamma\alpha)x-\alpha\beta\gamma \\
&=x^3 \qquad\qquad + \qquad\qquad px+\quad q
\end{aligned}
$$

풀이 7-2 근과 계수의 관계
　　　삼차방정식 $x^3+px+q=0$의 해를 $x=\alpha$, β, γ라고 했을 때,
　　　다음 식이 성립한다.

$$
\begin{cases}
0=\alpha+\beta+\gamma \\
p=\alpha\beta+\beta\gamma+\gamma\alpha \\
q=-\alpha\beta\gamma
\end{cases}
$$

"여기까지는 했는데……. 여기부터 걸려요."

테트라는 오리처럼 입을 삐죽 내밀었다.

노란색 카드 '라그랑주의 분해식'

"그럼, 노란색 카드가 테트라의 '이해가 안 가는 부분의 최전선'이었구나."

문제 7-3 라그랑주의 분해식

삼차방정식 $x^3 + px + q = 0$의 해를 $x = \alpha, \beta, \gamma$라고 둔다.

추가로 L과 R을 아래와 같이 정의한다.

$$\begin{cases} L = \omega\alpha + \omega^2\beta + \gamma \\ R = \omega^2\alpha + \omega\beta + \gamma \end{cases}$$

이때 α, β, γ를 L, R로 나타내라.

단, ω는 1의 원시 3제곱근 중 하나로 한다.

"α, β, γ를 L과 R로 나타내기 위해 지금 연립방정식을 풀려던 참이었어요. 그런데 잘 안 돼요. 문제에 쓰여 있는 식은 $L = \omega\alpha + \omega^2\beta + \gamma$와 $R = \omega^2\alpha + \omega\beta + \gamma$로 2개예요. 하지만 지금 구하고 싶은 건 α, β, γ로 3개예요. 문자가 3개인 연립방정식을 풀려면 식도 3개가 필요하다고 생각해요."

테트라는 이렇게 말하고 나서 양손으로 머리를 감싸 쥐었다.

"그렇구나……. 연립방정식이라고 생각해서 α, β, γ 중 2개를 지우려고 했던 거지?" 나는 테트라의 노트를 보면서 말했다.

"네. 하지만 그걸 지우려면 식이 하나 더 필요해서……."

"있어."

"네?"

"주황색 카드 '근과 계수의 관계'에 나온 식 $0 = \alpha + \beta + \gamma$가 있어!"

$$\begin{cases} L = \omega\alpha + \omega^2\beta + \gamma \\ R = \omega^2\alpha + \omega\beta + \gamma \\ 0 = \alpha + \beta + \gamma \qquad \text{근과 계수의 관계에서} \end{cases}$$

"앗, 그렇구나! 식이 3개 있으니까 이걸로 문자를 지울 수 있어요!"

소매를 걷어붙이는 몸짓을 하며 테트라가 말했다.

"테트라, 여기부터는 암산으로도 할 수 있어."

"아, 암산이요?"

"ω는 1의 원시 3제곱근이니까 당연히 다음 식이 성립해."

$$\omega^3 = 1$$

"원분다항식 $\Phi_3(x) = x^2 + x + 1$의 해에서 다음 식이 성립해."

$$\omega^2 + \omega + 1 = 0$$

"그러니까 잘 봐, 그거잖아."

"'그거'라니요?"

"3개의 식을 변끼리 더해 봐."

$$
\begin{array}{rl}
\text{L} = & \omega\alpha + \qquad \omega^2\beta + \qquad \gamma \\
\text{R} = & \omega^2\alpha + \qquad \omega\beta + \qquad \gamma \\
+)\quad 0 = & \alpha + \qquad \beta + \qquad \gamma \\
\hline
\text{L}+\text{R} = & (\omega+\omega^2+1)\alpha + (\omega^2+\omega+1)\beta + (1+1+1)\gamma \\
\text{L}+\text{R} = & 0\alpha + \qquad 0\beta + \qquad 3\gamma \\
\text{L}+\text{R} = & \qquad\qquad\qquad\qquad 3\gamma
\end{array}
$$

"아아! α와 β가……."

"사라졌지? L+R=3γ이므로 γ는 L과 R로 나타낼 수 있어." 내가 말했다.

$$\gamma = \frac{1}{3}(\text{L}+\text{R})$$

"아, 우와……."

"β를 구할 때도 마찬가지로 $\omega^3=1$과 $\omega^2+\omega+1=0$을 사용해서 문자를 지우면 될 거야. 음…… $\omega L + \omega^2 R$을 생각하면 돼."

$$
\begin{array}{rllll}
\omega L = & \omega^2\alpha + & \omega^3\beta + & \omega\gamma \\
\omega^2 R = & \omega^4\alpha + & \omega^3\beta + & \omega^2\gamma \\
+)\quad 0 = & \alpha + & \beta + & \gamma \\
\hline
\omega L + \omega^2 R = (\omega^2+\omega^4+1)\alpha + & (\omega^3+\omega^3+1)\beta + & (\omega+\omega^2+1)\gamma \\
\omega L + \omega^2 R = (\omega^2+\omega+1)\alpha + & (1+1+1)\beta + & (\omega+\omega^2+1)\gamma \\
\omega L + \omega^2 R = 0\alpha + & 3\beta + & 0\gamma \\
\omega L + \omega^2 R = & 3\beta
\end{array}
$$

"정말 그러네요. $\omega L + \omega^2 R = 3\beta$예요! 그렇다는 건…… 이렇게 되네요."

$$\beta = \frac{1}{3}(\omega L + \omega^2 R)$$

"응, 그러네. 또 다른 해 α는 $\omega^2 L + \omega R$로 구할 수 있어."

$$
\begin{array}{rllll}
\omega^2 L = & \omega^3\alpha + & \omega^4\beta + & \omega^2\gamma \\
\omega R = & \omega^3\alpha + & \omega^2\beta + & \omega\gamma \\
+)\quad 0 = & \alpha + & \beta + & \gamma \\
\hline
\omega^2 L + \omega R = (\omega^3+\omega^3+1)\alpha + & (\omega^4+\omega^2+1)\beta + & (\omega^2+\omega+1)\gamma \\
\omega^2 L + \omega R = (1+1+1)\alpha + & (\omega+\omega^2+1)\beta + & (\omega^2+\omega+1)\gamma \\
\omega^2 L + \omega R = 3\alpha + & 0\beta + & 0\gamma \\
\omega^2 L + \omega R = & 3\alpha
\end{array}
$$

"우와……. 이번에는 $\omega^2 L + \omega R = 3\alpha$예요. 이걸로 α도 나와요."

$$\alpha = \frac{1}{3}(\omega^2 L + \omega R)$$

"그렇지. α, β, γ를 L과 R로 깔끔하게 나타냈네."

$$\begin{cases} \alpha = \dfrac{1}{3}(\omega^2 L + \omega R) \\[2mm] \beta = \dfrac{1}{3}(\omega L + \omega^2 R) \\[2mm] \gamma = \dfrac{1}{3}(L + R) \end{cases}$$

[풀이 7-3] **라그랑주의 분해식**

삼차방정식 $x^3 + px + q = 0$의 해를 $x = \alpha,\ \beta,\ \gamma$라고 둔다.
추가로 L과 R을 아래와 같이 정의한다.

$$\begin{cases} L = \omega\alpha + \omega^2\beta + \gamma \\ R = \omega^2\alpha + \omega\beta + \gamma \end{cases}$$

이때 다음 식이 성립한다.

$$\begin{cases} \alpha - \dfrac{1}{3}(\omega^2 L + \omega R) \\[2mm] \beta = \dfrac{1}{3}(\omega L + \omega^2 R) \\[2mm] \gamma = \dfrac{1}{3}(L + R) \end{cases}$$

"$\omega^2 + \omega + 1 = 0$을 사용하는 법이 정말 재미있어요!"

테트라가 눈을 빛내는 걸 보니 나는 조금 쑥스러워졌다.

"재미있지. $\alpha,\ \beta,\ \gamma$는 L과 R로 나타낼 수 있다……. 그럼 L과 R을 계수로 나타낼 수 있으면 삼차방정식의 근의 공식을 얻을 수 있게 돼! 그럼 다음 카드는 L과 R을 구하는 문제 아닐까?"

"아…… 조금 다른 것 같은데요." 테트라는 초록색 카드를 보면서 말했다. "L과 R을 구하는 게 아니라 $L^3 + R^3$을 구하는 문제예요."

"$L^3 + R^3$이라고?"

초록색 카드 '3제곱의 합'

[문제 7-4] **3제곱의 합**

삼차방정식 $x^3 + px + q = 0$의 해를 $x = \alpha,\ \beta,\ \gamma$로 둔다.

추가로 L과 R을 아래와 같이 정의한다.

$$\begin{cases} L=\omega\alpha+\omega^2\beta+\gamma \\ R=\omega^2\alpha+\omega\beta+\gamma \end{cases}$$

이때 p, q로 L^3+R^3을 나타내라.

"초록색 카드는 L^3+R^3을 구하는 문제인 것 같아요. 뒷면에 이런 식이 적혀 있어요."

테트라는 초록색 카드를 뒤집었다.

힌트(초록색 카드의 뒷면)

$$(L+R)(L+\omega R)(L+\omega^2 R)$$

"$(L+R)(L+\omega R)(L+\omega^2 R)$인가?…… 전개를 하라는 건가?"

"제가 할게요!"

$$(L+R)(L+\omega R)(L+\omega^2 R)$$
$$=(L^2+\omega LR+LR+\omega R^2)(L+\omega^2 R)$$
$$=L^3+\omega^2 L^2R+\omega L^2R+LR^2+L^2R+\omega^2 LR^2+\omega LR^2+R^3$$
$$=?$$

"으아아…… 복잡하네요. 어떻게 정리해야 하지?"

"이럴 때는 '임의의 문자로 식을 정리'하는 게 정석이야. 문자를 하나 정하자. 예를 들어 L로 정리해 볼게. L^3, L^2, L 그리고 정수항마다 묶는 거야."

$$(L+R)(L+\omega R)(L+\omega^2 R)$$
$$=L^3+\omega^2 L^2R+\omega L^2R+LR^2+L^2R+\omega^2 LR^2+\omega LR^2+R^3$$

$$= \underbrace{L^3}_{L^3 \text{의 항}} + \underbrace{(\omega^2+\omega+1)RL^2}_{L^2 \text{의 항}} + \underbrace{(1+\omega^2+\omega)R^2L}_{L \text{의 항}} + \underbrace{R^3}_{\text{정수항}}$$

$$=L^3+R^3$$

"우와! $\omega^2+\omega+1=0$을 썼더니 뭉텅뭉텅 사라져 버렸네요. L^3+R^3만 남았어요!"

"역시…… 이 힌트의 뜻을 알겠어?"

"그게 말이에요, L^3+R^3을 계산하는 대신 힌트 식인 $(L+R)(L+\omega R)(L+\omega^2 R)$을 쓸 수 있어요. 그런 뜻이에요."

"그렇지. 그러니까 이 **항등식**이 무라키 선생님의 힌트야."

$$L^3+R^3=(L+R)(L+\omega R)(L+\omega^2 R)$$

"항등식…… 확실히 그러네요. L, R이 무엇이든 성립하니까, 확실히 L과 R에 대한 항등식이에요."

"테트라는 길을 잃지 않았어."

"괜찮아요. 초록색 카드에 적힌 질문이 다음과 같이 바뀌었다는 거죠?"

'p, q로 L^3+R^3을 나타내라.'

"위 식은 다음 식과 같아요."

'p, q로 $(L+R)(L+\omega R)(L+\omega^2 R)$를 나타내라.'

"정리하면 다음과 같이 나열할 수 있어요."

㉮ $(L+R)$

㉯ $(L+\omega R)$

ⓓ $(L+\omega^2 R)$

"위 순서에 맞게 p, q로 나타내면 돼요. ㉮ $L+R$은 노란색 카드(풀이 7-3, $p.236$)에서 구했어요."

$$\gamma = \frac{1}{3}(L+R)$$
$$L+R = 3\gamma$$

"응, 그랬지."
"그럼 이번에는 ⓑ $L+\omega R$을 계산할게요."
"아, 잠깐만. 이것도 노란색 카드에서 계산했어."

$$\beta = \frac{1}{3}(\omega L + \omega^2 R)$$

"양변에 $3\omega^2$를 곱하면……."

$$3\omega^2 \cdot \beta = 3\omega^2 \cdot \frac{1}{3}(\omega L + \omega^2 R)$$
$$= \omega^3 L + \omega^4 R$$
$$= L + \omega R \qquad \omega^3 = 1,\ \omega^4 = \omega \text{이므로}$$

"즉, ⓑ는 이렇게 돼."

$$3\omega^2 \beta = L + \omega R$$

"아! 그렇다는 건 ⓓ $(L+\omega^2 R)$도 마찬가지……."

$$\alpha = \frac{1}{3}(\omega^2 L + \omega R)$$

"이번에는 양변에 3ω를 곱하면 돼요!"

$$3\omega \cdot a = 3\omega \cdot \frac{1}{3}(\omega^2 L + \omega R)$$
$$= \omega^3 L + \omega^2 R$$
$$= L + \omega^2 R \qquad\qquad \omega^3 = 1 이므로$$

"응. 이렇게 해서 $L + \omega^2 R$을 구했네, 테트라."

$$3\omega a = L + \omega^2 R$$

"네. ㉮㉯㉰를 얻었어요, 선배!"
데트리는 그렇게 말하고 내 팔을 잡아끌었다.

$$\begin{cases} ㉮ L + R = 3\gamma \\ ㉯ L + \omega R = 3\omega^2 \beta \\ ㉰ L + \omega^2 R = 3\omega a \end{cases}$$

"그러네. 하지만 아직 끝나지 않았어. 곱셈을 해야 해."
"네!"

$$L^3 + R^3 = \underbrace{(L+R)}_{㉮}\underbrace{(L+\omega R)}_{㉯}\underbrace{(L+\omega^2 R)}_{㉰} \qquad 힌트에서$$
$$= \underbrace{(3\gamma)}_{㉮}\underbrace{(3\omega^2\beta)}_{㉯}\underbrace{(3\omega a)}_{㉰} \qquad 여기까지 했던 계산에서$$
$$= 27\omega^3 a\beta\gamma$$
$$= 27 a\beta\gamma \qquad\qquad \omega^3 = 1 이므로$$

"했어요!"
"p, q로 나타내야 하니까 조금만 더!"

"네? 네? 네?"

"근과 계수의 관계 ($q=-\alpha\beta\gamma$)가 남았어!"

$$L^3+R^3=27\alpha\beta\gamma$$
$$=-27q \qquad q=-\alpha\beta\gamma\text{에서(p. 232)}$$

"이렇게 해서 초록색 카드의 답이 나왔네요!"

<u>풀이 7-4</u> **3제곱의 합**

$$L^3+R^3=-27q$$

파란색 카드 '3제곱의 곱'

<u>문제 7-5</u> **3제곱의 곱**

삼차방정식 $x^3+px+q=0$의 해를 $x=\alpha$, β, γ로 둔다.
추가로 L과 R을 다음과 같이 정의한다.

$$\begin{cases} L=\omega\alpha+\omega^2\beta+\gamma \\ R=\omega^2\alpha+\omega\beta+\gamma \end{cases}$$

이때 p, q로 L^3R^3을 나타내라.

"이번에는 L^3과 R^3을 구해서 곱셈을 하는군요."

"맞아…… 아니, 갑자기 $L^3=(\omega\alpha+\omega^2\beta+\gamma)^3$을 전개해도 되지만, LR을 먼저 구하는 게 더 편할 거야."

"선배는 수식을 변형하는 실력이 기가 막히네요."

$$\begin{aligned} LR &=(\omega\alpha+\omega^2\beta+\gamma)(\omega^2\alpha+\omega\alpha+\gamma) \\ &=(\omega^3\alpha^2+\omega^2\alpha\beta+\omega\gamma\alpha)+(\omega^4\alpha\beta+\omega^3\beta^2+\omega^2\beta\gamma)+(\omega^2\gamma\alpha+\omega\beta\gamma+\gamma^2) \\ &=\alpha^2+\beta^2+\gamma^2+(\omega^2+\omega^4)\alpha\beta+(\omega^2+\omega)\beta\gamma+(\omega+\omega^2)\gamma\alpha \\ &=\alpha^2+\beta^2+\gamma^2+(\omega+\omega^2)(\alpha\beta+\beta\gamma+\gamma\alpha) \end{aligned}$$

"이번에는 $\omega^2+\omega+1=0$을 사용했어! $\omega+\omega^2$은 -1이야!"

$$\begin{aligned}
LR &= \alpha^2+\beta^2+\gamma^2+(\omega+\omega^2)(\alpha\beta+\beta\gamma+\gamma\alpha)\\
&= \alpha^2+\beta^2+\gamma^2-(\alpha\beta+\beta\gamma+\gamma\alpha) \qquad \omega+\omega^2=-1\text{을 사용했다}
\end{aligned}$$

"근과 계수의 관계 $\alpha\beta+\beta\gamma+\gamma\alpha=p$를 쓰면 뒷부분은 간단해지네."

$$\begin{aligned}
LR &= \alpha^2+\beta^2+\gamma^2-(\alpha\beta+\beta\gamma+\gamma\alpha)\\
&= \alpha^2+\beta^2+\gamma^2-p \qquad\qquad \text{근과 계수의 관계(p.232)}\\
&= ?
\end{aligned}$$

"하지만…… 이 $\alpha^2+\beta^2+\gamma^2$은 근과 계수의 관계에 나오지 않네요."

"응, 그 대신 근과 계수의 관계에는 $\alpha+\beta+\gamma=0$이 있어. 그러니까 이걸 2 제곱하면 2차항을 만들 수 있고, 그 결과는 0과 같을 거야."

$$\begin{aligned}
(\alpha+\beta+\gamma)^2 &= \alpha^2+\beta^2+\gamma^2+2(\alpha\beta+\beta\gamma+\gamma\alpha)\\
0 &= \alpha^2+\beta^2+\gamma^2+2(\alpha\beta+\beta\gamma+\gamma\alpha)\\
\alpha^2+\beta^2+\gamma^2 &= -2(\alpha\beta+\beta\gamma+\gamma\alpha)
\end{aligned}$$

"아하…… 그렇군요. 2차항을 만드는군요."

"여기서 $\alpha\beta+\beta\gamma+\gamma\alpha=p$를 쓰면 다음 식이 무기가 돼."

$$\alpha^2+\beta^2+\gamma^2=-2p \qquad\qquad \text{(무기)}$$

"우와, 딱 들어맞네요!"

$$\begin{aligned}
LR &= \underline{\alpha^2+\beta^2+\gamma^2}-p\\
&= \underline{-2p}-p \qquad\qquad \text{무기를 사용}
\end{aligned}$$

$$= -3p$$

"카드 문제는 L^3R^3이니까 LR을 3제곱할게요."

$$L^3R^3 = (LR)^3 = (-3p)^3 = -27p^3$$

풀이 7-5 3제곱의 곱

$$L^3R^3 = -27p^3$$

"응. 7장의 문제 카드 가운데 5장까지 풀었네."
"네, 이제 2장 남았어요!"

남색 카드 '계수에서 해로'

문제 7-6 계수에서 해로

삼차방정식 $x^3 + px + q = 0$의 해를 $x = \alpha, \beta, \gamma$로 둔다.
이때 p, q로 α, β, γ를 나타내라.

"그렇구나. p, q로 α, β, γ를 나타낸다는 건 계수를 사용해서 해를 나타낸다는 것이니까, 이런 말이구나."

삼차방정식 $x^3 + px + q = 0$의 근의 공식을 만들어라.

"갑자기 복잡해졌어요!"
"갑자기 복잡해진 게 아니야. 지금까지 카드를 몇 장이나 풀었잖아."
"네, 하지만 저희는 $L^3 + R^3$과 L^3R^3을 구했을 뿐이잖아요."
"그 결과가 안내하는 거야."
"네……?" 테트라가 고개를 갸웃거렸다.
"길의 방향을 잃어버리면 안 돼. 우리는 노란색 카드로 α, β, γ를 L과 R로 나타냈어. 그렇다면 L과 R을 알면 공식을 만들 수 있다는 거야. 그러니까 L^3과 R^3을 알면 돼."

"죄, 죄송해요. 왜 L^3과 R^3을 알면 되죠?"

"L^3의 3제곱근을 구하면 L을 알 수 있지?"

"아니, 아니. L^3의 3제곱근은 3개가 있잖아요. 그런데 3제곱근 3개를…… 제가 뭘 깨닫지 못한 걸까요?"

"L^3의 3제곱근은 이렇게 3개야."

$$L, \omega L, \omega^2 L$$

"어? 왜죠?"

"잘 봐."

$$\begin{cases} L^3 & = L^3 \\ (\omega L)^3 & = \omega^3 L^3 = L^3 \\ (\omega^2 L)^3 & = (\omega^2)^3 L^3 = (\omega^3)^2 L^3 = L^3 \end{cases}$$

"이렇게 되니까 L도 ωL도 $\omega^2 L$도 3제곱을 하면 다 L^3과 같아지잖아."

"아하, 알았어요. 그럼 $L^3 + R^3$과 $L^3 R^3$으로 L^3과 R^3을 구하면 되겠네요. 그럼 어떻게 할까요?"

$L^3 + R^3$과 $L^3 R^3$으로 L^3과 R^3을 구하려면 어떻게 해야 할까?

"테트라, 수학 애호가라면 바로 답이 나와야지. 두 수의 합과 곱을 아는 상황에서 그 두 수를 구하는 건 이차방정식이잖아."

"이차방정식?"

"L^3과 R^3을 구하려면 X에 관해 이런 이차방정식을 풀면 돼."

$$X^2-(L^3+R^3)X+L^3R^3=0$$

"어……?"

"$X^2-(L^3+R^3)X+L^3R^3=(X-L^3)(X-R^3)$으로 인수분해를 할 수 있으니까. 우린 이미 합과 곱을 구한 거야."

$$L^3+R^3=-27q \qquad L^3R^3=-27p^3$$

초록색 카드   파란색 카드

"아, 정말 그러네요!"

"응. 그러니까 X에 관해 이런 이차방정식을 풀면 돼."

$$X^2+27qX-27p^3=0$$

"저…… 근의 공식으로 푸는 건가요?"

"그렇지. 이차방정식의 근의 공식으로 바로 풀려."

$$X=\frac{-27q\pm\sqrt{(27q)^2+4\cdot27p^3}}{2}$$
$$=-\frac{27q}{2}\pm\sqrt{\left(\frac{27q}{2}\right)^2+27p^3}$$

"……"

"그러니까 L^3과 R^3은 아래 두 수 중 하나가 돼."

$$-\frac{27q}{2}+\sqrt{\left(\frac{27q}{2}\right)^2+27p^3}\,,\ -\frac{27q}{2}-\sqrt{\left(\frac{27q}{2}\right)^2+27p^3}$$

"네."

"여기서 이렇게 두면……."

$$\begin{cases} A = -\dfrac{27q}{2} \\[2mm] D = \left(\dfrac{27q}{2}\right)^2 + 27p^3 \qquad \sqrt{} \ \ \text{속으로} \end{cases}$$

"L^3과 R^3은 이렇게 돼."

$$A + \sqrt{D}, \quad A - \sqrt{D}$$

"저기, 어느 쪽이 L^3인가요?"

"그건 정해진 게 아냐. 아니, 마음대로 정해도 돼."

"하지만 노란색 카드 '라그랑주의 분해식'에서 L과 R이 정의되어 있으니까 마음대로 정할 순 없는 거잖아요?"

"그렇지만 L과 R은 α, β, γ로 정의되어 있어. α, β, γ는 삼차방정식의 해를 나타내는 것일 뿐이지, 구체적인 무엇을 나타내는지는 정해지지 않았어. 오히려 이제부터 L, R과 α, β, γ를 연결 짓는 거야. 예를 들면 이렇게 해 보자."

$$\begin{cases} L = \sqrt[3]{A + \sqrt{D}} \\[2mm] R = \sqrt[3]{A - \sqrt{D}} \end{cases}$$

"노란색 카드(풀이 7-3, p.236)를 봤을 때 $x^3 + px + q = 0$의 해는 이렇게 돼."

$$\begin{cases} \alpha = \dfrac{1}{3}(\omega^2 L + \omega R) = \dfrac{1}{3}(\omega^2 \sqrt[3]{A+\sqrt{D}} + \omega \sqrt[3]{A-\sqrt{D}}) \\[3mm] \beta = \dfrac{1}{3}(\omega L + \omega^2 R) = \dfrac{1}{3}(\omega \sqrt[3]{A+\sqrt{D}} + \omega^2 \sqrt[3]{A-\sqrt{D}}) \\[3mm] \gamma = \dfrac{1}{3}(L + R) \quad = \dfrac{1}{3}(\sqrt[3]{A+\sqrt{D}} + \sqrt[3]{A-\sqrt{D}}) \end{cases}$$

계수에서 해로

삼차방정식 $x^3+px+q=0$의 해를 $x=\alpha,\ \beta,\ \gamma$로 둔다.
이때 $\alpha,\ \beta,\ \gamma$는 아래와 같이 쓸 수 있다.

$$
\begin{cases}
\alpha=\dfrac{1}{3}\left(\omega^2\sqrt[3]{\mathrm{A}+\sqrt{\mathrm{D}}}+\omega\sqrt[3]{\mathrm{A}-\sqrt{\mathrm{D}}}\right)\\[2mm]
\beta=\dfrac{1}{3}\left(\omega\sqrt[3]{\mathrm{A}+\sqrt{\mathrm{D}}}+\omega^2\sqrt[3]{\mathrm{A}-\sqrt{\mathrm{D}}}\right)\\[2mm]
\gamma=\dfrac{1}{3}\left(\sqrt[3]{\mathrm{A}+\sqrt{\mathrm{D}}}\quad+\sqrt[3]{\mathrm{A}-\sqrt{\mathrm{D}}}\right)
\end{cases}
$$

단, A와 D는 아래와 같다.

$$
\begin{cases}
\mathrm{A}=-\dfrac{27q}{2}\\[3mm]
\mathrm{D}=\left(\dfrac{27q}{2}\right)^2+27p^3
\end{cases}
$$

"선배, 이제 'A=⋯' 또는 'D=⋯' 같은 **정의식**의 힘을 조금 알 것 같아요. 전에 선배가 방정식과 항등식과 정의식에 대해 이야기할 때 사실 저는 문자가 늘어날수록 식이 복잡해지는 것 같아서 부담스러웠어요. 그런데 이제 문자를 늘리는 게 더 간단해질 수도 있다는 사실을 알게 됐어요. A나 D라는 문자를 쓰지 않았다면 얼마나 복잡해졌을까⋯⋯."

"그렇지."

"문자를 늘리는 편이 구조를 더 잘 파악할 수 있어요! 문자를 쓴다는 건 구조를 파악한 증거니까요!" 테트라가 흥분하며 말했다.

"구조를 파악한 증거라⋯⋯ 맞는 말이네."

"네. '이것과 이것이 같다' 또는 '$\sqrt[3]{}$의 내부는 $+,\ -$의 차이다'처럼 구조를 파악한 증거로써 문자를 쓰는 거예요!"

테트라는 한참 동안 말을 멈추지 않았다.

보라색 카드 '삼차방정식의 근의 공식'

"그럼 마지막은 이제 간단해. ⋯⋯그냥 계산만 하면 돼." 내가 말했다.

삼차방정식의 근의 공식

삼차방정식 $ax^3+bx^2+cx+d=0$의 해를 $x=\alpha$, β, γ로 둔다. 이때 a, b, c, d로 α, β, γ를 나타내라.

$$
\begin{aligned}
A &= -\frac{27q}{2} && \text{A의 정의에서 (p.247)}\\
&= -\frac{27}{2} \cdot \frac{2b^3-9abc+27a^2d}{27a^3} && q\text{를 } a, b, c, d\text{로 나타낸다(p.231)}\\
&= -\frac{2b^3-9abc+27a^2d}{2a^3}
\end{aligned}
$$

$$
\begin{aligned}
D &= \left(\frac{27q}{2}\right)^2 + 27p^3\\
&= \left(\frac{27}{2}\cdot\frac{2b^3-9abc+27a^2d}{27a^3}\right)^2 + 27\cdot\left(-\frac{b^2-3ac}{3a^2}\right)^3\\
&= \left(\frac{2b^3-9abc+27a^2d}{2a^3}\right)^2 - \left(-\frac{b^2-3ac}{a^2}\right)^3\\
&= \frac{27\cdot(27a^2d^2-18abcd+4b^3d+4ac^3-b^2c^2)}{4a^4}
\end{aligned}
$$

삼차방정식의 근의 공식

삼차방정식 $ax^3+bx^2+cx+d=0$의 해를 $x=\alpha$, β, γ로 둔다.
이때 α, β, γ는 아래와 같이 쓸 수 있다.

$$
\begin{cases}
\alpha = \dfrac{1}{3}\left(\omega^2\sqrt[3]{A+\sqrt{D}} + \omega\sqrt[3]{A-\sqrt{D}}\right)\\[2mm]
\beta = \dfrac{1}{3}\left(\omega\sqrt[3]{A+\sqrt{D}} + \omega^2\sqrt[3]{A-\sqrt{D}}\right)\\[2mm]
\gamma = \dfrac{1}{3}\left(\sqrt[3]{A+\sqrt{D}} + \sqrt[3]{A-\sqrt{D}}\right)
\end{cases}
$$

단, A와 D는 아래와 같다.

$$
\begin{cases}
A = -\dfrac{2b^3-9abc+27a^2d}{2a^3}\\[3mm]
D = \dfrac{27\cdot(27a^2d^2-18abcd+4b^3d+4ac^3-b^2c^2)}{4a^4}
\end{cases}
$$

여행 지도를 그리다

"선배, 감사합니다! 이렇게 해서 무라키 선생님의 카드를 다 풀었어요! 그런데……." 테트라는 몸을 배배 꼬며 말했다. "근의 공식을 완성했는데도 마음이 기쁘지는 않아요……. 죄, 죄송해요."

"무슨 말이야?"

"문제를 풀고 마지막 삼차방정식의 근의 공식도 도출해 냈지만, 아직 잘 모르겠어요. 지금까지 뭘 한 건지……."

이거다. 테트라에게는 이런 직관이 있다. 그녀는 문제를 푸는 것으로 끝이라 생각하지 않는다. 답만 찾아내면 된다고 생각하지 않기 때문이다. 7장의 카드는 근의 공식까지 인도해 주었다. 우리가 단계를 밟아 가면서 큰 문제를 풀 수 있도록 힌트를 제시했다. 그러니…… 푸는 건 당연하다. 중요한 것은 문제를 다 푼 뒤의 생각이다.

'과연 우리는 뭘 한 걸까요?'

이렇게 스스로 질문하고 되돌아보는 것이 중요하다.

"어떻게 해야 할까." 나는 중얼거렸다.

"저, 여행 지도를 그리고 싶어요!" 테트라가 말했다.

◆◆◆

우리의 최종 목적은 삼차방정식의 근의 공식을 얻는 것이었어요. 방정식의 근의 공식이란 계수에서 해를 얻는 것, 그러니까 계수를 사용해서 해를 나타내는 거예요.

$$계수 \xrightarrow{\text{근의 공식}} 해$$

무라키 선생님이 주신 7장의 카드는 무의미한 계산을 시킨 게 아닐 거예요. 하지만 계산을 하는 동안은 코앞에 있는 것만 보게 돼요. 그래서 아까부터 저는 '여행 지도'를 그리고 싶은 마음이 굴뚝같았어요.

▶ **빨간색 카드 '치른하우스 변형'**에서는 방정식을 변형해서 a, b, c, d 로 p, q

를 나타냈죠. 말하자면 이런 거죠.

$$a, b, c, d \xrightarrow{\text{치른하우스 변형}} p, q$$

▶ **주황색 카드 '근과 계수의 관계'**에서는 α, β, γ로 p, q를 나타냈어요.

$$\alpha, \beta, \gamma \xrightarrow{\text{근과 계수의 관계}} p, q$$

▶ **노란색 카드 '라그랑주의 분해식'**은 수수께끼예요. 잘 모르는 L, R이 들어와 있어요. ω도 나오는데, 이건 1의 원시 3제곱근이라는 거죠. 그래도 아무튼 L, R로 α, β, γ를 나타냈어요.

$$L, R \xrightarrow{\text{라그랑주의 분해식}} \alpha, \beta, \gamma$$

▶ **초록색 카드 '3제곱의 합'**에서는 p, q를 사용해서 $L^3 + R^3$을 나타냈어요.

$$p, q \xrightarrow{\text{3제곱의 합}} L^3 + R^3$$

▶ **파란색 카드 '3제곱의 곱'**에서는 p, q를 사용해서 이번엔 $L^3 R^3$을 나타냈어요.

$$p, q \xrightarrow{\text{3제곱의 곱}} L^3 R^3$$

▶ **남색 카드 '계수에서 해로'**에서는 지금까지 나온 결과를 반영해서 p, q로 α, β, γ를 나타냈어요. 중간에 L^3과 R^3, 그리고 L과 R을 구했어요.

$$p, q \xrightarrow{\text{계수에서 해로}} \alpha, \beta, \gamma$$

▶ 보라색 카드 '삼차방정식의 근의 공식'에서는 a, b, c, d로 α, β, γ를 나타냈어요. 이건 말하자면 총 정리죠.

$$a, b, c, d \xrightarrow{\text{삼차방정식의 근의 공식}} \alpha, \beta, \gamma$$

a, b, c, d에서 α, β, γ까지 쭉 살펴보면 큰 흐름이 보여요.

$$
\begin{aligned}
a, b, c, d \xrightarrow{\text{치른하우스 변형}} & \ p, q \\
\xrightarrow{\text{3제곱의 합과 곱}} & \ \mathrm{L}^3 + \mathrm{R}^3, \mathrm{L}^3 \mathrm{R}^3 \\
\xrightarrow{\text{이차방정식 풀기}} & \ \mathrm{L}^3, \mathrm{R}^3 \\
\xrightarrow{\text{3제곱근 구하기}} & \ \mathrm{L}, \mathrm{R} \\
\xrightarrow{\text{라그랑주의 분해식}} & \ \alpha, \beta, \gamma
\end{aligned}
$$

이제 이걸 가만히 바라보면서 '여행 지도'를 완성하는 거예요.

이렇게…… 될까요?

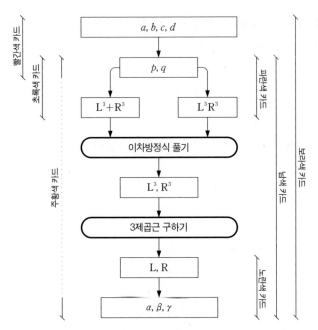

빨간색 카드
초록색 카드
주황색 카드
파란색 카드
보라색 카드
노란색 카드
검정색 카드

'삼차방정식의 근의 공식'을 구하는 여행 지도

"역시, 전체의 흐름이 잘 보이네." 내가 말했다.

"선배, 이 여행의 비밀은 L과 R에 있는 게 아닐까 싶어요." 테트라는 여행 지도를 보면서 말했다.

"그런가? 무라키 선생님의 힌트도 중요하지. 초록색 카드였나?"

"그렇긴 하지만 선생님의 힌트가 없어도 끈기 있게 계산하면 해결할 수 있을 것 같아요. 하지만 L과 R은 아니에요. 그 비밀을 제가 풀기엔 역부족이에요."

"그렇긴 하겠네." 나도 고개를 끄덕였다.

"애초부터…… 그 L과 R은 균형이 맞지 않아요."

"균형?"

$$\begin{cases} L = \omega\alpha + \omega^2\beta + \gamma \\ R = \omega^2\alpha + \omega\beta + \gamma \end{cases}$$

"α와 β의 계수는 변환을 했지만, γ의 계수는 그대로 있잖아요. 이상하지 않나요? L과 R은 매우 신비해요. 이 식에는 뭔가 비밀이 숨어 있는 것 같아요."

나는 감탄하고 말았다. 처음 만났을 때부터 테트라는 늘 나에게 배우는 입장이었다. 그런데 지금은 다르다. 테트라는 자기 나름대로 계속 공부를 했고, 이제는 내가 테트라에게 배울 때가 많다. 지식을 배운다기보다는 수학을 대하는 자세 말이다.

"……."

"……."

우리는 한동안 라그랑주의 분해식을 쳐다봤다.

그러다가 동시에 창가에 앉아 있는 존재에 눈을 돌렸다.

우리의 수학 여행을 이끄는 리더, 미르카에게.

2. 라그랑주의 분해식

미르카

나와 테트라는 7장의 카드를 미르카에게 보여 주고 지금까지의 과정을 설명했다. 강의를 좋아하는 수다쟁이 천재는 이렇게 말했다.

"삼차방정식의 근의 공식은 16세기에 **타르탈리아**가 처음 고안했어. 하지만 지금은 '카르다노의 공식'이라고 불리기도 하지. **카르다노**가 자신의 저서에서 이 해법을 공개했기 때문이야."

"그 이야기는 책에서 읽은 적이 있어." 내가 말했다.

"당시 수학자들은 문제를 놓고 배틀을 했지."

"배틀이요?" 테트라가 물었다.

"응. 서로 어려운 수학 문제를 내고 겨룬 거야. 상대방이 제시한 문제를 풀면 이기는 거지. 자신이 알고 있는 공식이 그 자체로 '무기'인 셈이었지." 내가 말했다.

"일화도 많아." 미르카가 말했다.

"사실 타르탈리아보다 먼저 삼차방정식의 해법을 고안한 사람은 **페로**라는 인물이었던 것 같아. 공개적인 수학 대결에서 페로는 타르탈리아에게 패배하고 말았어. 그밖에도 여러 일화가 있지만 우리는 우리 주제를 다루기로 하자."

"삼차방정식의 근의 공식을 도출할 때는 라그랑주의 분해식이 열쇠가 아닐까 싶어요. 하지만 L과 R이 무슨 뜻인지 모르겠어요." 테트라가 말했다.

"18세기 최고의 수학자 중 하나인 **라그랑주**는 카르다노와 오일러 선생 등의 해법을 연구했어. 삼차방정식이나 사차방정식의 해법으로부터 오차방정식의 해법을 얻으려고 했지. 라그랑주는 '근의 치환'이 해법과 관계되어 있다는 걸 알아냈고, 그 일부를 라그랑주의 분해식이라는 형태로 나타냈어." 미르카가 말했다.

"기의 신의 선물이구나. 갑자기 $\omega\alpha+\omega^2\beta+\gamma$나 $\omega^2\alpha+\omega\beta+\gamma$ 같은 식이 뚝 떨어지다니." 내가 말했다.

"식을 보자." 미르카는 책상 위의 노란색 카드를 집어 들며 말했다. "여기에 라그랑주의 분해식이 적혀 있어."

$$\begin{cases} L=\omega\alpha+\omega^2\beta+\gamma \\ R=\omega^2\alpha+\omega\beta+\gamma \end{cases}$$

"그러네요."

"테트라는 이 식을 보고 불균형하다고 말했지?"

"네, 맞아요. α와 β는 계수를 교환했는데, γ가 혼자 남아 외톨이가 된 것처럼 보여요. 규칙성이 부족하달까."

"교환한 건 계수가 아니라 풀이겠지만……." 미르카는 검지를 입술에 대고 잠깐 눈을 감았다. "먼저 수식을 갖고 놀면서 규칙성을 발견해 봐. 규칙성을 발견하려면 $\alpha+\beta+\gamma$도 포함하는 게 좋아. L이나 R이라는 이름은 일단 지워 놓자."

미르카는 다시 노트에 식을 적었다.

$$\begin{cases} \omega\alpha+\omega^2\beta+\gamma \\ \omega^2\alpha+\omega\beta+\gamma \\ \underline{\alpha+\beta+\gamma} \end{cases}$$

"$\alpha+\beta+\gamma$는 근과 계수의 관계에도 나왔어." 내가 말했다.

"그때도 γ는 외톨이였는데……." 테트라가 말했다.

"규칙성이 보이게 해 보자." 미르카가 말했다. "계수의 1을 ω^3이라고 적으면 어떨까? 그리고 ω도 ω^1로 쓰고."

미르카는 식을 다시 적었다.

$$\begin{cases} \omega^1\alpha+\omega^2\beta+\omega^3\gamma & \quad \omega\alpha+\omega^2\beta+\gamma \text{에서} \\ \omega^2\alpha+\omega^1\beta+\omega^3\gamma & \quad \omega^2\alpha+\omega\beta+\gamma \text{에서} \\ \omega^3\alpha+\omega^3\beta+\omega^3\gamma & \quad \alpha+\beta+\gamma \text{에서} \end{cases}$$

"아하, $\omega^3=1$이니까요. 하지만 ω의 지수를 읽으면 1, 2, 3과 2, 1, 3과 3, 3, 3이에요. 규칙성은 없네요."

$$\begin{cases} \omega^1\alpha+\omega^2\beta+\omega^3\gamma & \quad \omega \text{의 지수는 } 1, 2, 3 \\ \omega^2\alpha+\omega^1\beta+\omega^3\gamma & \quad \omega \text{의 지수는 } 2, 1, 3 \\ \omega^3\alpha+\omega^3\beta+\omega^3\gamma & \quad \omega \text{의 지수는 } 3, 3, 3 \end{cases}$$

"ω의 왈츠는 3박자." 미르카가 말했다. "$\omega^3=1$이니까 ω^1은 ω^4라고 쓰고 ω^3은 ω^6이나 ω^9라고 쓸 수 있어."

$$\begin{array}{ccccc} \omega^1 & = & \omega^1\omega^3 & = \omega^{1+3} & = \omega^4 \\ \omega^3 & = & \omega^3\omega^3 & = \omega^{3+3} & = \omega^6 \\ \omega^3 & = & \omega^3\omega^3\omega^3 & = \omega^{3+3+3} & = \omega^9 \end{array}$$

미르카는 안경을 쓱 밀어 올린 뒤 식을 적었다.

$$\begin{cases} \omega^1\alpha + \omega^2\beta + \omega^3\gamma & \omega\text{의 지수는 } 1, 2, 3 \\ \omega^2\alpha + \omega^4\beta + \omega^6\gamma & \omega\text{의 지수는 } 2, 4, 6 \\ \omega^3\alpha + \omega^6\beta + \omega^9\gamma & \omega\text{의 지수는 } 3, 6, 9 \end{cases}$$

"아⋯⋯!" 테트라가 놀란 듯했다.

"1, 2, 3과 2, 4, 6과 3, 6, 9에 규칙성은 없을까? 조금 더 강조해 볼까?"

미르카는 천천히 식을 적었다.

$$\begin{cases} (\omega^1)^1\alpha + (\omega^1)^2\beta + (\omega^1)^3\gamma \\ (\omega^2)^1\alpha + (\omega^2)^2\beta + (\omega^2)^3\gamma \\ (\omega^3)^1\alpha + (\omega^3)^2\beta + (\omega^3)^3\gamma \end{cases}$$

"이건⋯⋯!" 나도 놀라고 말았다.

"α, β, γ 대신 $\alpha_1, \alpha_2, \alpha_3$처럼 첨자가 달려 있는 문자로 바꿔 쓰는 것도 괜찮아. 그리고 3개의 식에 $L_3(1), L_3(2), L_3(3)$이라고 다시 이름을 붙일 수 있어. 이렇게 하면 가로 세로 모두 1, 2, 3이 되니까. 라그랑주의 분해식에 규칙성이 없다고 말할 수 없겠지, 테트라?"

미르카는 그렇게 말하고 윙크했다.

$$\begin{cases} L_3(1) = (\omega^1)^1\alpha_1 + (\omega^1)^2\alpha_2 + (\omega^1)^3\alpha_3 \\ L_3(2) = (\omega^2)^1\alpha_1 + (\omega^2)^2\alpha_2 + (\omega^2)^3\alpha_3 \\ L_3(3) = (\omega^3)^1\alpha_1 + (\omega^3)^2\alpha_2 + (\omega^3)^3\alpha_3 \end{cases}$$

$$\begin{cases} L_3(1)=(\omega^1)^1\alpha_1+(\omega^1)^2\alpha_2+(\omega^1)^3\alpha_3 \\ L_3(2)=(\omega^2)^1\alpha_1+(\omega^2)^2\alpha_2+(\omega^2)^3\alpha_3 \\ L_3(3)=(\omega^3)^1\alpha_1+(\omega^3)^2\alpha_2+(\omega^3)^3\alpha_3 \end{cases}$$

단, 아래와 같이 정한다.

- ω는 1의 원시 3제곱근
- α_1, α_2, α_3은 삼차방정식의 해

"확실히 '가로도 세로도 1, 2, 3'이라 규칙성을 알 수 있어요. 하지만 이번에는 지수나 첨자가 많아져서 복잡해졌네요……."

"테트라는 욕심이 많네." 미르카는 그렇게 말하며 웃었다. "덧글자가 많으면 복잡해져. 하지만 규칙성은 잘 보이지."

"아, 알겠어요! 식을 쓰는 방법에 따라 전달하는 메시지가 달라진다는 뜻이군요!" 테트라가 말했다.

"규칙성을 알면 일반화할 수 있어."

"아, 이런 걸까?" 나는 미르카의 손에서 샤프를 빼앗아 식을 적었다.

$$L_3(k)=(\omega^k)^1\alpha_1+(\omega^k)^2\alpha_2+(\omega^k)^3\alpha_3 \qquad (k=1,2,3)$$

"그리고 '1의 원시 n제곱근'을 ζ_n으로 두면……." 미르카가 말했다.

나는 참지 못하고 불쑥 소리를 높였다. "한 단계 더 일반화할 수 있구나!"

$$L_n(k)=(\zeta_n{}^k)^1\alpha_1+(\zeta_n{}^k)^2\alpha_2+\cdots+(\zeta_n{}^k)^n\alpha_n \qquad (k=1,2,3,\cdots,n)$$

"빙고." 미르카는 내가 찾아낸 식이 만족스러운 모양이다. "여기까지 일반화했으니까 합을 $\sum$로 적자. 지수법칙으로 $(\zeta_n{}^k)^j=\zeta_n{}^{kj}$가 성립하니까 괄호

도 지우자. 이렇게 해서 일반화가 끝났어. 우리는 식의 규칙성을 파악해서 n차방정식의 라그랑주 분해식을 도출했어."

$$\mathrm{L}_n(k)=\sum_{j=1}^{n}\zeta_n^{\;kj}\alpha_j \qquad (k=1,2,3,\cdots,n)$$

"우왕······."

테트라가 묘한 감탄사를 토해 냈다.

---

n차방정식의 라그랑주 분해식

$$\mathrm{L}_n(k)=\sum_{j=1}^{n}\zeta_n^{\;kj}\alpha_j$$

단, 아래와 같이 정한다.

- $k=1,2,3,\cdots,n$
- ζ_n은 1의 원시 n제곱근
- $\alpha_1,\alpha_2,\alpha_3,\cdots,\alpha_n$은 n차방정식의 해

라그랑주 분해식의 성질

미르카는 긴 머리를 손가락으로 빗어 내리더니 테트라가 그린 '여행 지도' (p.252)를 가리켰다.

"이걸 보면 삼차방정식의 근의 공식을 구하는 과정에서 방정식 2개를 풀었다는 사실을 알 수 있어. 첫 번째는 이 이차방정식."

$$\mathrm{X}^2-(\mathrm{L}^3+\mathrm{R}^3)\mathrm{X}+\mathrm{L}^3\mathrm{R}^3=0 \qquad \text{X에 관한 이차방정식}$$

"그랬어요." 테트라가 대답했다.

"이걸로 $\mathrm{X}=\mathrm{L}^3,\mathrm{R}^3$을 구하고, 다음으로 단순한 삼차방정식을 푸는 거야."

$$Y^3 - L^3 = 0,\ Y^3 - R^3 = 0 \qquad \text{Y에 관한 삼차방정식}$$

"이 삼차방정식은 어디에서 왔나요?" 테트라가 물었다.

"이건 L^3이나 R^3의 3제곱근을 구하는 방정식이야." 내가 말했다. "$L, \omega L,$ $\omega^2 L$과 $R, \omega R, \omega^2 R$을 구하는 부분이지."

"맞아." 미르카가 말했다.

"아까는 라그랑주 분해식의 규칙성을 보기 쉽게 하려고 계수 ω^k에 주목했는데, '해의 치환'에 주목하는 게 더 재미있어. 예를 들어 α와 β를 교환하는 '뒤집기'를 쓰면 L과 R이 교환한다는 걸 알 수 있어."

$$L = \omega\alpha + \omega^2\beta + \gamma$$
$$\updownarrow\ \ \alpha\text{와}\ \beta\text{의 교환}$$
$$R = \omega\beta + \omega^2\alpha + \gamma$$

"아, 저 '해의 치환'의 뜻을 아직 잘……." 테트라가 말했다.

"구체적으로 L^3, 그러니까 $L_3(1)^3$을 계산하자." 미르카가 대답했다.

$$\begin{aligned}
L &= \omega\alpha + \omega^2\beta + \gamma \\
&= \omega\alpha_1 + \omega^2\alpha_2 + \alpha_3 \\
L^3 &= (\omega\alpha_1 + \omega^2\alpha_2 + \alpha_3)^3 \\
&= \alpha_1^3 + \alpha_2^3 + \alpha_3^3 + 6\alpha_1\alpha_2\alpha_3 \\
&\quad + 3\omega^2(\alpha_1\alpha_2^2 + \alpha_2\alpha_3^2 + \alpha_3\alpha_1^2) + 3\omega(\alpha_1^2\alpha_2 + \alpha_2^2\alpha_3 + \alpha_3^2\alpha_1)
\end{aligned}$$

"아…… 그렇군요." 테트라가 검산을 했다.

"그리고 L^3의 전개 결과를 잘 봐." 미르카가 말했다.

$$\alpha_1^3 + \alpha_2^3 + \alpha_3^3 + 6\alpha_1\alpha_2\alpha_3 + 3\omega^2(\alpha_1\alpha_2^2 + \alpha_2\alpha_3^2 + \alpha_3\alpha_1^2) + 3\omega(\alpha_1^2\alpha_2 + \alpha_2^2\alpha_3 + \alpha_3^2\alpha_1)$$

"3개의 해 α_1, α_2, α_3의 치환은 다 해서 $3!=6$가지야. 이 식 L^3에 등장하는 3개의 해를 6가지로 치환해서 실제로 바꾸는 거야. 단, 어떻게 치환을 해도 불변한 부분을 S로 두자." 미르카가 말을 이었다.

$$S=\alpha_1^3+\alpha_2^3+\alpha_3^3+6\alpha_1\alpha_2\alpha_3$$

[123]은 L^3을 그대로 '내리기'
$$S+3\omega^2(\alpha_1\alpha_2^2+\alpha_2\alpha_3^2+\alpha_3\alpha_1^2)+3\omega(\alpha_1^2\alpha_2+\alpha_2^2\alpha_3+\alpha_3^2\alpha_1)$$
$$=L^3$$

[132]는 L^3의 α_2와 α_3을 교환하는 '뒤집기'
$$S+3\omega^2(\alpha_1\alpha_3^2+\alpha_3\alpha_2^2+\alpha_2\alpha_1^2)+3\omega(\alpha_1^2\alpha_3+\alpha_3^2\alpha_2+\alpha_2^2\alpha_1)$$
$$=S+3\omega^2(\alpha_2\alpha_1^2+\alpha_1\alpha_3^2+\alpha_3\alpha_2^2)+3\omega(\alpha_2^2\alpha_1+\alpha_1^2\alpha_3+\alpha_3^2\alpha_2)$$
$$=R^3 \qquad (L^3\text{의 }\alpha_1\text{과 }\alpha_2\text{를 교환한 식이므로})$$

[213]은 L^3의 α_1과 α_2를 교환하는 '뒤집기'
$$S+3\omega^2(\alpha_2\alpha_1^2+\alpha_1\alpha_3^2+\alpha_3\alpha_2^2)+3\omega(\alpha_2^2\alpha_1+\alpha_1^2\alpha_3+\alpha_3^2\alpha_2)$$
$$=R^3 \qquad (L^3\text{의 }\alpha_1\text{과 }\alpha_2\text{를 교환한 식이므로})$$

[231]은 L^3의 α_1을 α_2로, α_2를 α_3으로, α_3을 α_1로 회전하는 '돌리기'
$$S+3\omega^2(\alpha_2\alpha_3^2+\alpha_3\alpha_1^2+\alpha_1\alpha_2^2)+3\omega(\alpha_2^2\alpha_3+\alpha_3^2\alpha_1+\alpha_1^2\alpha_2)$$
$$=S+3\omega^2(\alpha_1\alpha_2^2+\alpha_2\alpha_3^2+\alpha_3\alpha_1^2)+3\omega(\alpha_1^2\alpha_2+\alpha_2^2\alpha_3+\alpha_3^2\alpha_1)$$
$$=L^3$$

[312]는 L^3의 α_1을 α_3으로, α_2를 α_1로, α_3을 α_2로 회전하는 '돌리기'
$$S+3\omega^2(\alpha_3\alpha_1^2+\alpha_1\alpha_2^2+\alpha_2\alpha_3^2)+3\omega(\alpha_3^2\alpha_1+\alpha_1^2\alpha_2+\alpha_2^2\alpha_3)$$
$$=S+3\omega^2(\alpha_1\alpha_2^2+\alpha_2\alpha_3^2+\alpha_3\alpha_1^2)+3\omega(\alpha_1^2\alpha_2+\alpha_2^2\alpha_3+\alpha_3^2\alpha_1)$$
$$=L^3$$

[321]은 L^3의 α_1과 α_3을 교환하는 '뒤집기'

$$S+3\omega^2(\alpha_3\alpha_2^2+\alpha_2\alpha_1^2+\alpha_1\alpha_3^2)+3\omega(\alpha_3^2\alpha_2+\alpha_2^2\alpha_1+\alpha_1^2\alpha_3)$$
$$=S+3\omega^2(\alpha_2\alpha_1^2+\alpha_1\alpha_3^2+\alpha_3\alpha_2^2)+3\omega(\alpha_2^2\alpha_1+\alpha_1^2\alpha_3+\alpha_3^2\alpha_2)$$
$$=R^3 \qquad \text{(L^3의 α_1과 α_2를 교환한 식이므로)}$$

"재미있네요! 3개의 해를 다시 나열하는 패턴은 6가지가 있어요. 하지만 L^3에 포함된 $\alpha_1, \alpha_2, \alpha_3$을 실제로 다시 나열하면 L^3과 R^3 중 하나가 되는군요!"

"그래. 게다가 L^3과 R^3은 멍에를 나누고 있어." 미르카가 말했다. "이차방정식 $X^2-(L^3+R^3)X+L^3R^3=0$이라는 멍에야. 초록색 카드 '3제곱의 합'과 파란색 카드 '3제곱의 곱'으로 멍에의 존재를 깨닫지. 그리고 합과 곱이 계수체에 속해 있다는 것도 알게 돼."

"계수체?" 테트라가 물었다.

"그래. 체의 시점에 서 보자. 계수체에 $\sqrt{}$를 추가하고, 그 확대체에 $\sqrt[3]{}$을 추가하는 거야. 이렇게 하면 **최소분해체**에 이르러."

"최소분해체가 뭐예요?" 테트라가 물었다.

"주어진 삼차방정식을 1차식으로 분해하는 가장 작은 체를 말해. 일반적인 삼차방정식은 계수체에서 시작해서 $\sqrt{}$와 $\sqrt[3]{}$라는 거듭제곱의 추가만으로 최소분해체까지 이를 수가 있어. 이 사실이 삼차방정식의 근의 공식을 만들 수 있는 이유가 되지. 계수체에 유리식의 제곱근…… 이건 $\sqrt{D}$를 말하는데, 그걸 추가했어. 그렇게 해서 최소분해체에 이르렀지. **방정식의 계수체부터 최소분해체까지, 거듭제곱을 추가해서 다다를 수 있다는 게 방정식을 대수적으로 푼다는 뜻이야.** 체의 관점에서 봤을 때는 체가 확대하는 추가가 중요하지. 하나는 $\sqrt{}$의 추가, 다른 하나는 $\sqrt[3]{}$의 추가. 그러니까 테트라가 그린 '여행 지도'의 핵심은 이런 거야."

$$a,b,c,d,\omega \xrightarrow{\ \sqrt[2]{}\ } L^3,R^3 \xrightarrow{\ \sqrt[3]{}\ } L,R,\alpha,\beta,\gamma$$

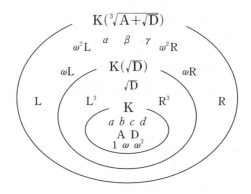

$$K(\sqrt[3]{A+\sqrt{D}})$$

$$\omega^2 L \quad \alpha \quad \beta \quad \gamma \quad \omega^2 R$$

$$\omega L \quad K(\sqrt{D})$$

$$\sqrt{D}$$

$$L \qquad L^3 \qquad K \qquad R^3 \qquad R$$

$$\omega R$$

$$a\ b\ c\ d$$
$$A\ D$$
$$1\ \omega\ \omega^2$$

"[123], [231], [312]에서 L_3^3은 불변해. '돌리기'의 [231]이 생성하는 순환군에서 L_3^3은 불변하고……."

"자, 잠깐만요, 미르카 선배. 체 이야기랑 군 이야기가 어느새 섞인 것 같은데…… 왜 갑자기 순환군이 튀어나오죠?"

"흠, 자세한 설명은 유리가 있을 때 할게."

"앗, 유리?" 내가 말했다.

"유리는 대칭군 S_4를 연구하고 있을 거야." 미르카가 말했다.

"아, 그런 것 같아." 내가 말했다.

연구라는 말은 좀 거창하지만, 유리는 S_4를 구성하는 24개의 치환과 씨름하고 있을 것이다.

"군, 부분군, 정규부분군, 그리고 몫군. 추상적으로 하면 얼마든지 추상적으로 할 수 있지만, 구체적으로 하는 게 더 알기 쉬워. 유리랑 같이 하자. 넌 유리만 데려오면 돼." 미르카가 나에게 명령을 했다.

"알겠습니다요."

적용할 수 있는가?

우리는 무라키 선생님이 주신 7장의 카드로 삼차방정식의 근의 공식을 도출했다. 그리고 삼차방정식의 라그랑주 분해식을 이리저리 주물러서 규칙성을 찾았고, 나아가 n차방정식의 라그랑주 분해식으로 일반화했다. 그렇다는 건…….

"어? 미르카 선배, 라그랑주 분해식이 n차까지 일반화할 수 있다는 건 같은 방법으로 사차방정식의 근의 공식을 도출할 수 있다는 건가요?"

"'같은 방법'이라고는 할 수 없지만 라그랑주 분해식이 포함돼."

"서, 선배들! 여, 여기서 스톱이요. 지금부터 제가 사차방정식의 근의 공식을 만들게요!"

"알았어, 테트라. 기다릴게. 하지만 사차방정식의 근의 공식에 도전하는 건 숙제로 하자. '이차방정식의 라그랑주 분해식'과 '이차방정식의 근의 공식'의 관계를 먼저 생각하는 게 좋아."

"네? 저…… 이차방정식의 근의 공식은 외웠는데요."

"그럼 일단 잊어버리자. ……잊어버리는 데 키스가 필요할까?"

미르카가 테트라에게 다가가려는 듯 몸을 일으키자 테트라가 다급히 외쳤다.

"아앗! 다 잊어버렸어요, 잊어버렸다니까요!"

문제 7-8 이차방정식의 라그랑주 분해식

이차방정식의 라그랑주 분해식, $L_2(1)$과 $L_2(2)$를 구하라.

3. 이차방정식의 근의 공식

이차방정식의 라그랑주 분해식

계산을 하던 테트라가 고개를 들어 말을 꺼냈다.

문제 7-8 이차방정식의 라그랑주 분해식

이차방정식의 라그랑주 분해식, $L_2(1)$과 $L_2(2)$를 구하라.

1의 원시 2제곱근은 2제곱했을 때 비로소 1이 되는 수, 즉 $\zeta_2 = -1$이에요.

$$\zeta_2 = -1$$

그리고 n차방정식의 라그랑주 분해식(p.258)을 사용해요.

$$L_2(1) = \sum_{j=1}^{2} \zeta_2^{\,1j} \alpha_j \qquad\qquad n=2,\, k=1\text{인 라그랑주 분해식}$$
$$= \zeta_2^{\,1\times1}\alpha_1 + \zeta_2^{\,1\times2}\alpha_2$$
$$= (-1)^{1\times1}\alpha_1 + (-1)^{1\times2}\alpha_2 \qquad \zeta_2 = -1\text{에서}$$
$$= -\alpha_1 + \alpha_2$$

$$L_2(2) = \sum_{j=1}^{2} \zeta_2^{\,2j} \alpha_j \qquad\qquad n=2,\, k=2\text{인 라그랑주 분해식}$$
$$= \zeta_2^{\,2\times1}\alpha_1 + \zeta_2^{\,2\times2}\alpha_2$$
$$= (-1)^{2\times1}\alpha_1 + (-1)^{2\times2}\alpha_2 \qquad \zeta_2 = -1\text{에서}$$
$$= \alpha_1 + \alpha_2$$

김빠지네요. 결국 이렇게 됐어요.

$$\begin{cases} L_2(1) = -\alpha_1 + \alpha_2 \\ L_2(2) = \alpha_1 + \alpha_2 \end{cases}$$

풀이 7-8   **이차방정식의 라그랑주 분해식**

$$\begin{cases} L_2(1) = -\alpha_1 + \alpha_2 \\ L_2(2) = \alpha_1 + \alpha_2 \end{cases}$$

"테트라는 근의 공식에서 L과 R이 열쇠라고 생각했지." 미르카가 말했다.

"네, 맞아요. 먼저 L^3과 R^3을 구했어요."

"L^3과 R^3은 삼차방정식의 라그랑주 분해식을 3제곱한 거야. 거기서 유추해서 이차방정식의 라그랑주 분해식을 2제곱해 보자."

"아하…… 해 볼게요!"

$$\begin{cases} L_2(1)^2 = (-\alpha_1 + \alpha_2)^2 = (\alpha_1 - \alpha_2)^2 \\ L_2(2)^2 = (\alpha_1 + \alpha_2)^2 = (\alpha_1 + \alpha_2)^2 \end{cases}$$

"역시." 나는 감탄했다. 규칙성을 발견해 일반화하고, 거기에 다른 구체 사례를 적용하니까…… 이론대로다.

"$L_2(1)^2$은 $(\alpha_1 - \alpha_2)^2$과 같네요. 이게 열쇠가 되나요?"

"그게 내 질문이야." 미르카가 말했다. "근의 공식을 도출하는 열쇠일까?"

테트라는 식을 보면서 말했다.

"α_1에서 α_2를 빼고…… 아, 역시 안 되네요. 첨자가 있으면 복잡하니까요! α_1, α_2라는 첨자를 쓰는 대신 α, β로 생각할게요."

$$\begin{cases} L_2(1)^2 = (\alpha - \beta)^2 \\ L_2(2)^2 = (\alpha + \beta)^2 \end{cases}$$

"테트라, 근과 계수의……." 나도 모르게 말을 걸었다.

"말하지 마세요!" 테트라가 목소리 톤을 높였다. "이차방정식의 근의 공식에 다다르면 되는 거죠. 해를 계수로 쓰고……."

"……." 나는 침묵을 지켰다.

"$(\alpha - \beta)^2$을 이차방정식 $ax^2 + bx + c = 0$의 계수로 적고…… 계수, 계수."

"오……." 나는 소리를 지를 뻔했다.

"아! 계수로 나타낸다는 건 기본 대칭식으로 나타낸다는 거예요! 합과 곱이요. 맞아요, 맞아요. $(\alpha - \beta)^2$은 대칭식이에요. α와 β를 교환해도 값이 변하지 않으니까요! 그리고 대칭식은 기본 대칭식으로 나타낼 수 있죠."

$$\begin{aligned} L_2(1)^2 &= (\alpha - \beta)^2 \\ &= \alpha^2 - 2\alpha\beta + \beta^2 \end{aligned}$$

$$= (\alpha + \beta)^2 - 4\underbrace{\alpha\beta}$$
$$\underbrace{}_{\text{기본 대칭식}}\quad\underbrace{}_{\text{기본 대칭식}}$$

"흠." 미르카가 신음 소리를 냈다.

"기본 대칭식은 계수로 나타낼 수 있으니까 이제 나머지는 간단해요."

테트라는 빠른 속도로 노트에 식을 적었다.

$$
\begin{aligned}
L_2(1)^2 &= (\alpha - \beta)^2 \\
&= (\alpha + \beta)^2 - 4\alpha\beta \qquad\qquad \text{기본 대칭식으로 적는다} \\
&= \left(-\frac{b}{a}\right)^2 - 4 \cdot \frac{c}{a} \qquad\quad \text{근과 계수의 관계에서} \\
&= \frac{b^2 - 4ac}{a^2}
\end{aligned}
$$

"자, 그럼 이제 알았으려나?" 미르카가 말했다.

"네, 네, 네, 네! $b^2 - 4ac$가 나왔어요!"

테트라가 큰 눈을 더 크게 뜨고 선언하듯 말했다.

"이차방정식의 판별식이네요!"

판별식

"빙고." 미르카가 조용히 말했다. "이차방정식의 라그랑주 분해식을 2제곱하면 이차방정식의 판별식이 나와."

$$L_2(1)^2 = \frac{b^2 - 4ac}{a^2} = \frac{\text{판별식}}{a^2}$$

"엄청나요! 라그랑주의 분해식은 바로 이차방정식의 근의 공식에 나왔던 거군요!" 테트라가 말했다.

나는 할 말을 잃었다.

'$b^2 - 4ac$'라고 암기해 온 식.

이차방정식의 근의 공식 한가운데에 있는 식.

$$\frac{-b \pm \sqrt{b^2 - 4ac}}{2a}$$

판별식 $b^2 - 4ac$는 이차방정식의 라그랑주 분해식 $L_2(1)$의 2제곱으로 만들 수 있는 것인가!

미르카는 차분한 톤으로 말을 이었다.

"계수체를 K라고 했을 때, 이차방정식의 해는 이런 체에 속해."

$$K(\sqrt{\text{판별식}})$$

"이 체는 이렇게 나타낼 수 있어."

$$K(L_2(1))$$

"$L_2(1)^2 = (\alpha - \beta)^2$도, $L_2(2)^2 = (\alpha + \beta)^2$도 해의 치환에 대해 불변이야. 그러니까 해의 대칭식이지. 해의 대칭식이니까 해의 기본 대칭식으로 쓸 수 있어. 즉 계수의 유리식으로 쓸 수 있지. 라그랑주의 분해식은 근의 공식을 발견하는 데 확실히 도움이 돼. $L_2(1) = \alpha - \beta$는 대칭식이 아니야. 그래서 반드시 계수의 유리식으로 쓸 수 있다고는 할 수 없어. 하지만 $L_2(1)$을 계수체에 추가하면 문제가 풀려. 해는 새로운 체 $K(L_2(1))$에 속하기 때문이지. 그리고 새로운 체 $K(L_2(1))$라는 건 $K(\sqrt{\text{판별식}})$이야."

미르카가 설명을 끝내자 테트라는 잠시 생각에 잠겼다.

"라그랑주의 분해식은 이제 알 것 같아요. 이제 조금 더 나아가면 테트랑주 분해식이라고 부르고 싶을 정도예요!"

"너무 앞서가는데?" 미르카가 시큰둥하게 대답했다. "그건 4('tetra'는 4를 의미하는 용어)를 머리에 쓴 사차방정식의 근의 공식을 도출한 다음에 하는 게 어때?"

두 수학 걸의 가벼운 농담을 들으면서 나는 생각에 잠겼다.

$L_2(1)$이라는 라그랑주의 분해식⋯⋯.
- $L_2(1)$을 계수체에 추가한 체라면 이차방정식은 반드시 풀 수 있다.
- $L_2(1)$로 $\sqrt{판별식}$을 만들 수 있다.
- $L_2(1)$은 이차방정식의 근의 공식에 등장한다.

근의 공식은 '답'으로 보인다. 그러나⋯⋯ 질문이었을까.
'식의 형태를 파악할 수 있는가?'라는 질문.
문득 유리가 한 말이 떠올랐다.
'$2a$분의 $-b$, ±루트 b제곱 $-4ac$,
혀가 잘 안 돌아가! 루트 부분이 너무 복잡해.'
확실히 복잡하지만, 재미있다, 유리야.

4. 오차방정식의 근의 공식

오차방정식은?
"사차방정식의 근의 공식, 저 자신에게 이걸 숙제로 낼게요!" 테트라가 말했다. "그런데 오차방정식의 근의 공식도 똑같이 라그랑주의 분해식을 쓰는군요!"

"아니." 미르카가 말했다.

"어머, 왜요?" 테트라가 물었다.

"라그랑주의 분해식을 써도 5차 이상 방정식의 근의 공식은 찾을 수 없어."

"존재하지 않으니까." 내가 덧붙였다.

"그래. 5차 이상의 방정식에는 근의 공식이 존재하지 않아. 바꿔 말하면 5차 이상의 방정식이 주어졌을 때, 그 방정식의 계수부터 시작해서 '사칙연산과 거듭제곱을 구하는 연산'을 반복했을 때 반드시 해를 나타낸다고는 볼 수 없어. 이건 **루피니**와 **아벨**이 증명했어."

"반드시 해를 나타낸다고는 볼 수 없다……."

"그래. 꼭 그렇지는 않다는 거야. 그래서 어떤 방정식이라면 대수적으로 풀 수 있는가? 이게 다음 문제야. 이 물음에 답한 사람이 **갈루아**지. 갈루아는 수학을 만나고 고작 몇 년 만에 이 고난이도의 문제를 풀었어."

미르카는 우리를 둘러봤다.

"루피니와 아벨은 오차방정식이 일반적으로는 풀리지 않는다는 걸 증명했어. 갈루아는 오차방정식이 어떤 때에는 풀리고 어떤 때에는 풀리지 않는다는 걸 밝혀냈고. 아니, 오차방정식뿐만이 아니야. 갈루아는 n차방정식이 대수적으로 풀리는 것의 필요충분조건을 제시했지."

5라는 수의 의미

"1차, 2차, 3차, 4차……." 테트라가 말했다. "그러니까 사차방정식까지는 근의 공식이 존재해요. 5차 이상의 방정식에는 근의 공식이 존재하지 않고요. 그게 참 신기하네요."

"모노, 디, 트리, 테트라……." 나는 아무 생각 없이 말했다.

"저, 뭔가 페르마의 마지막 정리가 생각났어요."

"흠?"

미르카의 안경이 빛났다.

방정식 $x^n + y^n = z^n$은 $n \geq 3$일 때 자연수 해를 갖지 않는다.
— 와일스의 정리(페르마의 마지막 정리)

"페르마의 마지막 정리에서는 매직 넘버가 '3'이었어요. 하지만 이번 매직 넘버는 '5'예요."

n차방정식은 $n \geq 5$일 때 근의 공식을 갖지 않는다.
— 루피니·아벨의 정리

"매직 넘버?" 내가 말했다.

"그거 흥미롭네." 미르카가 말했다.

"1, 2, 3, 4…… 그리고 5." 테트라가 손가락을 접으며 수를 셌다.

"우리가 사는 이 세계에서 5가 그렇게 특별한가요? 방정식의 근의 공식에서 5는 어떤 비밀을 가지고 있죠?"

라그랑주는 삼차방정식의 몇 가지 다른 해법도 생각했지만
모든 경우에 각각 같은 생각이 가로놓여 있다는 사실을 깨달았다.
모든 방법이 다 가능한 6가지 치환에 대하여
2개의 값만을 취하는 3가지 근의 유리식이 나타나고
결과적으로 그 식은 이차방정식을 만족시켰다.
_카츠, 『수학의 역사』

나의 노트

기본 대칭식

α_1에 대한 기본 대칭식

$$\alpha_1$$

α_1, α_2에 대한 기본 대칭식

$$\alpha_1 + \alpha_2$$

$$\alpha_1 \alpha_2$$

α_1, α_2, α_3에 대한 기본 대칭식

$$\alpha_1 + \alpha_2 + \alpha_3$$

$$\alpha_1 \alpha_2 + \alpha_1 \alpha_3 + \alpha_2 \alpha_3$$

$$\alpha_1 \alpha_2 \alpha_3$$

α_1, α_2, α_3, α_4에 대한 기본 대칭식

$$\alpha_1 + \alpha_2 + \alpha_3 + \alpha_4$$

$$\alpha_1 \alpha_2 + \alpha_1 \alpha_3 + \alpha_1 \alpha_4 + \alpha_2 \alpha_3 + \alpha_2 \alpha_4 + \alpha_3 \alpha_4$$

$$\alpha_1 \alpha_2 \alpha_3 + \alpha_1 \alpha_2 \alpha_4 + \alpha_1 \alpha_3 \alpha_4 + \alpha_2 \alpha_3 \alpha_4$$

$$\alpha_1 \alpha_2 \alpha_3 \alpha_4$$

탑 쌓기

1. 음악

티 룸

"한 군데 실수했네." 미르카가 말했다.

"세 군데야, 전부 바흐." 예예가 대답했다. "바흐 어려워!"

여기는 뮤직 홀 옆에 있는 티 룸이다. 나는 오늘 미르카와 같이 예예의 연주회에 왔다. 연주회가 끝나 클럽하우스 샌드위치를 늦은 점심으로 먹고 있다.

"정말 좋았어. 실수한지도 몰랐거든." 내가 말했다.

"너 착한 놈이구나." 예예가 말했다.

미르카와 동급생인 예예는 뛰어난 연주자 소녀다. 내가 늘 수학만 파고 있는 것처럼 예예도 음악에 진심이다. 어릴 적부터 계속 전문가, 그녀의 말을 빌리자면 스승에게 피아노를 배우고 있다고 했다.

연주회는 스승의 제자들이 두 곡씩 들려주는 프로그램이었다. 예예는 바흐의 곡과 자작곡을 쳤다. 내가 앉은 자리에서는 손의 움직임이 잘 보였다. 손가락이 건반을 친다기보다 건반이 손가락을 끌어당기는 듯했다. 구불거리는 머리에 모스그린 색 드레스 차림을 한 예예는 정말 빛이 났다. 지금도 드레스를 그대로 입고 있는 예예에게 자꾸 눈길이 갔다.

"선생님이 네게 '이렇게 쳐라' 하고 가르치시는 거야?" 내가 물었다.

스승은 턱수염이 하얀 백발의 신사다. 50대 후반쯤 되려나.

"'이렇게 쳐라'라고는 안 하셔." 예예가 대답했다. "먼저 쳐 보라고 하시고는 '무슨 생각을 하면서 쳤니?' 하고 물으셔. 그러고는 '이렇게 치고 싶은 거니?' 하면서 내 설명대로 연주를 하시지. 그다음엔 '넌 지금 이렇게 쳤단다' 하면서 내 연주를 똑같이 흉내 내셔."

"우와, 그래서?"

"딱히 특별한 건 없어. 내가 의도대로 치지 못했다는 걸 아니까 따끔하지. '하고 싶은 것'과 '할 수 있는 것'이 따로따로 논다고 지적하신 거야. 가끔은 '이렇게 치고 싶은 거니?' 하면서 연주를 보여 주시는데, 정말 너무 훌륭해서 황홀할 지경이야."

"스승님이 참 다정하시다." 미르카가 말했다.

"말만 다정한 거지 인정사정없으셔." 예예가 평소보다 기분이 좋은지 먹는 속도가 빠르다.

"음악을 어떻게 설명할 수 있어?" 내가 말했다. "듣는 느낌으로 판단하는 거야?"

"더 구체적이야." 예예가 대답했다.

"어떤 음과 어떤 음을 연결하는지, 어떤 음절을 볼 것인지, 동시에 울리는 음 가운데 어떤 음과 어떤 음을 같은 세기로 칠 것인지 등등 그런 게 쌓이는 거야." 예예는 거기까지 말하고 마지막 샌드위치를 입에 넣은 후 말을 이었다.

"스승님은 '쓸모없는 음표란 없어'라고 자주 말씀하셔. 곡 전체를 한 번에 이룰 수는 없어. 음 하나하나를 세밀하게 빚듯이 치는 거야. 그것만 갖고도 안 돼. 곡은 음을 그러모은 게 아니야. 곡 전체를 잘 모르면 각 음을 표현할 수 없어. '한 음은 한 곡을 위해, 한 곡은 한 음을 위해' 있는 거지."

예예는 스승이 인정사정없다고 말했지만 무척 신뢰하는 것 같았다.

"아까 두 번째로 쳤던 곡 있잖아." 내가 말했다. "바로크풍으로 시작해서 변박자로 옮겼잖아. 옮기기 직전에 모든 음이 스르륵 사라졌을 때 울린 음…… 그게 계속 내 귀를 맴돌아."

"그러기 위한 음이었지." 예예가 웃었다. "한 음이 전개를 크게 바꾸니까."

만남

식사를 마치자 예예는 스승님한테로 갔다. 나와 미르카는 둘이 남아 차를 마셨다.

"예예는 피아니스트가 되는 거야?" 내가 물었다.

"피아니스트보다 작곡 쪽을 생각하는 모양이야." 미르카가 대답했다. "아무튼 혹독한 세계지. 스승님과 의논할 거야. 졸업하면 유럽에 갈지도……."

"그렇구나."

예예에겐 '둘도 없이 소중한 것'이 음악인가?

"갈루아에게도 만남이 있었지." 미르카가 말했다.

"갈루아?"

"갈루아는 15세 때 성적이 나빠서 1년 유급했어. 그 덕분에 운명적으로 수학 수업을 받게 되었지만 말야. 그는 수학에 푹 빠져서 르장드르의 기하학 교과서를 이틀 만에 읽었대. 유급을 한 덕분에 수학을 만난 거야. 그리고 수학은 갈루아를 얻었지."

"아아."

"16세에 갈루아는 에콜 폴리테크니크 대학에 응시했어. 공부가 부족했는지 불합격이 됐지. 그 덕분에 **리샤르 선생님**에게 수학 지도를 받게 되었고. 이 또한 멋진 만남이었지. 방정식의 해법을 찾던 갈루아에게 라그랑주의 논문을 읽으라고 조언한 것도 리샤르 선생님이야. 수학 전문지에 논문을 내라고 추천한 사람도 리샤르 선생님이었고. 갈루아는 대입에 실패하고 최고의 교사를 만난 셈이지."

"그렇구나."

"만남이 전개를 크게 바꿨어." 미르카가 말했다.

2. 강의

도서실

며칠 후.

"선배!"

여기는 학교. 평소처럼 도서실에 들어가려던 찰나에 테트라에게 팔을 잡혔다.

"깜짝이야. 무슨 일?"

"선배! 제 얘기 좀 들어 주세요. 그런데 바쁘시죠?"

"뭐, 괜찮아. 도서실에서 하면 안 돼?"

"사실 아까 미즈타니 선생님이 째려봐서 가능하면 휴게실에서……."

확장 차수

"며칠 전에 미르카 선배가 확장 차수 이야기를 하셨어요." 휴게실에서 테트라는 이야기를 시작했다. 동아리 활동을 하려고 모인 학생들로 붐볐다.

"응, 체의 확장과 확장 차수?" 내가 대답했다.

"네, 맞아요." 테트라는 얼마 전에 했던 미르카의 강의를 요약해 주었다.

- 체는 사칙연산을 할 수 있는 집합. 거기에 원소를 추가해서 새로운 확대 체를 만들 수 있다. 그것은 체를 확장하는 방법 중 하나다.
- 선형공간은 스칼라 배와 합이 정의된 집합. 일차 독립인 벡타의 선형결합에서 선형공간의 임의의 원소를 유일하게 나타낼 수 있을 때, 그 일차 독립인 벡타의 집합을 기저라고 부른다. 기저의 원소 수를 차원이라고 부른다.
- 확대체를 선형공간으로 간주할 수 있다. 그때의 차원을 확장 차수라고 부른다.

"테트라, 정리가 깔끔한걸." 내가 말했다.

"그런가요."

테트라는 야무지게 대답했다. 아니, 평소와 분위기가 다르다.

"체를 확장했을 때……." 그녀는 말을 이었다. "확장해서 '얼마나 커지는가'를 확장 차수로 알 수 있었어요. 저는 그 이야기를 듣고 나서 스스로 이해했는지 확인하기 위해 예시를 만들려고 했어요. '예시는 이해를 돕는 시금석'이니까요. 도서실에서 수학책을 빌려 체의 이론을, 정확히 말하면 체의 이론 중에서 제가 이해할 수 있는 부분을 공부했어요. 들어 보실래요?"

이렇게 눈을 빛내면서 열심히 얘기하는데 안 들어 줄 수 없지.

그렇게 시작된 테트라의 강의. 어떻게 끝날지, 그때는 상상도 못 했다.

확대체와 부분체

우리가 잘 알고 있는 체부터 복습할게요.

우리가 잘 아는 체란, 예를 들어 유리수체 Q, 실수체 R, 복소수체 C예요. 유리수와 유리수를 사칙연산하면 유리수가 되고, 실수끼리 사칙연산을 하면 실수, 복소수체끼리 사칙연산을 하면 복소수가 돼요. 따라서 Q, R, C가 각각 체가 된다는 건 이해할 수 있어요.

이 3개의 체 사이에는 이런 포함 관계가 성립돼요.

$$Q \subset R \subset C$$

Q는 R의 부분집합이고 R은 C의 부분집합이에요. 그리고 $Q \subset C$라고도 할 수 있죠. Q는 C의 부분집합이라는 뜻이고요.

그런데 이 Q, R, C 사이에는 연산이 자연스레 연장되어 있어요. 자연스레 연장되었다는 건, 예를 들어 유리수 a, b에 대한 합 $a+b$는 a와 b가 실수라고 생각해도 결과는 바뀌지 않아요. 유리수의 연산과 실수의 연산은 똑같다, 그러니까 Q는 R의 부분집합이라는 것뿐만 아니라 R의 **부분체**가 되었다고 할 수 있어요.

마찬가지로 Q와 R은 C의 부분체라고 할 수 있어요. 반대로 C는 Q나 R의

확대체이고, R은 Q의 확대체라고 할 수 있어요.

특히 모든 체는 자신의 부분체인 동시에 자신의 확대체이기도 해요. 'C가 R의 확대체다', 즉 'R이 C의 부분체다'라는 걸 수식으로 어떻게 쓰는지 참고서 몇 권을 통해 조사해 봤어요. 집합의 포함 관계를 나타내는 기호를 썼어요.

$$C \supset R$$

이렇게 쓰는 경우도 있고, 체 사이에 빗금(/)을 넣기도 해요.

$$C / R$$

$$C / R \cdots\cdots C는 R의 확대체 \quad (R은 C의 부분체)$$
$$R / Q \cdots\cdots R은 Q의 확대체 \quad (Q는 R의 부분체)$$
$$C / Q \cdots\cdots C는 Q의 확대체 \quad (Q는 C의 부분체)$$

3개 이상인 체의 관계는,

$$C / R / Q$$

이렇게 쓰인 책도 있었지만, 이렇게 쓰인 게 더 많았어요.

$$C \supset R \supset Q$$

그리고 $C \supset R \supset Q$처럼 확대체와 부분체를 거느린 것을 이렇게 불렀어요.

체의 탑

체의 확대열이나 **체의 승쇄열**이라고도 불러요.

여기까지가 확대체와 부분체 이야기예요.

$$\mathbb{Q}(\sqrt{2})/\mathbb{Q}$$

"응, 정말 이해가 잘 되었어, 테트라 선생님." 내가 말했다.

나는 완전히 테트라에게 배우는 학생 기분이었다. 선생님 역할과 학생 역할을 교환한 느낌이랄까. 테트라의 강의가 매끄러워서 순순히 학생이 된 기분을 맛볼 수 있었다.

"선배, 그러지 마세요…… 저는 그다음 이런 문제를 풀었어요. 복습할 생각으로요."

문제 8-1 확장 차수

$\mathbb{Q}(\sqrt{2})/\mathbb{Q}$의 확장 차수를 구하라.

"역시." 나는 감탄했다.

"먼저 표기의 뜻부터 확인할게요."

$\mathbb{Q}$	⋯	유리수체
$\mathbb{Q}(\sqrt{2})$	⋯	유리수체 $\mathbb{Q}$에 수 $\sqrt{2}$를 추가한 체
$\mathbb{Q}(\sqrt{2})/\mathbb{Q}$	⋯	$\mathbb{Q}(\sqrt{2})$는 $\mathbb{Q}$의 확대체

"'$\mathbb{Q}(\sqrt{2})/\mathbb{Q}$의 확장 차수'라는 건, $\mathbb{Q}(\sqrt{2})$를 $\mathbb{Q}$ 위의 선형공간으로 간주했을 때의 '차원'을 말해요. 바꿔 말하면 $\mathbb{Q}(\sqrt{2})$를 $\mathbb{Q}$ 위의 선형공간으로 간주했을 때의 '기저 원소 개수'죠."

"맞아."

"이것도 책에서 배웠는데, $\mathbb{Q}(\sqrt{2})/\mathbb{Q}$에 대해서는……."

$$[\mathbb{Q}(\sqrt{2}):\mathbb{Q}]$$

"이렇게 써서 $\mathbb{Q}(\sqrt{2})/\mathbb{Q}$의 확장 차수를 나타낸다고 해요. 복잡하지만."

"그렇구나. 그런 방법도 있으면 확장 차수를 수식 안에 쓸 수 있겠네."

"아, 그렇게 생각하시는군요. 먼저 $\mathbb{Q}(\sqrt{2})$는 다음과 같이 쓸 수 있어요."

$$\mathbb{Q}(\sqrt{2}) = \{p + q\sqrt{2} \mid p \in \mathbb{Q}, q \in \mathbb{Q}\}$$

"응, 그렇지."

"즉, $\mathbb{Q}(\sqrt{2})$에 속하는 임의의 수는 $\{1, \sqrt{2}\}$라는 기저를 사용해서 $p + q\sqrt{2}$라고 쓸 수 있어요."

"$p + q\sqrt{2} = p \cdot 1 + q \cdot \sqrt{2}$라는 거구나."

"맞아요. 그리고 기저 $\{1, \sqrt{2}\}$의 원소 개수가 2니까, 결국 확장 차수 $[\mathbb{Q}(\sqrt{2}):\mathbb{Q}]$는 2가 돼요. 따라서 이렇게 쓸 수 있죠."

$$[\mathbb{Q}(\sqrt{2}):\mathbb{Q}] = 2$$

풀이 8-1 **확장 차수**

$\mathbb{Q}(\sqrt{2})/\mathbb{Q}$의 확장 차수는 2와 같다.

$$[\mathbb{Q}(\sqrt{2}):\mathbb{Q}] = 2$$

"응, 좋아."

"확장 차수가 2인 체의 확장을 **2차 확장**이라고 불러요. 따라서 $\mathbb{Q}(\sqrt{2})/\mathbb{Q}$는 2차 확장이라고 할 수 있죠."

"알겠습니다. 테트라 선생님." 내가 말했다.

퀴즈

"그럼 여기서 **퀴즈**를 내 볼게요. 헤헤." 테트라는 미르카의 말투를 흉내 내면서 혀를 내밀었다.

$[\mathbb{Q}(\sqrt{3}):\mathbb{Q}]$의 값은?

"흠…… 이건 간단하지." 내가 말했다.

"방금 했던 $[\mathbb{Q}(\sqrt{2}):\mathbb{Q}=2]$를 생각했을 때 $\sqrt{2}$라고 했던 걸 전부 $\sqrt{3}$으로 바꾸면 되니까. 즉, 기저로서 예를 들어, $\{1, \sqrt{3}\}$을 떼고 $\mathbb{Q}(\sqrt{3}) = \{p + q\sqrt{3} \mid p \in \mathbb{Q}, q \in \mathbb{Q}\}$라고 쓸 수 있으니까, 확장 차수는 역시 2야."

$$[\mathbb{Q}(\sqrt{3}):\mathbb{Q}]=2$$

"네, 맞아요. $\mathbb{Q}(\sqrt{3})/\mathbb{Q}$도 2차 확장이에요."

"테트라 선생님, 질문 있습니다!" 나는 평소의 그녀 말투를 흉내 내며 손을 들었다.

"n을 양의 정수라고 했을 때, $[\mathbb{Q}(\sqrt{n}):\mathbb{Q}]=2$인가요?"

"네, 맞아요." 테트라가 바로 답했다.

"테트라, 너무 쉽게 나오는데!"

"아, 아니네요! $\sqrt{n}$이 유리수인지 아닌지에 따라 바뀌어요!"

"맞아. 경우를 나눠야 해."

$$[\mathbb{Q}(\sqrt{n}):\mathbb{Q}]=\begin{cases} 1 & \sqrt{n}\in\mathbb{Q}\text{일 때} \\ 2 & \sqrt{n}\notin\mathbb{Q}\text{일 때} \end{cases}$$

"그럼 다음 **퀴즈**입니다." 테트라는 퀴즈 프로그램을 진행하는 듯 대사를 치며 자세를 바로잡았다.

$[\mathbb{Q}(\sqrt{5}):\mathbb{Q}(\sqrt{5})]$의 값은?

"좋아. $[\mathbb{Q}(\sqrt{5}):\mathbb{Q}(\sqrt{5})]$는 $\mathbb{Q}(\sqrt{5})/\mathbb{Q}(\sqrt{5})$의 확장 차수지만, 확대체가 $\mathbb{Q}(\sqrt{5})$ 그 자체야. 그러니까 기저는 예를 들어 $\{1\}$이면 되는 거지? 원소 개

수는 1이니까 확장 차수는 1과 같아."

$$\mathbb{Q}(\sqrt{5}) = \{p \cdot 1 \mid p \in \mathbb{Q}(\sqrt{5})\}$$

$\mathbb{Q}(\sqrt{2}, \sqrt{3})/\mathbb{Q}$

"다음 문제는 이거예요." 테트라는 자신의 노트를 보여 주었다.

문제 8-2 확장 차수

$\mathbb{Q}(\sqrt{2}, \sqrt{3})/\mathbb{Q}$의 확장 차수를 구하라.

"아하……."

"$\mathbb{Q}(\sqrt{2}, \sqrt{3})$이란 '$\mathbb{Q}$에 $\sqrt{2}$와 $\sqrt{3}$을 추가한 체'예요. 그래서 말인데요, $\mathbb{Q}(\sqrt{2}, \sqrt{3})/\mathbb{Q}$의 확장 차수를 구하기 위해서는……."

$$\mathbb{Q}[(\sqrt{2}, \sqrt{3}) : \mathbb{Q}]$$

"위의 식을 구하기 위해서 제가 뭘 했을까요?"

"글쎄, 기저를 구하려고 하지 않았을까?"

"네, 맞아요. 하지만 그렇게 했더니 예상과 달리 틀렸어요. 저는 기저를 $\{1, \sqrt{2}, \sqrt{3}\}$이라고 생각했거든요."

$$\mathbb{Q}(\sqrt{2}, \sqrt{3}) = \{p + q\sqrt{2} + r\sqrt{3} \mid p \in \mathbb{Q}, q \in \mathbb{Q}, r \in \mathbb{Q}\} \qquad (?)$$

"응, 아니었어? 나도 그렇게 생각했는데……."

"아니었어요." 테트라는 진지한 표정을 지었다.

"$\mathbb{Q}(\sqrt{2}, \sqrt{3})$의 기저는 $\{1, \sqrt{2}, \sqrt{3}\}$이 아니구나."

"네, $\mathbb{Q}(\sqrt{2}, \sqrt{3})$의 확장 차수는 3도 아니고요."

나는 생각했다. 그렇다는 건 $p + q\sqrt{2} + r\sqrt{3}\,(p, q, r \in \mathbb{Q})$이라는 형태로는

나타낼 수 없는 수가 체 $\mathbb{Q}(\sqrt{2}, \sqrt{3})$ 안에 있다는 뜻이네. 뭘까…… 아, 알았다.

"알았어. 기저를 $\{1, \sqrt{2}, \sqrt{3}\}$ 으로 하면 $\sqrt{2}$ 와 $\sqrt{3}$ 을 곱한 $\sqrt{2}\sqrt{3} = \sqrt{6}$ 은 선형결합으로 나타내지 못하네."

$\sqrt{2}\sqrt{3} = p + q\sqrt{2} + r\sqrt{3}$ 을 만족하는 유리수 p, q, r 은 존재하지 않는다.

"선배는 역시 바로 알아맞히네요. 전 실패했어요."
"$\mathbb{Q}(\sqrt{2}, \sqrt{3})/\mathbb{Q}$의 기저는 예를 들면……."

$$\{1, \sqrt{2}, \sqrt{3}, \sqrt{6}\}$$

"이러면 되지?" 내가 말했다.
"맞아요. $\mathbb{Q}(\sqrt{2}, \sqrt{3})/\mathbb{Q}$의 확장 차수는 4예요."

$$[\mathbb{Q}(\sqrt{2}, \sqrt{3}) : \mathbb{Q}] = 4 \qquad (\sqrt{2}, \sqrt{3})/\mathbb{Q}\text{의 확장 차수}$$

"그런가, $\mathbb{Q}(\sqrt{2}, \sqrt{3})/\mathbb{Q}$는 4차 확장이구나."
"제가 틀린 원인을 곰곰 생각해 봤어요. 아무래도 선형결합에 따른 '수 만들기'와 체에 수를 추가했을 때의 '수 만들기'의 차이를 의식하지 않았던 것 같아요."
"그게 무슨 말이야?"
"그게……." 그녀는 몇 번 눈을 깜박이더니 말을 고르며 이야기했다. "선형결합에서 '곱셈'은 스칼라와 벡터 사이에서만 할 수 있어요. $\mathbb{Q}(\sqrt{2}, \sqrt{3})/\mathbb{Q}$에서 스칼라는 유리수니까 기저의 원소인 벡터에 곱셈을 할 수 있는 건 유리수뿐이에요."
"그야 그렇지. 선형공간의 기저 '벡터의 스칼라 배'야."
"한편, 확대체 $\mathbb{Q}(\sqrt{2}, \sqrt{3})$은 체니까 $\mathbb{Q}(\sqrt{2}, \sqrt{3})$에 속하는 원소끼리 자유롭게 '곱셈'을 할 수 있어요! 그런데 저는 유리수와의 곱셈만 생각하다 보니 $\sqrt{2}$와 $\sqrt{3}$의 곱셈 가능성을 놓쳤던 거예요. 저는 '선형공간의 선형결합'과 '체의 사칙연산'의 관계를 아직 이해하지 못한 것 같아요. 그래서 저는 여기에…… '몰라요 깃발'을 세우려고 해요!"

"'몰라요 깃발'이 뭐야?" 내가 쓴웃음을 지었다.

"제가 아직 모른다는 표시요. 모르는 건 잊어버리기도 쉽잖아요. 그래서 깃발을 세우는 거죠!"

"아하…… 재밌네. 자신이 모른다는 걸 파악해서 '모르는 이유'를 생각하고, 거기에 '몰라요 깃발'을 세운다니."

"네, 부끄럽지만."

"테트라의 '몰라' 시리즈를 일람표로 만들 수 있겠는걸."

- '모르는데' 아는 척하지 않기
- '어디까지 아는지' 발견하기
- '모르는 느낌'을 계속 유지하기
- '모르는 이유'를 탐구하기
- '몰라요 깃발'을 표식으로 세우기

"'모르는 척 게임'이라는 것도 있었잖아요."

"맞네!"

우리는 얼굴을 마주보며 웃었다.

풀이 8-2 **확장 차수**

$\mathbb{Q}(\sqrt{2}, \sqrt{3})$: $\mathbb{Q}$의 확장 차수는 4와 같다.

$$[\mathbb{Q}(\sqrt{2}, \sqrt{3}): \mathbb{Q}] = 4$$

"그런데 이 문제에는 뒷이야기가 있어요." 테트라가 말했다.

"뒷이야기?"

확장 차수의 곱

테트라가 씩씩한 건 당연하지만 오늘은 분위기가 다르다. 아마 철저히 공부를 하고 왔기 때문이겠지.

"네, 뒷이야기요. 확장 차수 $[\mathbb{Q}(\sqrt{2}, \sqrt{3}) : \mathbb{Q}]$를 구하는 참고서의 해답은 이런 등식 설명부터 시작되더라고요."

$$\mathbb{Q}(\sqrt{2}, \sqrt{3}) = \mathbb{Q}(\sqrt{2})(\sqrt{3})$$

"응? 우변의 $\mathbb{Q}(\sqrt{2})(\sqrt{3})$은?"

"네, 그건…… 이 $\mathbb{Q}(\sqrt{2})(\sqrt{3})$이라는 건 체 $\mathbb{Q}(\sqrt{2})$에 $\sqrt{3}$을 추가한 체를 말해요. $\mathbb{Q}$에 $\sqrt{2}$를 추가한 체가 $\mathbb{Q}(\sqrt{2})$이고, 나아가 그 체에 $\sqrt{3}$을 추가한 체를 $\mathbb{Q}(\sqrt{2})(\sqrt{3})$이라고 썼어요."

"흠."

"그리고 확장 차수 $[\mathbb{Q}(\sqrt{2}, \sqrt{3}) : \mathbb{Q}]$ 말인데요……."

$$
\begin{aligned}
&[\mathbb{Q}(\sqrt{2}, \sqrt{3}) : \mathbb{Q}] \\
&= [\mathbb{Q}(\sqrt{2})(\sqrt{3}) : \mathbb{Q}] \qquad\qquad &&\mathbb{Q}(\sqrt{2}, \sqrt{3}) = \mathbb{Q}(\sqrt{2})(\sqrt{3})\text{이므로} \\
&= \underbrace{[\mathbb{Q}(\sqrt{2}) : \mathbb{Q}]}_{2} \times \underbrace{[\mathbb{Q}(\sqrt{2})(\sqrt{3}) : \mathbb{Q}(\sqrt{2})]}_{2} \qquad &&\text{확장 차수의 곱의 정리에서} \\
&= 2 \times 2 \\
&= 4
\end{aligned}
$$

"이렇게 중간에 **확장 차수의 곱의 정리**라는 걸 썼어요. **탑 정리**나 **연쇄율**이라고도 부른다고 하네요. 이 정리는 재미있어요. '수를 몇 개 추가해서 만든 확대체의 확장 차수'는 수를 하나씩 추가한 '각 회의 확장 차수'의 곱과 같다는 정리예요. 여기서는 '$\mathbb{Q}$에 $\sqrt{2}$와 $\sqrt{3}$을 추가한 확대체의 확장 차수'를 구하는데…… '$\mathbb{Q}$에 $\sqrt{2}$를 추가한 확대체의 확장 차수'와 '$\mathbb{Q}(\sqrt{2})$에 $\sqrt{3}$을 추가한 확대체의 확장 차수'의 곱으로 구해요."

$$[\mathbb{Q}(\sqrt{2})(\sqrt{3}):\mathbb{Q}]=[\mathbb{Q}(\sqrt{2}):\mathbb{Q}]\times[\mathbb{Q}(\sqrt{2})(\sqrt{3}):\mathbb{Q}(\sqrt{2})]$$

"참고서에 증명도 실려 있었는데 문자가 많이 나와서 아직 제대로 읽지 못했어요. 하지만 제대로 읽으면 알 수 있을 것 같아요!"

나는 말없이 테트라의 '강의'를 들었다. 그녀는 강의 속도를 올렸다.

"하나의 수 $(\sqrt{2})$를 $\mathbb{Q}$에 추가해서 확장 차수가 2가 된다면, 2개의 수 $(\sqrt{2})$와 $(\sqrt{3})$을 추가하면 확장 차수는 3이 될까, 하고 저는 생각했어요. 왠지 모르게 그냥. 하지만 그건 잘못된 생각이었어요."

테트라는 혼자서 고개를 끄덕였다.

"이 정리를 사용하면, 예를 들어 $\mathbb{Q}(\sqrt{2},\sqrt{3},\sqrt{5},\sqrt{7})/\mathbb{Q}$의 확장 차수 등도 바로 구할 수 있어요."

$$
\begin{aligned}
&[\mathbb{Q}(\sqrt{2},\sqrt{3},\sqrt{5},\sqrt{7}):\mathbb{Q}]\\
&=[\mathbb{Q}(\sqrt{2})(\sqrt{3})(\sqrt{5})(\sqrt{7}):\mathbb{Q}]\\
&=[\mathbb{Q}(\sqrt{2}):\mathbb{Q}]\\
&\quad\times[\mathbb{Q}(\sqrt{2})(\sqrt{3}):\mathbb{Q}(\sqrt{2})]\\
&\qquad\times[\mathbb{Q}(\sqrt{2})(\sqrt{3})(\sqrt{5}):\mathbb{Q}(\sqrt{2})(\sqrt{3})]\\
&\qquad\quad\times[\mathbb{Q}(\sqrt{2})(\sqrt{3})(\sqrt{5})(\sqrt{7}):\mathbb{Q}(\sqrt{2})(\sqrt{3})(\sqrt{5})]\\
&=2\times2\times2\times2\\
&=2^4\\
&=16
\end{aligned}
$$

"그렇구나, 이런 거지?"

나는 그림을 그렸다.

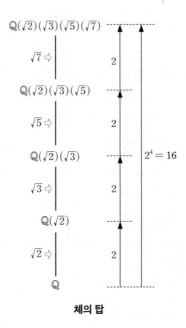

체의 탑

"맞아요, 역시 선배야!"

"방금 테트라가 '체의 탑'이라고 말하니까 이미지가 그려졌어. 그야말로 탑이네. 수를 추가해서 체의 탑을 세우는 거야!"

$$\mathbb{Q} \subset \mathbb{Q}(\sqrt{2}) \subset \mathbb{Q}(\sqrt{2})(\sqrt{3}) \subset \mathbb{Q}(\sqrt{2})(\sqrt{3})(\sqrt{5}) \subset \mathbb{Q}(\sqrt{2})(\sqrt{3})(\sqrt{5})(\sqrt{7})$$

"확실히 그러네요, 선배……. 수학은 정말 놀라워요!"

"아, 얘기를 중간에 끊어서 미안해."

"아니에요. 어디 보자, 그래서 결국 $[\mathbb{Q}(\sqrt{2}, \sqrt{3}, \sqrt{5}, \sqrt{7}) : \mathbb{Q}]$는 이렇게 돼요."

$$[\mathbb{Q}(\sqrt{2}, \sqrt{3}, \sqrt{5}, \sqrt{7}) : \mathbb{Q}] = 2^4 = 16$$

"그러네."

"저는 이걸 보고 순간 '그런가? 4개의 수를 추가했기 때문에 확장 차수는

2^4가 되는 건가?' 하고 생각했어요. $\mathbb{Q}(\sqrt{2}, \sqrt{3})/\mathbb{Q}$에서는 2개의 수를 추가해서 확장 차수가 2^2였으니까 n개를 추가하면 확장 차수는 2^n이 되는 건가, 하고 말이에요. 그런데 생각이 짧았어요. 참고서를 보니 제 생각이 틀렸다는 걸 바로 알게 됐죠."

"응?"

"수를 딱 한 개만 추가했는데 확장 차수가 4가 되는 예시가 있었거든요!"

$$\mathbb{Q}(\sqrt{2}+\sqrt{3})/\mathbb{Q}$$

문제 8-3 확장 차수

　　$\mathbb{Q}(\sqrt{2}+\sqrt{3})/\mathbb{Q}$의 확장 차수를 구하라.

"$\mathbb{Q}(\sqrt{2}+\sqrt{3})/\mathbb{Q}$의 확장 차수는 4야?" 내가 물었다.

"네, 맞아요! 그래서 실질적인 문제는 이거예요."

$$[\mathbb{Q}(\sqrt{2}+\sqrt{3}):\mathbb{Q}]=4$$를 증명하라.

"그렇구나. 하지만 이 경우에도 사고법은 똑같아. 확장 차수의 정의에서 생각하는 거지. 그러니까 $\mathbb{Q}(\sqrt{2}+\sqrt{3})$이라는 체를 $\mathbb{Q}$ 위의 선형공간이라고 생각해서 그 기저를 구하고 기저의 원소 개수를 세고……."

"여기서 문제는 '어떻게 $\mathbb{Q}(\sqrt{2}+\sqrt{3})$의 기저를 구하는가'예요."

"그러네……. 근데 안 떠오른다."

"저도 하루 동안 고민했는데, 포기하고 참고서를 읽었어요. 그랬더니 이렇게 깜짝 놀랄 식이 적혀 있었어요."

$$\mathbb{Q}(\sqrt{2}+\sqrt{3})$$
$$=\{p+q(\sqrt{2}+\sqrt{3})+r(\sqrt{2}+\sqrt{3})^2+s(\sqrt{2}+\sqrt{3})^3 \mid p,q,r,s\in\mathbb{Q}\}$$

"아, 그럼 기저로서……."

$$\{1, \sqrt{2}+\sqrt{3}, (\sqrt{2}+\sqrt{3})^2, (\sqrt{2}+\sqrt{3})^3\}$$

"이렇게 취할 수 있는 건가? 원소 개수가 4니까 확장 차수는 확실히 4네."

"네. 그렇게 되는 거죠."

풀이 8-3 **확장 차수**

$(\mathbb{Q}\sqrt{2}+\sqrt{3})/\mathbb{Q}$ 의 확장 차수는 4와 같다.

$$[\mathbb{Q}(\sqrt{2}+\sqrt{3}) : \mathbb{Q}] = 4$$

"$\{1, \sqrt{2}+\sqrt{3}, (\sqrt{2}+\sqrt{3})^2, (\sqrt{2}+\sqrt{3})^3\}$ 이라는 건 아마……."

$$\{(\sqrt{2}+\sqrt{3})^0, (\sqrt{2}+\sqrt{3})^1, (\sqrt{2}+\sqrt{3})^2, (\sqrt{2}+\sqrt{3})^3\}$$

"이런 식으로 기저를 거듭제곱으로 만들 수 있다는 뜻이지?"

"네. 게다가 이렇게 기저를 만드는 방법은 일반화를 할 수 있다고 해요." 테트라는 노트를 팔랑팔랑 넘겼다.

"어디 보자, 분명…… 체의 확대 $\mathbb{Q}(\theta)/\mathbb{Q}$를 $\mathbb{Q}$ 위의 선형공간으로 생각하면 다음은 기저가 돼요."

$$\{1, \theta, \theta^2, \theta^3, \cdots, \theta^{n-1}\}$$

"각도도 아닌 수에 왜 θ를 쓸까요?"

"θ는 어떤 수든 상관없는 거야? 과연 그럴까? 혹시 노트에 증명도 썼어?" 나는 테트라의 노트 쪽을 들여다보았다.

"아니, 증명까지는……."

"아, 테트라. 추가하는 수의 조건을 그냥 넘어갔네."

"네?"

복소수 θ에 대하여 아래 조건을 만족하는 유리수체의 n차 다항식 $p(x)$가 존재할 때, 다항식 $p(x)$를 수 θ의 $\mathbb{Q}$ 위에 있는 **최소다항식**이라고 해.

- $p(x)$는 θ를 근으로 가진다.
- $p(x)$의 n차 계수는 1과 같다.
- θ를 근으로 가지면서 n차 미만인 유리수 계수의 다항식은 존재하지 않는다.

이때 체의 확대 $\mathbb{Q}(\theta)/\mathbb{Q}$를 $\mathbb{Q}$ 위의 선형공간이라고 생각하면 다음은 기저가 된다.

$$\{1,\, \theta,\, \theta^2,\, \theta^3,\, \cdots,\, \theta^{n-1}\}$$

"방금 너 '최소다항식'의 정의를 빼먹었어."

"아, 그건 잘 몰랐어요. 모른다고 해서 조건을 마음대로 빼먹으면 안 되겠죠?"

"나도 바로 안 건 아니야."

최소다항식

"여기에 최소다항식이라는 게 나와요." 테트라가 말했다. "조건이 3개나 있어서 어려운데……."

"그런가?" 나는 노트에 적힌 내용을 읽고 잠시 생각했다. "꼼꼼하게 읽으면 어렵지 않아. 잘 봐."

- $p(x)$는 θ를 근으로 가진다.

"이건 요컨대, $p(\theta)=0$이라는 방정식을 생각한다는 뜻이야. 수 θ를 특징 짓는 방정식에 주목하는 거지."

"그렇구나. θ가 $p(x)$의 근이니까 $p(\theta)=0$이군요. 그럼 다른 조건은?"

"어디 보자."

- $p(x)$의 n차 계수는 1과 같다.
- θ를 근으로 가진, n차 미만의 유리수 계수의 다항식은 존재하지 않는다.

"이 두 가지 조건은 다항식을 하나로 압축하려는 게 아닐까?"

"하나로 압축…… 그게 뭐예요?"

"있잖아, 어떤 수 θ를 근으로 가지는 다항식은 무수히 있잖아."

"그, 그런가요?"

"예를 들어 $\sqrt{2}$를 근으로 가지는 다항식으로 x^2-2가 있지만, 이건 몇 배를 해도 좋아. 2배를 해서 $2(x^2-2)$로 만들거나 3배를 해서 $3(x^2-2)$로 만들어도 좋아." 내가 설명했다.

"다른 다항식을 곱해도 좋아. $x(x^2-2)$도 그렇고 $(x^2+x+1)(x^2-2)$도 그렇고, $\sqrt{2}$를 근으로 가지는 다항식이 돼."

"아하, 그렇군요."

"여기서 하나 더, 최소다항식의 조건을 보려고 해."

내가 말했다.

- $p(x)$는 θ를 근으로 가진다.
- $p(x)$의 n차 계수는 1과 같다.
- θ를 근으로 가진, n차 미만의 유리수 계수 다항식은 존재하지 않는다.

"여기에 적은 조건이 있으면 θ를 근으로 가지는 다항식이 유일하게 정해진다고 생각해. 그러니까 최소다항식에 **유일성**을 갖게 해 주는 거야, 분명."

"하지만 유일하게 정해지는지 알아보려면 증명이 필요하지 않나요?"

"물론 그렇지. 증명이 없으면 예상일 뿐이니까. 참고서에 분명 유일성에 대한 내용이 적혀 있을 거야."

"알겠어요. 다시 읽어 볼게요." 테트라가 말했다.

"선배처럼 '분명 참고서에 적혀 있을 것'이라는 관점을 가지는 게 신선해요. 왠지 이쪽에서 선제공격을 치는 것 같아서요."

왜 결투 이야기로 흘러가는 거지?

"그럼 $\sqrt{2}+\sqrt{3}$의 최소다항식을 구체적으로 구할래?" 내가 말했다.

"아, 저기 선배, 잠깐만요. 이 부분이요."

······할 때, 다항식 $p(x)$를 수 θ의 $\underline{\mathbb{Q}}$ 위에 있는 최소다항식이라고 한다.

"응?"

"$\mathbb{Q}$ 위'에 있다고 왜 일부러 쓴 걸까요?"

"아아, 왜 그랬을까? 쓸모없는 음표는 악보에 적혀 있지 않을 텐데."

"네?"

"아니, 피아노 발표회가 끝나고 예예가 그런 얘기를 해서······." 나는 며칠 전에 예예와 나눴던 이야기를 꺼냈다.

"미르카 선배랑 둘이 갔군요, 연주회를."

웬일인지 테트라의 목소리가 갑자기 낮아졌다.

"응. 뮤직 홀에서 피아노 연주를 들으니까 음악실과는 또 다르더라고. 웅장했어."

"그래요? 그런데 왜 '$\mathbb{Q}$ 위'에 있다고 미리 못을 박은 걸까요?"

"아, 아, 맞다. 분명 최소다항식을 생각할 때는 계수체가 무엇인지 의식할 필요가 있기 때문일 거야."

"계수체가 변하면 최소다항식도 변하나요?"

"그야 당연하지!" 본의 아니게 목소리가 높아진 나.

"꺄악!" 테트라가 외쳤다.

"미안, 미안. 잘 봐, $\sqrt{2}$의 최소다항식은 $\underline{\mathbb{Q}}$ 위에서 생각하면 x^2-2지만, $\underline{\mathbb{Q}(\sqrt{2})}$ 위에서 생각하면 $x-\sqrt{2}$잖아."

"그러고 보니 $x^{12}-1$를 인수분해했을 때도 계수체를 의식했어요. 그것과 같군요!" 테트라가 말했다. "네, 이해했어요. 그럼 $\sqrt{2}+\sqrt{3}$의 $\mathbb{Q}$ 위에 있는 최소다항식을 구해요!"

나는 생각했다. 계수를 유리수로 만들기 위해서는 루트가 방해를 하니까……

"아하, '방정식 풀기'를 반대로 하면 될 것 같아."

"선배, 머릿속으로 하지 마세요!"

$$x = \sqrt{2} + \sqrt{3}$$ ⓠ 위의 최소다항식을 구하고 싶은 수

$$x - \sqrt{3} = \sqrt{2}$$ 이항해서 $\sqrt{2}$의 루트를 없앨 준비를 한다

$$(x - \sqrt{3})^2 = (\sqrt{2})^2$$ ★ 양변을 2제곱한다

$$x^2 - 2\sqrt{3}x + 3 = 2$$ 양변을 전개한다

$$x^2 + 3 - 2 = 2\sqrt{3}x$$ 이항해서 $\sqrt{3}$의 루트를 없앨 준비를 한다

$$x^2 + 1 = 2\sqrt{3}x$$ 계산한다

$$(x^2 + 1)^2 = (2\sqrt{3}x)^2$$ ★★ 양변을 2제곱한다

$$x^4 + 2x^2 + 1 = 4 \cdot 3x^2$$ 양변을 전개한다

$$x^4 + 2x^2 - 12x^2 + 1 = 0$$ 계산한다

$$x^4 - 10x^2 + 1 = 0$$ 정리한다

"그렇다는 건 $x^4 - 10x^2 + 1$이 $\sqrt{2} + \sqrt{3}$의 ⓠ 위에 있는 최소다항식이라는 거군요."

"아마도. 최소다항식이라는 걸 제대로 표시해야 하지만, x^4의 계수가 1인 건 둘째 치고, $\sqrt{2} + \sqrt{3}$을 근으로 가지는 유리수 계수의 다항식은 4차보다 낮은 차수가 되지 않는다는 걸 증명할 필요가 있어."

"그런데 이 ★ 표시와 ★★ 표시는 뭐예요?"

"식 변형을 했기 때문에 위에서 아래로 내려갈 때 동치가 아닌 변형을 했다는 표시야. 예를 들면 ★ 표시는 다음과 같아."

$$x - \sqrt{3} = \sqrt{2}$$
$$\Downarrow \nAll$$
$$(x - \sqrt{3})^2 = (\sqrt{2})^2$$

"위에서 아래는 되지만 그 반대는 안 되지."

"그건 2제곱을 했기 때문인가요?"

"맞아. $x-\sqrt{3}=\sqrt{2}$에서 양변을 2제곱할 때, $x-\sqrt{3}=\pm\sqrt{2}$를 하나의 식으로 섞어 버렸어. $\sqrt{2}+\sqrt{3}$만 해로 가지는 방정식에서 $\sqrt{2}+\sqrt{3}$과 $-\sqrt{2}+\sqrt{3}$이라는 2개의 해를 가진 방정식을 만들게 되는 거야."

"그렇구나. ★★ 표시도 똑같겠네요. $x^2+1=2\sqrt{3}x$의 양변을 2제곱해서 $x^2+1=2\sqrt{3}x$를 정리한 건가요?"

"맞아. $x^2+1=2\sqrt{3}x$라는 방정식은 $\sqrt{2}+\sqrt{3}$과 $-\sqrt{2}+\sqrt{3}$이라는 2개의 해를 가져. 이 양변을 2제곱하면, 다른 방정식인 $x^2+1=-2\sqrt{3}x$라는 2개의 해도 들어가게 돼. 그건 $\sqrt{2}-\sqrt{3}$과 $-\sqrt{2}-\sqrt{3}$이야. 그래서 결국 x^4-10x^2+1이라는 다항식은 다른 4개의 근을 가지게 되지."

$$+\sqrt{2}+\sqrt{3}, \ -\sqrt{2}+\sqrt{3}, \ +\sqrt{2}-\sqrt{3}, \ -\sqrt{2}-\sqrt{3}$$

"선배! 그렇다는 건 이런 인수분해를 할 수 있는 거네요!"

$$
\begin{aligned}
&x^4-10x^2+1 \\
&=\Big(x-(+\sqrt{2}+\sqrt{3})\Big)\Big(x-(-\sqrt{2}+\sqrt{3})\Big)\Big(x-(+\sqrt{2}-\sqrt{3})\Big)\Big(x-(-\sqrt{2}-\sqrt{3})\Big)
\end{aligned}
$$

"뭐, 그렇지만 보통은 안쪽의 괄호를 떼고 쓸걸."

$$
\begin{aligned}
&x^4-10x^2+1 \\
&=(x-\sqrt{2}-\sqrt{3})(x+\sqrt{2}-\sqrt{3})(x-\sqrt{2}+\sqrt{3})(x+\sqrt{2}+\sqrt{3})
\end{aligned}
$$

"네, 그렇지만 저는 일부러 안쪽 괄호를 떼지 않았어요. 이렇게 쓰면 근을 확실히 알 수 있잖아요! 저는 근을 강조하는 의미로 수식을 쓰고 싶었거든요!"

발견?

"그렇구나. 메시지인가……. 그래서 이번엔 어느 쪽으로 갈래?"

"$\sqrt{2}+\sqrt{3}$ 의 $\mathbb{Q}$ 위에 있는 최소다항식은 x^4-10x^2+1이라는 건 알았는데, 'So what?'이라는 느낌이에요."

"아니, 기저를 구하기 전에 $\mathbb{Q}(\sqrt{2}+\sqrt{3})/\mathbb{Q}$의 확장 차수가 4라는 걸 알았어."

"음…… 하지만 모르겠어요." 테트라는 자신의 볼을 쭈욱 당기며 중얼거렸다. "뭘 하는지는 알겠어요. $\mathbb{Q}(\theta)/\mathbb{Q}$의 확장 차수를 구하려면 θ의 최소다항식의 차수를 구하면 된다는 거요. 아, '차수'라는 용어는 일관되네요. 최소다항식의 차수가 체의 확장 차수와 같아지니까요."

매번 그렇지만 테트라는 용어를 의식하는구나.

"음? 발견, 발견!" 테트라가 소리를 높였다.

"왜 그래?"

"저 '4마리의 소'를 발견했어요!"

"뭐? 무슨 소리야?"

"멍에요. 아까 나왔던 4개의 수."

$$+\sqrt{2}+\sqrt{3}, \ -\sqrt{2}+\sqrt{3}, \ +\sqrt{2}-\sqrt{3}, \ -\sqrt{2}-\sqrt{3}$$

"이것들은 하나의 방정식 $x^4-10x^2+1=0$이라는 같은 멍에를 나누고 있어요! 이 4개의 수는 분명 켤레인 수라고 할 수 있어요. 아, 아, 저 어쩌면 수학적인 발견을 한 건지도 몰라요!"

테트라의 뺨이 발그레해졌다.

"발견?" 나는 수상쩍었다.

"그러니까 말이에요, $\mathbb{Q}$에 $\sqrt{2}+\sqrt{3}$을 추가한 체 $\mathbb{Q}(\sqrt{2}+\sqrt{3})$에는 $\sqrt{2}+\sqrt{3}$과 켤레인 수가 모두 속해 있는 거 아닌가요? 수식으로 쓰면…… 이 4개의 식이 성립한다는 뜻이에요!"

$$+\sqrt{2}+\sqrt{3} \in \mathbb{Q}(\sqrt{2}+\sqrt{3})$$

$$-\sqrt{2}+\sqrt{3} \in \mathbb{Q}(\sqrt{2}+\sqrt{3})$$
$$+\sqrt{2}-\sqrt{3} \in \mathbb{Q}(\sqrt{2}+\sqrt{3})$$
$$-\sqrt{2}-\sqrt{3} \in \mathbb{Q}(\sqrt{2}+\sqrt{3})$$

"그럴……지도 모르지만." 나는 마음에 뭔가가 걸렸다.

"맞아요, 분명!" 그러다가 테트라는 입술을 깨물며 잠시 입을 다물었다. "네! 왜냐하면 $\mathbb{Q}(\sqrt{2}+\sqrt{3})$의 원소는 유리수 p, q, r, s를 사용해서 $p+q(\sqrt{2}+\sqrt{3})+r(\sqrt{2}+\sqrt{3})^2+s(\sqrt{2}+\sqrt{3})^3$의 형태로 쓸 수 있어요. 그러니까, 보세요……."

$$p+q(\sqrt{2}+\sqrt{3})+r(\sqrt{2}+\sqrt{3})^2+s(\sqrt{2}+\sqrt{3})^3$$
$$=p+q(\sqrt{2}+\sqrt{3})+r((\sqrt{2})^2+2\sqrt{2}\sqrt{3}+(\sqrt{3})^2)$$
$$\quad+s((\sqrt{2})^3+3(\sqrt{2})^2\sqrt{3}+3\sqrt{2}(\sqrt{3})^2+(\sqrt{3})^3)$$
$$=p+(q\sqrt{2}+q\sqrt{3})+(2r+2r\sqrt{6}+3r)+(2s\sqrt{2}+6s\sqrt{3}+9s\sqrt{2}+3s\sqrt{3})$$
$$=\underbrace{(p+5r)}_{\in \mathbb{Q}}+\underbrace{(q+11s)}_{\in \mathbb{Q}}\sqrt{2}+\underbrace{(q+9s)}_{\in \mathbb{Q}}\sqrt{3}+\underbrace{2r}_{\in \mathbb{Q}}\sqrt{6}$$

"여기, $\mathbb{Q}(\sqrt{2}+\sqrt{3})$은 $\mathbb{Q}$ 위의 선형공간으로서 $\{1, \sqrt{2}, \sqrt{3}, \sqrt{6}\}$이라는 기저를 취할 수 있어요. 그러니까 다음 식이 성립해요!"

$$\mathbb{Q}(\sqrt{2}+\sqrt{3})=\mathbb{Q}(\sqrt{2}, \sqrt{3}, \sqrt{6})=\mathbb{Q}(\sqrt{2}, \sqrt{3})$$

"$\mathbb{Q}(\sqrt{2}, \sqrt{3})$은 $\mathbb{Q}$에 $\sqrt{2}$와 $\sqrt{3}$을 추가한 체니까, 거기에 $+\sqrt{2}+\sqrt{3}$도 $-\sqrt{2}+\sqrt{3}$도 $+\sqrt{2}-\sqrt{3}$도 $-\sqrt{2}-\sqrt{3}$도 속하는 거예요. 그러니까 '4마리의 소'는 확실히 $\mathbb{Q}(\sqrt{2}+\sqrt{3})$에 속하죠!"

나는 테트라의 이야기를 가만히 듣고 있었다. 머릿속에서는 다른 계산을 하면서.

그녀의 목소리는 점점 커졌다.

"선배, 선배! 체의 확대로 최소다항식을 생각하는 이유, 저 알았어요! '수로 확대'하는 게 아니라 '최소다항식으로 확대'한다는 뜻이에요! 분명 일반적으로 θ의 최소다항식 $p(x)$를 생각하면, $p(x)$라는 멍에 하나를 공유하는 수들은 항상 $\mathbb{Q}(\theta)$에 속하는 거예요!"

명랑 소녀는 내 팔을 꽉 잡았다.

"켤레인 수는 항상 같은 확대체에 속하는 거예요! 수는 외톨이가 아니라, 멍에를 공유하는 수는 늘 같이……."

"테트라, 미안." 나는 테트라의 손을 팔에서 뗐다.

"네?"

"테트라의 예상을 문제 형태로 만들면 이렇게 되지?"

문제 8-4 **최소다항식과 켤레인 수**

복소수 θ의 $\mathbb{Q}$ 위에 있는 최소다항식을 $p(x)$로 둔다.
명제 '$p(x)$의 모든 근은 확대체 $\mathbb{Q}(\theta)$에 속한다'는 항상 성립하는가?

"네! 성립한다고 봐요! 깔끔한 명제네요!"

"이런 예상을 할 수 있다니, 넌 정말 대단해. 나보다 훨씬 체에 대해 많이 아는데? 그런데 나는 반례를 발견하고 말았어."

"반례…… 그게 뭐죠?"

"난 ω의 왈츠를 생각했어."

"네?"

"테트라는 $\sqrt{2}$나 $\sqrt{3}$이나 $\sqrt{2}+\sqrt{3}$ 등 계속 제곱근 $\sqrt{}$ 에 주목했잖아. 그래서 나는 3제곱근 $\sqrt[3]{}$ 을 생각했어."

"네에……?"

"라그랑주의 분해식을 생각했을 때도 말했는데, L이라는 수가 있으면 L, Lω, Lω^2이라는 3개의 수가 방정식 $x^3 - L^3 = 0$의 해가 돼. ω는 1의 원시 3제곱근 중 하나로 $\omega = \dfrac{-1+\sqrt{3}i}{2}$로 두고."

"……?"

"간단하게 2의 3제곱근인 $\sqrt[3]{2}$를 예로 생각해 볼게. $\sqrt[3]{2}$의 $\mathbb{Q}$ 위에 있는 최소다항식은 x^3-2니까, $x^3-2=0$이라는 방정식을 생각할게. 이 방정식의 해는 이렇게 돼."

$$\sqrt[3]{2}, \quad \sqrt[3]{2}\omega, \quad \sqrt[3]{2}\omega^2$$

"이게 $\sqrt[3]{2}$와 켤레인 3개의 수야. 멍에를 나누는 3마리의 소."

"……." 테트라가 점점 불안한 표정을 지었다.

"여기서 체 $\mathbb{Q}$에 수 $\sqrt[3]{2}$를 추가한 체 $\mathbb{Q}(\sqrt[3]{2})$를 생각해 볼게. 물론 $\sqrt[3]{2}$는 $\mathbb{Q}(\sqrt[3]{2})$에 속해. 하지만 멍에를 나누는 나머지 수 $\sqrt[3]{2}\omega$와 $\sqrt[3]{2}\omega^2$은 속하지 않아. 수식으로 적어 보면……."

$$\sqrt[3]{2} \in (\sqrt[3]{2})$$
$$\sqrt[3]{2}\omega \notin (\sqrt[3]{2})$$
$$\sqrt[3]{2}\omega^2 \notin (\sqrt[3]{2})$$

"이렇게 돼. 이게 테트라가 예상한 것에 대한 반례야."

"하, 하지만 그건 바로 알 수 없어요! 정말 $\sqrt[3]{2}\omega$와 $\sqrt[3]{2}\omega^2$은 $\mathbb{Q}(\sqrt[3]{2})$에 속하지 않나요? 제대로 계산을 해 보지 않으면……."

"테트라, 속하지 않아. 바로 알 수 있어. $\sqrt[3]{2}$는 실수니까 $\mathbb{Q}(\sqrt[3]{2})$에 속하는 수는 모두 실수야. 하지만 $\sqrt[3]{2}\omega$나 $\sqrt[3]{2}\omega^2$는 실수가 아니야. 허수 단위 i가 사라지지 않고 남으니까."

$$\begin{cases} \sqrt[3]{2}\omega = \sqrt[3]{2} \cdot \dfrac{-1+\sqrt{3}i}{2} = -\dfrac{\sqrt[3]{2}}{2} + \dfrac{\sqrt[3]{2}\sqrt{3}}{2}i \notin \mathbb{R} \\ \sqrt[3]{2}\omega^2 = \sqrt[3]{2} \cdot \dfrac{-1-\sqrt{3}i}{2} = -\dfrac{\sqrt[3]{2}}{2} - \dfrac{\sqrt[3]{2}\sqrt{3}}{2}i \notin \mathbb{R} \end{cases}$$

"아……."

흥분했던 테트라의 표정이 확 바뀌었다. 나는 말을 이었다.

"실수가 아닌 $\sqrt[3]{2}\omega$나 $\sqrt[3]{2}\omega^2$이 $\mathbb{Q}(\sqrt[3]{2})$에 속할 리가 없어."

"제 생각이 짧았네요." 테트라가 입술을 꽉 깨물었다.

"아니, 하지만 테트라가 이해한 건……."

"혼자 멋대로 흥분하고 정말 바보 같아요. 아니, 바보 맞아요. 선배 공부도 방해하면서 발견, 발견! 이러기나 하고 정말 멍텅구리예요."

"테트라……."

"선배의 한마디로 알았어요. 이 바보는 이만 실례할게요."

그녀는 재빨리 노트를 치우고 고개 숙여 인사를 한 뒤 가 버렸다.

아무 말도 하지 못하고 혼자 남겨진 나.

풀이 8-4 **최소다항식과 켤레인 수**

복소수 θ의 $\mathbb{Q}$ 위에 있는 최소다항식을 $p(x)$로 둔다.

명제 '$p(x)$의 모든 근은 확대체 $\mathbb{Q}(\theta)$에 속한다'는 반드시 성립한다고 할 수 없다.

$\theta = \sqrt[3]{2}$, $p(x) = x^3 - 2$가 반례다.

3. 편지

귀갓길

나는 혼자 집으로 돌아가는 길 위에서 계속 씩씩거렸다.

나는 잘못한 게 없다. 처음부터 휴게실로 부른 건 테트라다.

나는 입시 공부를 위해 도서관에 간다.

결국 오늘 오후 대부분의 시간을 테트라의 이야기를 듣다가 끝났다.

오전엔 학원 강의. 오후엔 학교 도서실에서 공부. 밤엔 집에서 공부.

그게 여름방학 동안 내 계획이었다.

여름방학은 이미 절반을 지나고 있다.

내일부터 도서실에는 가지 말자.

고3 여름방학은 혼자 공부하는 게 정석이지 않은가.

나는 잘못한 게 없다.

테트라는 수학을 배우는 자세가 아직 안 되어 있다.

스스로 열심히 생각해 낸 게 수포로 돌아가는 일은 흔하다. 단순한 수학 문제를 풀 때도 그렇다. 하물며 수학을 혼자서 공부할 때는 몇 번이나 틀리게 마련이고, 그러면서 배우는 것이다.

그런데…….

테트라의 예상(오류)

확대체에 최소다항식의 해가 하나 속해 있다면

다른 모든 해도 그 확대체에 속한다.

내가 반례를 들었다고 해서 토라져 집에 가다니…….

반례:

$\mathbb{Q}$의 확대체 $\mathbb{Q}(\sqrt[3]{2})/\mathbb{Q}$를 생각한다.

$\sqrt[3]{2}$ 는 $\mathbb{Q}(\sqrt[3]{2})$에 속하지만

$\sqrt[3]{2}$ 의 $\mathbb{Q}$ 위에 있는 최소다항식의 다른 근($\sqrt[3]{2}\omega, \sqrt[3]{2}\omega^2$)는

$\mathbb{Q}(\sqrt[3]{2})$에 속하지 않는다.

여기에서 반례란 테트라의 예상과 어긋나는 구체적인 예시를 말한다. 반례는 강력하다. 반례는 주장을 정면으로 무너뜨린다…… 구체적으로.

테트라는 너무 말에 연연한다. '멍에를 나눈다'는 말이 갖는 매력만으로 수학 공부를 이어 나갈 수는 없다. 그런데 왜 이렇게 마음이 개운하지 못한 걸까?

집

"다녀왔습니다."

"어서 오렴. 자, 이거."

현관에서 엄마가 내게 봉투 하나를 내밀었다. 특별할 것 없는 흰 봉투. 학원에서 보낸 우편물인가? 뒤집어 봤지만 아무것도 적혀 있지 않다.

"이게 뭐지?"

"글쎄, 뭘까?" 엄마는 생글생글 웃으며 부엌으로 다시 들어갔다.

나는 봉투를 열어 보려다가 코로 냄새를 맡았다.

어렴풋이 시트러스 향이 났다.

편지

'각의 3등분 문제에서는 $\frac{\pi}{3}$가 반례다.'

미르카의 편지는 이렇게 시작되었다. '받는 사람'도 '머리글'도 없다. 테트라의 강익에 미르카의 편지라니…… 둘의 역할이 완전히 바뀌었구나.

나는 방에서 홀로 수다쟁이 천재 소녀에게서 온 편지를 읽었다.

◆ ◆ ◆

각의 3등분 문제에서는 $\frac{\pi}{3}$가 반례다.

유리에게 이야기할 때는 $\frac{\pi}{3}$보다 $60°$가 더 친숙하겠지.

갈루아 페스티벌의 준비위원회 날에 너와 유리가 왔다는 사실을 리사에게 들었어. 오늘 넌 도서실에 오지 않을 모양이니 이 편지를 쓸게. 유리가 재촉해서 이미 $20°$가 작도 불가능하다는 증명은 했겠지만, 페스티벌을 더 즐기기 위해 체의 확장 차수를 사용한 증명을 간추려서 설명할게.

작도 가능한 수

나는 읽던 편지를 놓고 고개를 들었다.

확실히 나는 이미 3등분 방정식과 수학적 귀납법을 사용해서 $60°$의 3등분이 불가능하다는 사실을 증명했다. 체의 확장 차수를 사용한 증명……?

미르카의 편지는 이어졌다.

◆ ◆ ◆

애초에 $(0, 0)$과 $(0, 1)$이라는 두 점에서만 시작해서 생각하는 건 '제한된 작도 문제'라고 할 수 있어. 두 점 이외에 뭔가 초기 상태의 도형이 주어지는 것이 더 일반적인 작도 문제지. 0과 1을 넣으면 사칙연산으로 $\mathbb{Q}$를 구성할 수 있기 때문에 일반적인 작도 문제라는 건 $\mathbb{Q}$에 주어진 수를 추가한 체에서 시작하여 2차 확대를 반복하는 문제가 돼.

그럼 자와 컴퍼스로 작도할 수 있는 건 작도에 사용하는 점의 좌표 값이 작도 가능해지는 도형이야. 작도 가능한 수란 0과 1에서 시작하여 사칙연산과 루트를 유한 번 사용해서 만들 수 있는 수를 말해.

식으로 적어 볼게. α가 작도 가능한 수가 되기 위한 필요충분조건은 다음 식이 성립하는 정수 n과 실수열 $\sqrt{\alpha_0}, \sqrt{\alpha_2}, \sqrt{\alpha_3}, \cdots, \sqrt{\alpha_{n-1}}$이 존재하는 거야.

- $K_0 = \mathbb{Q}$
- $K_{k+1} = K_k(\sqrt{\alpha_k})$ $\sqrt{\alpha_k} \notin K_k, \alpha_k \in K_k$ $(k=0, 1, 2, \cdots, n-1)$
- $\alpha \in K_n$

이것은 다음과 같은 '체의 탑'이 존재한다는 것을 뜻하지. $\mathbb{Q}$로 시작해서 $\sqrt{\alpha_k}$를 추가해 체를 확대하고, α가 속하는 체 K_n까지 이를 수 있다는 뜻이야.

$$\mathbb{Q} = K_0 \subset K_1 \subset K_2 \subset \cdots \subset K_{n-1} \subset K_n \text{ 및 } \alpha \in K_n$$

이 '체의 탑'이 가지는 성질을 알아보고 각의 3등분 문제를 증명하는데, 고맙게도 필요한 것은 확장 차수가 가르쳐 줘. '체의 탑'의 '각 층'에 상당하는 체의 확대는 K_{k+1}/K_k 즉 $K_k(\sqrt{\alpha_k})/K_k$이지. 이때 각 층의 확장 차수는 2와 같아.

$$[K_{k+1}:K_k] = [K_k(\sqrt{\alpha_k}):K_k]$$
$$= 2$$

따라서 α를 작도 가능한 수로 했을 때, $\mathbb{Q}(\alpha)/\mathbb{Q}$의 확장 차수는 2^n과 같아.

$[\mathbb{Q}(\alpha):\mathbb{Q}]$

$=[\mathrm{K}_n:\mathrm{K}_0]$

$=[\mathrm{K}_1:\mathrm{K}_0]\times[\mathrm{K}_2:\mathrm{K}_1]\times\cdots\times[\mathrm{K}_n:\mathrm{K}_{n-1}]$

$=\underbrace{[\mathrm{K}_0(\sqrt{\alpha_0}):\mathrm{K}_0]}_{2}\times\underbrace{[\mathrm{K}_1(\sqrt{\alpha_1}):\mathrm{K}_1]}_{2}\times\cdots\times\underbrace{[\mathrm{K}_{n-1}(\sqrt{\alpha_{n-1}}):\mathrm{K}_{n-1}]}_{2}$

$\underbrace{\phantom{[\mathrm{K}_0(\sqrt{\alpha_0}):\mathrm{K}_0]\times[\mathrm{K}_1(\sqrt{\alpha_1}):\mathrm{K}_1]\times\cdots\times[\mathrm{K}_{n-1}(\sqrt{\alpha_{n-1}}):\mathrm{K}_{n-1}]}}_{n개}$

$=2^n$

즉, α가 작도 가능한 수라면 $\mathbb{Q}(\alpha)/\mathbb{Q}$는 2^n차 확대가 돼.

$$[\mathbb{Q}(\alpha):\mathbb{Q}]=2^n$$

이제 $60°$의 3등분이 작도 가능하다는 것은 $\cos 20°$가 작도 가능한 수라는 것과 동치야. 그런데 $\cos 20°$의 $\mathbb{Q}$ 위에 있는 최소다항식은 3차식 x^3-3x-1 이라는 사실을 나타낼 수 있으니 $\mathbb{Q}(\cos 20°)/\mathbb{Q}$는 3차 확대가 돼.

$$[\mathbb{Q}(\cos 20°):\mathbb{Q}]=3$$

물론 $2^n=3$을 만족하는 정수 $n\geq 0$은 존재하지 않아.

3은 1과 같지 않고, 3은 짝수도 아니기 때문이지.

그런 이유로 $\cos 20°$는 작도 가능한 수가 아니야.

따라서 자와 컴퍼스로 $60°$를 3등분하는 것은 불가능해.

이것으로 각의 3등분 문제는 증명되었어. $60°$가 반례인 거지.

자, 이것으로 또 하나 해결.

저녁식사

"밥 먹으렴!"

미르카의 편지를 읽고 있는데 엄마가 부르셨다. 편지를 더 읽고 싶었지만 마지못해 식탁으로 갔다. 멍한 상태에서 저녁식사를 하며 미르카가 보낸 편지를 떠올렸다.

선형공간의 차원에서 정의했던 확장 차수는 최소다항식의 차수와 같다. 작도라는 기하 문제가 방정식과 삼각함수를 경유해서 대수 문제에 이르렀고, 나아가 정수론과 얽힌다. 수학은 분야를 뛰어넘어 이어진다. '자와 컴퍼스로 $60°$를 3등분할 수 없다'를 증명하는데 '3은 짝수가 아니기 때문'이라는 사실이 나오다니…… 이 얼마나 유쾌한가!

편지를 읽으면 귀에 미르카의 목소리가 자동 재생된다. 아니, 목소리뿐만이 아니다. 그녀의 시트러스 향도, '네가 이거 알려나?' 하며 띄우는 미소도, 쑥스러울 때면 눈을 슥 피하는 행동도……. 나는 계속 느끼고 있었다.

식사를 마치고 나는 서둘러 방으로 돌아갔다.

마저 읽어야지.

방정식의 가해성으로

'오차방정식의 근의 공식은 존재하지 않아.'

이번에 나를 기다리고 있던 건 더 놀랄 만한 전개였다.

그녀의 편지는 오차방정식의 근의 공식 이야기로 갑자기 바뀌었기 때문이다.

◆◆◆

오차방정식의 근의 공식은 존재하지 않아.

그리고 그 사실은 각의 3등분의 작도 불가능성과 무척 비슷하지.

다음 두 문제에는 구조적으로 유사점이 많아. 즉, 강한 유비(類比)가 있지.

- 각의 3등분의 작도 불가능성
- 오차방정식의 대수적 비가해성

애초에 강한 유비가 있기 때문에 갈루아 페스티벌의 주제로 작도 문제가 뽑힌 거야. 페스티벌의 전체 구성은 나라비쿠라 박사님의 아이디어였어. 리사는 사무국을 담당해. 나라비쿠라 도서관에 모이는 사람들에게 일을 분담

하지. 나는 나라비쿠라 박사님의 조언을 얻으며 수학 내용을 체크하고. 각의 3등분은 유리의 남자 친구가 담당했어.

유비를 정리해 보자.

▶ 제한된 수단의 유한 번 실행

각의 3등분에 대해 생각하려면 처음에 '작도란 무엇인가'를 미리 명확히 해 둘 필요가 있어. 여기서 말하는 작도는 '자와 컴퍼스만 유한 번 실행하는 작도'를 말해.

그와 마찬가지로 오차방정식의 근의 공식에 대해 생각하려면 처음에 '방정식을 푸는 것은 무엇인가'를 미리 명확히 해 둘 필요도 있고. 방정식을 푼다는 것은 '계수에 대해 사칙연산 및 거듭제곱을 구하는 계산을 유한 번 실행해 해를 얻는 것'을 말해. 이것을 '방정식을 **대수적으로 푼다**'고 말해.

▶ 일반과 특수

자와 컴퍼스로 주어진 각을 반드시 3등분할 수 있다고는 말할 수 없어. 그러나 어느 특정 각은 자와 컴퍼스로 3등분할 수 있는 경우가 있지.

오차방정식도 마찬가지야. 오차방정식에 근의 공식은 존재하지 않아. 즉, 주어진 오차방정식이 대수적으로 반드시 풀리는 것은 아니야. 그러나 어느 특정 오차방정식은 대수적으로 풀리는 경우가 있어.

▶ 존재와 구성 가능

그 어떤 각에 대해서도 3등분한 각 그 자체는 존재해. 비록 자와 컴퍼스로는 작도를 할 수 없는 경우라 할지라도.

그 어떤 오차방정식에 대해서도 해 그 자체는 존재해. 비록 대수적으로 풀지 못하는 경우라 할지라도.

▶ 체의 탑

이 두 문제는 양쪽 다 탑을 세울 수 있어. 체의 탑.

그러니까 이 두 문제는 양쪽 다 확대체 문제로 만들 수 있어.

그러나 탑을 세운 후에 이 두 문제는 다른 경로를 보이지.

각의 3등분 문제는 확장 차수라는 '크기'를 알아보고 해결했어. 그러나 오차방정식의 가해성 문제는 그것만으로는 해결되지 않아.

최소분해체

나는 도저히 읽는 걸 멈출 수가 없었다.

미르카의 편지는 이어졌다.

◆ ◆ ◆

방정식을 푸는 것과 체의 확대에 대해 조금 더 생각해 보자.

계수체에서 시작해서 거듭제곱을 추가해 확대체를 만들고, 체의 탑을 세우는 거야. 그럼 어디까지 확대를 해야 방정식을 풀게 되는 것일까? 방정식 좌변의 다항식이 1차식의 곱으로 분해할 수 있을 때까지야. 그와 같은 분해가 가능한 가장 작은 체는 바로 다항식의 모든 근을 계수체에 추가한 체야. 이 체를 그 다항식의 **최소분해체**라고 해.

'방정식을 대수적으로 푸는 것'이란 '유리수체에 계수를 추가한 계수체에서 시작하여 거듭제곱을 추가해 최소분해체를 포함하는 체에 이를 때까지 확대하는 체의 탑을 세우는 것'이지. 주어진 방정식에 대하여 그와 같은 체의 탑을 세울 수 있다면, 그 방정식은 대수적으로 풀 수 있어. 세우지 못했다면 그 방정식은 대수적으로 풀 수 없어.

그럼, 어떤 방정식일 때 그와 같은 체의 탑을 세울 수 있을까?

정규확대

미르카의 편지가 이어졌다.

◆ ◆ ◆

추가와 분해의 예를 제시해 볼게.

테트라가 $x^{12}-1$로 즐겼던 것처럼 우리는 x^3-2로 즐겨 보자. 이건 유명한 예시야.

체 $\mathbb{Q}$ 위에서 다항식 x^3-2는 인수분해를 할 수 없어. 이 다항식을 체 $\mathbb{Q}$ 위의 **기약다항식**이라고 불러. 다항식 x^3-2는 체 $\mathbb{Q}$에서 **기약**이지만, 체 $\mathbb{Q}(\sqrt[3]{2})$에서는 **가약**이 되어 다음과 같이 2개의 다항식으로 분해돼.

$$x^3-2=(x-\sqrt[3]{2})(x^2+\sqrt[3]{2}x+\sqrt[3]{4}) \qquad \mathbb{Q}(\sqrt[3]{2})에서의 인수분해$$

다항식 $x^2+\sqrt[3]{2}x+\sqrt[3]{4}$ 는 체 $\mathbb{Q}(\sqrt[3]{2})$ 위의 기약다항식이고, 체 $\mathbb{Q}(\sqrt[3]{2})$ 위에서는 이 이상 인수분해할 수 없어. 다항식 $x^2+\sqrt[3]{2}x+\sqrt[3]{4}$ 은 체 $\mathbb{Q}(\sqrt[3]{2})$ 위에서는 기약이지만, 체 $\mathbb{Q}(\sqrt[3]{2}, \omega)$ 위에서는 가약이 되어 1차식의 곱으로 분해돼. 즉, 다음과 같지.

$$
\begin{aligned}
&x^3-2 &&\mathbb{Q} \text{ 위의 기약다항식}\\
&=(x-\sqrt[3]{2})(x^2+\sqrt[3]{2}x+\sqrt[3]{4}) &&\mathbb{Q}(\sqrt[3]{2}) \text{ 위의 기약다항식 2개의 곱}\\
&=(x-\sqrt[3]{2})(x-\sqrt[3]{2}\omega)(x-\sqrt[3]{2}\omega^2) &&\mathbb{Q}(\sqrt[3]{2}, \omega) \text{ 위의 기약다항식 3개의 곱}
\end{aligned}
$$

사실 체 확대 $\mathbb{Q}(\sqrt[3]{2}, \omega)/\mathbb{Q}$에는 이런 성질이 있어.

임의의 수 $\alpha \in \mathbb{Q}(\sqrt[3]{2}, \omega)$에 대하여
'α의 $\mathbb{Q}$ 위의 최소 다항식'은
$\mathbb{Q}(\sqrt[3]{2}, \omega)$ 위에서 1차식의 곱으로 인수분해한다.

즉, α와 켤레인 수는 모두 $\mathbb{Q}(\sqrt[3]{2}, \omega)$에 속해. 이와 같은 확대를 **정규확대**라고 부르지.

- $\mathbb{Q}(\sqrt[3]{2})/\mathbb{Q}$ 는 정규확대가 아니다.
- $\mathbb{Q}(\sqrt[3]{2}, \omega)/\mathbb{Q}$ 는 정규확대다.

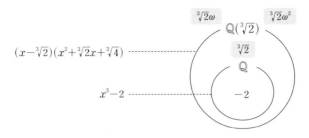

$\mathbb{Q}(\sqrt[3]{2})/\mathbb{Q}$는 정규 확대가 아니다

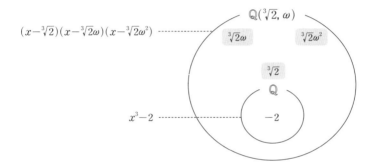

$\mathbb{Q}(\sqrt[3]{2},\omega)/\mathbb{Q}$는 정규 확대다

$\mathbb{Q}(\sqrt[3]{2},\omega)$는 $\mathbb{Q}$에 대해 x^3-2의 모든 근을 추가해서 만든 체 $\mathbb{Q}(\sqrt[3]{2},\sqrt[3]{2}\omega,$ $\sqrt[3]{2}\omega^2)$와 같아.

$$\mathbb{Q}(\sqrt[3]{2},\omega)=\mathbb{Q}(\sqrt[3]{2},\sqrt[3]{2}\omega,\sqrt[3]{2}\omega^2)$$

일반적으로 확대체 L/K에서 다음 조건을 만족하는 것을 정규확대라고 불러.

임의의 수 $\alpha \in$ L에 대해

'α의 K 위에 있는 최소다항식'은

L 위에서 1차식의 곱으로 인수분해된다.

단, 여기서는 확장 차수가 유한의 체 확대만을 생각해.
정규확대의 정의는 이런 식으로 말을 바꿀 수도 있지.

확대체에 최소다항식의 근이 하나 속해 있다면
다른 모든 근도 반드시 그 확대체에 속한다고 하자.
그러한 체의 확대를 정규확대라고 부른다.

테트라라면 일단 정규확대를 '깔끔한 확대'라고 부르려나? 정규확대에서
는 최소다항식의 근에 관해 대칭성이 있기 때문이야.
그리고 정규확대를 '깔끔한 확대'라고 하는 이상…….
'확대의 크기'뿐만 아니라 '확대의 형태'까지 알고 싶어지지.
우리는 수학적인 '형태'를 알아보는 도구를 갖고 있어.
그것이 바로 '**군**'이야.
방정식의 가해성을 생각할 때, 우리는 2개의 탑을 세울 수 있어.
'체의 탑'과 '군의 탑'.
이 두 탑은 완벽히 대응해.
갈루아 이론의 중심에 있는 이 대응 관계를 **갈루아 대응**이라고 해.
우리는 에바리스트 갈루아가 남긴 것에 점점 다가가고 있어.
앗, 미즈타니 여사가 움직이기 시작한 모양이다. 곧 하교 시간이거든.
자, 이렇게 또 하나 해결…… 일단은.

진짜를 상대로
미르카의 편지는 거기서 끝이 났다.
나는 크게 심호흡을 했다.
재미있다.
어떻게 이렇게 재미있을 수가.
모르는 것도 많고, 이론 생략도 많다.
그래도 정말 재미있다.

체의 확대. 체의 탑. 최소다항식. 최소분해체. 정규확대.
그 끝에는…… '체의 탑'에 대응하는 '군의 탑'이 등장한다고?
현기증이 날 정도로 재미있다.

나는 테트라의 '발견'을 떠올렸다.
그녀의 예상은 확실히 잘못됐다.

테트라의 예상(오류)
확대체에 최소다항식의 근이 하나 속해 있다면
다른 모든 근도 반드시 그 확대체에 속한다.

하지만 미르카는 정규확대라는 '깔끔한 확대'를 발견했다!

정규확대의 정의(다른 말로)
확대체에 최소다항식의 근이 하나 속해 있다면
다른 모든 근도 반드시 그 확대체에 속한다고 하자.
그러한 체의 확대를 정규확대라고 부른다.

그렇다.
테트라가 정규확대라는 이름이 주어질 정도로 중요한 개념을 '발견'했다는 뜻이다.
미르카라면 분명 이렇게 말할 것이다.
'이름보다 먼저 개념을 잡았구나, 테트라.'

하지만 나는 테트라의 예상에 대한 반례를 찾았다는 사실에 정신이 팔리는 바람에 그녀가 말한 '발견'의 의미를 알아차리지 못했다.
나는 '만남'에 대해 생각했다.
편지를 보내 준 미르카.

정규확대에 육박하는 강의를 해 준 테트라.

둘도 없는 만남을 결코 헛수고로 만들어서는 안 된다.

어떤 이유가 있든, 상대방이 더 잘못했다 하더라도 수학을 같이 나눌 수 있는 친구를 잃을 수 없다. 우리는 터무니없이 커다란 '진짜'를 상대하고 있는 것이다. 수학이라는 진짜를 말이다. 내 보잘것없는 생각 때문에 수학에 함께 도전할 동료를 잃어서는 안 된다. 그런 확신이 들었다.

함께 배우는 시간은 한정되어 있다.

늘 곁에 있을 거라는 보장은 없다.

언제까지나 곁에 있으리라는 보장도 없다.

미르카의 편지를 접어서 봉투에 다시 넣은 나는 작은 편지가 한 장 더 남아 있다는 걸 발견했다.

갈루아 페스티벌의 마지막 준비위원회는 다음 주 금요일.
아침 10시. 나라비쿠라 도서관에서. 유리를 잊지 말도록.
– 미르카

그의 교실에는 뛰어난 학생들이 있었다.
왜냐하면 그 자신이 뛰어난 교사였기 때문이며,
학생의 장래를 내다보고 개개인의 정신에 걸맞은 방향성과
문화를 불어넣어 줄 수 있는 교사였기 때문이다.
_교사 리샤르에 대한 추모, 탈켐 씀

마음의 형태

그린 그림은 그 그림을 구성하는
선들의 모임을 넘는 것인데,
그 이유는 무엇일까?
_마빈 민스키

1. 대칭군 S_3의 형태

나라비쿠라 도서관

"그래서 '내리기', '뒤집기', '돌리기'라고 불렀어……요." 유리가 말했다.

이곳은 나라비쿠라 도서관의 회의실 '베릴륨'이다. 유리가 지금까지 배운 것을 이야기했다. 타원형 탁자에 나, 미르카, 테트라가 옹기종기 모여 있다. 내 앞에선 당당히 말하던 유리가 미르카를 앞에 두고는 긴장한 모양이다.

오늘은 갈루아 페스티벌이 열리기 전날이다. 내일은 일반인들이 전시를 보러 오기 때문에 오늘이 마지막으로 준비할 수 있는 날이다. 나라비쿠라 도서관에는 대학생과 고등학생 수학 애호가들이 수십 명이나 모였다. 준비위원회는 몇몇 분과회로 나누어져 있었다. 포스터를 만들기도 하고 간판을 세우기도 했다. 유리의 중3 남자 친구는 '각의 3등분 문제' 분과회에 소속되어 어딘가에서 준비를 하고 있을 것이다. 도서관 전체가 학교 축제 전날처럼 들떠 있다.

오늘 아침 10시에 모인 우리에게 미르카는 "유리가 준비하고 있는 여름 방학 연구도 전시하자"라고 말했다. 우리는 응원차 방문한 것이었는데 어느새 운영진에 들어가게 된 모양새였다.

"전시 장소는 리사에게 맡기고 전시용 포스터를 만들자." 미르카는 제 임의대로 주도했다. 그러자 리사가 불편한 표정을 지었다. 아니, 평소 표정이 그런 건가? 사무국을 운영하는 리사 입장에서는 예정이 갑자기 변경되면 어려움이 생길 것이다. 리사는 "성가시네"라는 한마디를 던지고는 바로 움직이는 행동을 취했다.

지금은 11시. 유리의 설명을 듣고 우리가 내용을 보충하려던 참이었다. 점심까지 미팅을 하고 오후에는 포스터를 만들 거고, 저녁에는 집에 가게 되겠지. 시험 공부하느라 바쁜 와중에 이런 활동이 기분 전환이 될까?

유리의 설명이 이어졌다.

"'내리기', '뒤집기', '돌리기'라고 부르면 사다리 타기를 쉽게 분류할 수 있을 거라고 생각했어……요. 하지만 사다리 타기라고 해도 중간에 있는 가로줄을 어떻게 그을지는 생각하지 않고 1, 2, 3이라는 수가 사다리 타기를 한 다음에 어떤 식으로 나열되는지만 생각하기로 했어요. 그러면 세로줄이 3개인 사다리를 나타낼 때 수 3개를 나열하면 돼요. 예를 들어 왼쪽 끝의 2개를 교환하는 '뒤집기'는 '2 1 3'이라고 쓸 수 있어요. 음, 제가 설명을 잘 못 하니까 이걸 봐 주세요."

유리는 탁자 위에 노트를 펼쳤다.

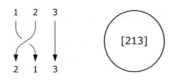

왼쪽 끝의 2개를 교환하는 '뒤집기'

"좋아, 계속해." 미르카가 말했다.

"세로줄이 3개인 사다리 타기의 패턴은 다 해서 3!=6가지가 있어요." 유리가 말을 이었다. "이렇게 되죠."

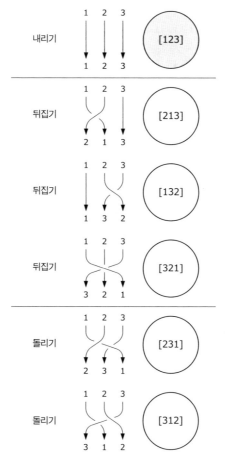

세로줄이 3개인 사다리 타기의 모든 패턴

"계속해." 미르카가 재촉했다.

"네. 사다리 타기를 연결한 그림을 많이 그려서……." 유리가 말했다.

"예를 들면 [213] 아래에 [231]을 연결하면 [132]가 된다는 건 [213] ★ [231]＝[132]라고 쓰고, 이런 그림이 돼요."

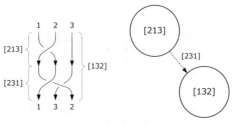

$$[213] \star [231] = [132]$$

"그러고 보니……." 내가 말했다. "테트라가 정삼각형 이미지를 그리거나, 미르카가 부분군을 묶거나 했던 그림도 있었잖아."

"세로줄이 3개인 사다리 타기 전체는 **대칭군** S_3이 돼요." 테트라가 말했다.

"하지만……." 유리가 말을 이었다.

◆◆◆

응, 하지만……. 그림을 이것저것 그렸더니 뒤죽박죽이 됐어요!

'내리기', '뒤집기', '돌리기'의 선을 다 그리면 뒤섞여서 대칭군 S_3 전체 모양을 정확히 알 수 없냐옹이니까 아예 단순하게 만들어 보기로 했어요.

그래서 '뒤집기'과 '돌리기'를 하나씩 골랐어요. 그러니까 [213]과 [231] 이네요. 그리고 가능하면 말끔하게 보이도록 그림을 그렸어요.

그 그림이 바로 이거예요. 색칠되어 있는 부분은 항등원.

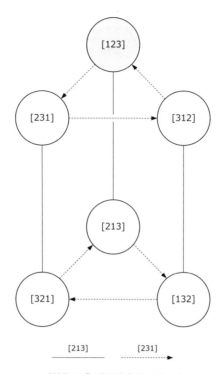

대칭군 S_3을 단순화해서 그린 그림

이 그림으로 대칭군 S_3 전체 모양을 명확히 알 수 있죠.

단순하게 보이지만 상당히 공 들인 그림이에요.

예를 들어 '뒤집기'인 [213]의 선. 두 사다리 사이를 왔다 갔다 하기 때문에 화살표 끝의 화살을 없앴어요. 하지만 '돌리기'인 [231]은 화살표 방향이 중요하니까 화살도 그려 넣었죠.

그리고 봐요, 이 그림에서 '위의 삼각'과 '아래의 삼각'으로 두 덩어리가 생긴다는 게 잘 보이죠.

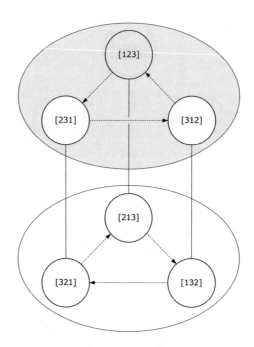

'위의 삼각'과 '아래의 삼각' 덩어리

그런데 아쉬워요! '위의 삼각'과 '아래의 삼각'에서 화살표 방향이 같으면 더 깔끔할 텐데……. '위의 삼각'은 시계 반대 방향인데 '아래의 삼각'은 시계 방향이 되어 버렸죠.

음, 아무튼 이런 식으로 대칭군 S_3을 그려 봤어요.

◆◆◆

"확실히 재미있네." 내가 말했다.

"화살표를 제한하니까 '덩어리'가 잘 보이는구나. 이런 '덩어리'는 구조의 일종이라고 할 수 있을까?"

"물론이지." 미르카가 말했다.

"하지만 유리가 S_3으로 알아낸 건 이 정도예요. 그러니까 '위의 삼각'과 '아래의 삼각'이 깔끔하게 이어지는 것, 하지만 위와 아래는 방향이 반대라는 것. 이 정도예요, 미르카 언니."

"유리의 그림은……." 미르카가 말했다. "**케일리 그래프**라고 불러. 이걸 사용하면 군의 전체 구조를 단순화해서 파악할 수 있지."

"우와! 이름이 있어요?" 유리가 깜짝 놀라서 말했다.

"유리는 케일리 그래프에서 이미 '위의 삼각' 덩어리를 발견했고, '위의 삼각'과 '아래의 삼각'이 같은 형태라는 사실도 찾아냈어."

우리는 고개를 끄덕였다.

"그럼 '위의 삼각'과 '아래의 삼각'의 관계를 그림이 아니라 식으로 표현할 수 있을까?" 미르카는 지휘자가 연주자에게 지시하듯 나를 가리켰다.

"음…… 식을 사용해서 '덩어리'를 나타낸다는 거야?" 나는 허둥대며 말했다.

"바로 안 나올 것 같으니까 내가 말할게." 미르카는 나를 향했던 손가락을 어느새 거두고 강의를 시작했다.

분류

미르카는 회의실 화이트보드로 향했다.

"세로줄이 3개인 사다리 전체는 3차의 대칭군이니까 S_3이라고 쓸게."

$$S_3 = \{[123], [231], [312], [213], [321], [132]\}$$

"집합의 원소를 나열하는 식으로 쓰는군요." 테트라가 말했다.

"그래." 미르카가 말했다.

"'위의 삼각'은 대칭군 S_3의 부분군이야. 이건 3차의 순환군이니까 C_3이라고 쓸게."

$$C_3 = \{[123], [231], [312]\} \qquad \text{'위의 삼각'}$$

"순환군의 정의는 기억나지? 순환군은 1개의 원소로 생성된 군이야. 예를 들어 '위의 삼각' C_3은 [231]로 생성돼. 그러니까 다음과 같이 써도 되지."

$$C_3 = \langle [231] \rangle \qquad \text{'위의 삼각'은 } [231] \text{로 생성된 군}$$

"'돌리기'를 3제곱하면 '내리기'니까요!" 유리가 외쳤다.

"빙고." 미르카가 검지를 세웠다.

"유리가 고른 $[231]$은 3제곱하면 항등원으로 돌아가. 그러니까 $\langle [231] \rangle$은 위수가 3인 순환군이야."

"네, 이해했어요. 미르카 언니!"

"'위의 삼각'에 C_3이라고 이름을 붙였어. '아래의 삼각'은 임시로 X_3이라고 붙이자."

$$C_3 = \{ [123], [231], [312] \} \qquad \text{'위의 삼각'}$$
$$X_3 = \{ [213], [321], [132] \} \qquad \text{'아래의 삼각'}$$

우리는 말없이 듣고 있었다.

"여기서 **퀴즈**를 낼게. '아래의 삼각' X_3은 어떤 군일까?"

응? 쥐 죽은 듯 조용한 채로 10초가 흘렀다.

"아무도 안 걸려드네." 미르카가 말했다.

"X_3은 군이…… 아니죠?" 테트라가 말했다.

"그래. 항등원이 없으니까 X_3은 군이 아니야. X_3은 군이 아니니까 물론 S_3의 부분군도 아니야."

"휴우." 유리가 심호흡을 했다.

"하지만……." 미르카가 말을 이었다. "C_3과 X_3은 딱 봐도 닮았지."

"그러네요. X_3역시 $[231]$에서 빙글빙글 도는 느낌도 들고요."

"C_3과 X_3의 합집합은 S_3 전체가 되고, C_3과 X_3의 공통부분은 공집합." 미르카는 그렇게 말하고 화이트보드에 식을 적었다.

$$\begin{cases} C_3 \cup X_3 = S_3 & C_3 \text{과 } X_3 \text{의 합집합은 } S_3 \text{ 전체} \\ C_3 \cap X_3 = \{ \ \} & C_3 \text{과 } X_3 \text{의 공통부분은 공집합} \end{cases}$$

"C_3과 X_3을 합치면 전체가 되고, 게다가 C_3과 X_3에는 공통 원소가 없어. 그렇다는 건 S_3의 원소를 빠짐없이, 겹치지 않고 C_3과 X_3으로 구분했다는 거야. 이렇게 나누는 걸 일반적으로 **분류**라고 해."

"그럼, 여기서 다음과 같이 표기법을 도입해 보자."

$$C_3 \star [213]$$

"응? 이 $\star$은 뭐예요?" 유리가 물었다.

"$\star$은 '사다리' 아래에 '사다리'를 잇는 연산이야. 하지만 여기서는 $\star$의 의미를 확장해 보자. 사다리끼리가 아니고…… '사다리의 집합'과 '사다리'에 대해 연산 $\star$을 쓸 수 있게 하고 싶으니까."

"아, 그러면……." 난처한 표정을 짓는 유리.

"$C_3 \star [213]$의 뜻을 설명할게." 미르카는 이야기 속도를 떨어뜨렸다. 유리의 속도에 맞추어서.

◆◆◆

집합 C_3의 원소는 모두 사다리야. 그 각 사다리 아래에 $[213]$을 연결해.

그렇게 해서 생긴 사다리 전체의 집합을 $C_3 \star [213]$으로 나타내자. 이건 논리적으로 도출하는 게 아니라 $C_3 \star [213]$의 뜻을 그런 식으로 정의한다고 정하는 거야.

$C_3 \star [213]$이 어떤 집합이 되는지 구체적으로 적어 볼게. 보기 쉽도록 $[213]$에 물결선을 그을 거야. 분배법칙과 살짝 비슷하네.

$$
\begin{aligned}
C_3 \star [213] &= \{[123], [231], [312]\} \star [213] \\
&= \{[123] \star [213], [231] \star [213], [312] \star [213]\} \\
&= \{[213], [321], [132]\}
\end{aligned}
$$

C_3의 원소 아래에 $[213]$을 연결하면 $[213]$, $[321]$, $[132]$가 생겨. 그건 그림으로도 확인할 수 있어.

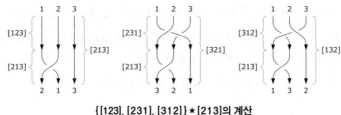

{ [123], [231], [312] } ★ [213]의 계산

 그리고 집합 C_3 ★ [213]은 '아래의 삼각', 그러니까 X_3과 같다는 사실을 알 겠지?

$$C_3 ★ [213] = \{ [213], [321], [132] \}$$
$$X_3 = \{ [213], [321], [132] \}$$

 '위의 삼각'은 C_3이라고 쓸 수 있고, '아래의 삼각'은 C_3 ★ [213]이라고 쓸 수 있어.

 바꿔 말하면 '위의 삼각'에 속하는 각 사다리 아래에 [213]을 연결한 사 다리 전체의 집합, 그게 '아래의 삼각'이 된다는 사실을 이걸로 알 수 있어.

 여기까지 요약할 겸 집합 S_3을 C_3을 사용해서 써 볼게.

S_3	$=$	'위의 삼각'	$\cup$	'아래의 삼각'
	$=$	{ [123], [231], [312] }	$\cup$	{ [213], [321], [132] }
	$=$	C_3	$\cup$	X_3
	$=$	C_3	$\cup$	C_3 ★ [213]

 여기까지 이해했니?

 잉여류

 미르카가 우리를 둘러보았다.

 "괜찮아, 이해했어." 내가 대답했다.

"겨우겨우." 테트라가 말했다.

"아마도." 유리가 말했다.

"아마도?" 미르카가 눈썹을 모으며 말했다.

"그럼 계산 연습을 해 보자. 지금부터 $C_3 = \{[123], [231], [312]\}$와 $a \in S_3$에 대해 $C_3 \star a$를 실제로 구하는 거야. 다음과 같이 계산하는 거지."

$$C_3 \star [123] =$$
$$C_3 \star [231] =$$
$$C_3 \star [312] =$$
$$C_3 \star [213] =$$
$$C_3 \star [321] =$$
$$C_3 \star [132] =$$

우리는 계산을 시작했고…… 다들 바로 알아차렸다.

"미르카 선배……. 이 계산 결과는 두 가지밖에 안 나오네요."
테트라가 말했다.

$$C_3 \star [123] = \{[123], [231], [312]\} = C_3$$
$$C_3 \star [231] = \{[231], [312], [123]\} = C_3$$
$$C_3 \star [312] = \{[312], [123], [231]\} = C_3$$
$$C_3 \star [213] = \{[213], [321], [132]\} = C_3 \star [213]$$
$$C_3 \star [321] = \{[321], [132], [213]\} = C_3 \star [213]$$
$$C_3 \star [132] = \{[132], [213], [321]\} = C_3 \star [213]$$

"맞아." 미르카가 고개를 끄덕였다. "$C_3 \star a$를 계산하면 원소의 순서는 바뀔지 모르지만 결과적으로 집합은 반드시 C_3과 $C_3 \star [213]$ 중 하나가 나와."

"미르카 언니, 신기해요." 유리가 말했다.

"얘기를 들을 때는 잘 몰랐는데 직접 $\star$계산을 했더니 왠지 알 것 같아요."

"그게 중요해." 미르카가 다정하게 말했다.

"미르카 선배, 저도 이해했어요." 테트라가 말했다.

"저는 $C_3 \star a$라는 식을 'C_3이라는 부분군에 a를 던지는 이미지'로 읽었어요. 그러면 말이에요. 'C_3이라는 부분군에 a를 던지면', 그 결과는 C_3 아니면 $C_3 \star [213]$ 중 하나가 나와요. 이건 확실히 C_3을 써서 S_3의 원소를 구분하는 거구나…… 하고 생각했어요. 그림은 이해하기 쉽지만, 수식도 다른 의미로 이해하기 쉬운 것 같아요!"

미르카는 조용히 고개를 끄덕이며 설명을 시작했다.

"C_3을 사용한 분류 결과…… 그러니까 C_3과 $C_3 \star [213]$을 각각 S_3을 C_3으로 나눈 **잉여류**라고 불러. 그리고 S_3을 C_3으로 나눈 잉여류의 전체 집합을 $C_3 \backslash S_3$이라고 써. $C_3 \backslash S_3$은 '집합의 집합'이 돼."

$$C_3 \backslash S_3 = \{C_3, C_3 \star [213]\} \qquad \text{S_3을 C_3으로 나눈 잉여류 전체의 집합}$$

"잉여류." 유리가 되뇌었다.

"잉여류가 무슨 뜻이에요?" 테트라가 물었다.

"잉여는 '나머지'라는 뜻이야. 그러니까 S_3을 C_3으로 나눈 나머지를 사용해서 분류한 결과가 바로 잉여류지."

"하지만…… S_3은 군이고 C_3은 부분군이죠. 군을 부분군으로 나눗셈한다고 생각해도 되나요?"

"그걸로 됐어. $C_3 \backslash S_3$이 이해하기 어려우면 그림으로 확인하자."

미르카는 화이트보드에 그림을 그렸다.

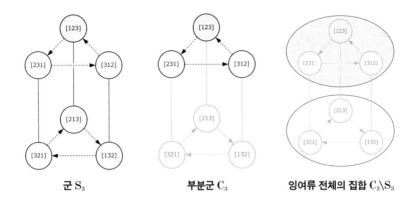

군 S_3 부분군 C_3 잉여류 전체의 집합 $C_3 \backslash S_3$

"그렇구나!" 테트라가 말했다.

"이 그림에서 $C_3 \backslash S_3$의 의미를 확실히 알았어요. C_3이라는 부분군을 기준으로 C_3과 $C_3 \star [213]$이라는 큰 '덩어리'를 만드는군요. '나눗셈'이라는 말은 아직 이해가 잘 안 되지만…….'

깔끔한 형태

내일 있을 갈루아 페스티벌에 전시할 유리의 자료에 대해 논의하는 시간이었지만, 우리는 어느새 미르카의 강의에 푹 빠져 있었다. 고작 6개 원소밖에 없는 대칭군 S_3을 주제로 이렇게 여러 가지 생각을 할 수 있구나.

"미르카 선배, 아까 말했던 '나눗셈' 말인데요." 우리의 활기찬 소녀 테트라가 알쏭달쏭한 얼굴로 노트를 보며 말했다. "$C_3 \backslash S_3$이라는 건 군 S_3을 부분군 C_3으로 나눈 거잖아요. S_3의 부분군이라면 전부 다 S_3을 나눌 수 있나요?"

"나눌 수 있어. 증명하고 싶다면…….'

"아, 죄송해요." 테트라가 말을 끊었다. "일반적인 증명은 나중에 생각한다고 하고, 저는 S_3을 <u>다른 부분군으로 나누려고</u> 생각했어요. 그러니까 예를 들면 2차 순환군 C_{2a}로 나누는 거예요."

$$C_{2a} = \{[123], [213]\}$$

"알겠어, 테트라." 내가 말했다. "케일리 그래프로 C_{2a}는 세로 기둥이 되니까 $C_{2a}\backslash S_3$은 기둥 3개가 되지 않을까?"

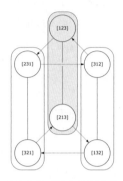

$C_{2a}\backslash S_3$은 기둥 3개가 될까?

"아, 저도 선배처럼 생각했어요. 그런데 실제로 해 봤더니 기둥은 그렇게 깔끔하게 세워지지 않아요. 이유는 모르겠지만 비스듬하게 쓰러져요!" 테트라가 노트를 보여 주었다.

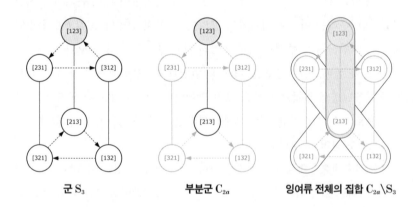

군 S_3 부분군 C_{2a} 잉여류 전체의 집합 $C_{2a}\backslash S_3$

"테트라 언니, 이건 어떻게 그렸어요?" 유리가 물었다.
"음, 아까는 $C_3\backslash S_3$을 만드는데 $a \in S_3$에 대해 $C_3 \star a$를 계산했잖아. 그래서 이번에는 $a \in S_3$에 대해 $C_{2a} \star a$를 계산했어."

$$C_{2a} \star [123] = \{[123], [213]\} = C_{2a}$$

$$C_{2a} \star [231] = \{[231], [132]\} = C_{2a} \star [231]$$

$$C_{2a} \star [312] = \{[312], [321]\} = C_{2a} \star [312]$$

$$C_{2a} \star [213] = \{[213], [123]\} = C_{2a}$$

$$C_{2a} \star [321] = \{[321], [312]\} = C_{2a} \star [312]$$

$$C_{2a} \star [132] = \{[132], [231]\} = C_{2a} \star [231]$$

"그렇구나."

아까 했던 '계산 연습'과 같은 것을 했다는 말인가. 상상만 하는 게 아니라 실제로 계산을 했구나. 게다가 테트라, 계산이 빠르다.

"그렇게 하면 집합 S_3을 C_{2a}를 사용해서 쓸 수 있어요."

$$
\begin{aligned}
S_3 \;=\; &\{[123], [213]\} \quad\cup\quad \{[132], [231]\} \quad\cup\quad \{[312], [321]\} \\
=\; &\qquad C_{2a} \qquad\qquad \cup \qquad C_{2a} \star [231] \qquad \cup \qquad C_{2a} \star [312]
\end{aligned}
$$

"3개의 기둥은 $\{[123], [213]\}$과 $\{[132], [231]\}$과 $\{[312], [321]\}$인가……." 내가 말했다.

"이러면 기둥이 쓰러져." 유리가 그림과 식을 번갈아 보며 말했다.

"맞아요. 깔끔한 기둥이 되지 않았어요."

"확실히 '깔끔'하지 않네." 미르카가 말했다. "그럼, 군 $C_3 \backslash S_3$과 $C_{2a} \backslash S_3$은 어디가 다를까? 바꿔 말하면 부분군 C_3과 부분군 C_{2a}는 어디가 다를까? 이걸 생각해야 해."

"잠깐 정리해 볼게요." 테트라가 말했다.

- 우리는 군을 부분군으로 나눠서 잉여류를 만드는 방법을 배웠어요.
- S_3을 C_3으로 나눴을 때는 2개의 잉여류가 깔끔하게 만들어졌어요.
- S_3을 C_{2a}로 나눴을 때도 3개의 잉여류가 만들어졌고요.

  하지만 깔끔하지 않아요.

• 그럼 C_3과 C_{2a}의 차이는 무엇일까요?

군 만들기

나와 테트라, 유리는 한참을 토론했지만 무엇이 다른지, 어디가 깔끔한 건지 결론이 도저히 나오지 않았다.

"하지만 어디가 깔끔하게 보이지 않는지는 알 수 있어요." 테트라가 마지막으로 말했다.

"3개의 잉여류를 그림으로 그렸을 때 기둥이 교차하는 부분이요."

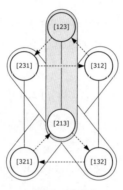

기둥이 교차된다

"저기…… 미르카 선배." 테트라가 주뼛주뼛 말을 꺼냈다. "이야기가 좀 새는데요, 식을 $C_3 \backslash S_3$으로 써도 되나요?"

"흠?" 미르카가 안경에 손을 대고 테트라를 보았다.

"보통은 'S_3을 C_3으로 나눈다'고 하면 빗금(/)을 써서 S_3/C_3처럼 쓰는 것 같거든요. 그런데 아까부터 반대 방향 빗금으로 $C_3 \backslash S_3$이라고 쓰잖아요. 그게 너무 신경 쓰여서……."

"둘 다 쓸 수 있어." 미르카는 손가락을 딱 올리며 말했다. "군을 부분군으로 나눌 때는 S_3/C_3이랑 $C_3 \backslash S_3$ 둘 다 쓰는 방법이 있어. 하지만 의미가 달라. $a \star C_3$으로 잉여류를 구하는지, $C_3 \star a$로 구하는지 차이가 있지."

$$S_3/C_3 = \{C_3, [213] \star C_3\} \qquad a \star C_3 \text{으로 구한 잉여류 전체의 집합}$$

$$C_3 \backslash S_3 = \{C_3, C_3 \star [213]\} \qquad C_3 \star a \text{로 구한 잉여류 전체의 집합}$$

"둘 다 쓰는군요! 이제 알겠어요! 잠깐 확인 좀 할게요."

$a \star C_3$은	$C_3 \star a$는
C_3의 원소 하나하나 위에	C_3의 원소 하나하나 아래에
a를 올려서 만들어지는	a를 연결해서 만들어지는
사다리 전체의 집합	사다리 전체의 집합

"이렇게 이해하면 되나요?"

"그걸로 됐어. 우리가 $\star$을 그렇게 정의했으니까."

"아, 그렇다는 건! ……잠깐만요!" 테트라는 서둘러 노트에 그림을 그리기 시작했다. 그리고 그대로 깜깜무소식이었다.

우리는 침묵을 지키며 기다렸다. 하지만 물론 잠자코 있었던 건 아니다.

미르카는 눈을 감고 검지를 빙글빙글 돌리고 있다.

유리는 자신의 노트를 다시 보며 뭔가를 계산하고 있다.

나는 나 나름대로 C_3과 C_{2a}의 차이에 대해 생각했다. 먼저 가장 큰 차이는 원소 개수. 그러니까 위수의 차이다. C_3의 위수는 3이고 C_{2a}의 위수는 2다.

하지만 그 차이가 잉여류의 '깔끔한 형태'로 이어질까?

애초에 아까부터 신경 쓰였던 '깔끔한 형태'라는 게 뭘까? 이런 두루뭉술한 말을 그냥 수학적으로 적용할 수는 없다. '깔끔한 형태'를 수식으로 잘 쓸 수 있으면 좋을 텐데…….

"알았어요!" 한참 지나자 테트라가 목소리를 높였다.

"뭘 알았어?" 내가 물었다.

"미르카 선배가 말했던 'C_3과 C_{2a}의 차이'요!" 테트라는 늘 외쳤던 '발견, 발견!' 때처럼 흥분한 상태다.

"케일리 그래프를 그릴 때, 유리는 사다리를 '아래에 연결한 그림'으로 했어요. 저는 그걸 반대로 사다리를 '위에 올린 그림'으로 만들어 봤어요. 그랬더니……."

- C_3은 '아래에 연결한 그림'도 '위에 올린 그림'도 똑같아요. 하지만,
- C_{2a}는 '아래에 연결한 그림'과 '위에 올린 그림'이 같지 않았어요.

"그러니까 '덩어리'가 달라지는 거예요!"

▶ C_3의 경우(덩어리는 변하지 않는다)

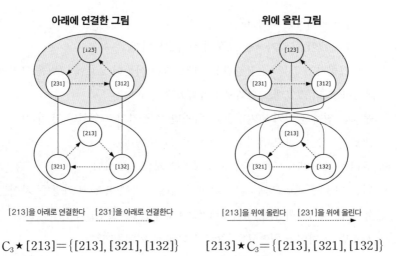

아래에 연결한 그림   **위에 올린 그림**

[213]을 아래로 연결한다   [231]을 아래로 연결한다   [213]을 위에 올린다   [231]을 위에 올린다

$C_3 \star [213] = \{[213], [321], [132]\}$ $[213] \star C_3 = \{[213], [321], [132]\}$

▶ C_{2a}의 경우(덩어리가 변한다)

아래에 연결한 그림

[213]을 아래로 연결한다 [231]을 아래로 연결한다

$$C_{2a} \star [231] = \{[231], [132]\}$$

위에 올린 그림

[213]을 위에 올린다 [231]을 위에 올린다

$$[231] \star C_{2a} = \{[231], [321]\}$$

우리는 테트라가 말을 마친 후 한동안 침묵을 지켰다. 감동한 건 아니었다. 솔직히…….

"미안, 대단한 것 같긴 한데 난 무슨 말인지 모르겠어."

"모르겠다옹." 유리는 지친 고양이 모드였다.

"아, 제, 제가 또 이상한 말을 했나요?"

"테트라." 미르카가 천천히 말했다. "그건 본질적인 발견이야."

"네?" 테트라가 반문했다. "저는…… 발견한 걸 말한 것뿐이고, 그게 뭘 의미하는지는 잘 모르겠어요!"

"나는 과제를 줄 생각으로 C_3과 C_{2a}의 차이가 무엇인지 물었는데, 아무도 눈치 채지 못한 줄 알았어. 그런데 테트라가 그걸 찾아낸 거야."

"그게 뭐예요?"

"정규부분군이야."

"정규부분군?" 유리가 중얼거렸다.

"테트라가 발견한 걸 정리해 보자." 미르카가 말했다. "지금 그림으로 본 걸 간단하게 식으로 쓰면 이렇게 돼."

$$C_3 \star [213] = [213] \star C_3$$
$$C_{2a} \star [231] \neq [231] \star C_{2a}$$

"이 식이 뭘 주장하고 있는 거 같아?"

"교환······할 수 있는지 아닌지?"

"그래, 맞아. $C_3 \star [213]$은 연산 $\star$의 좌우를 교환한 $[213] \star C_3$과 같아. $C_{2a} \star [231]$은 $[231] \star C_{2a}$와 같지 않아. 테트라가 그림에 그린 건 바로 그거야. 사실 더 일반적인 걸 증명할 수 있어."

미르카는 안경을 쓰윽 올리고 말을 이었다.

"C_3의 경우는······."

$$C_3 \star a = a \star C_3$$

"이런 등식이 S_3의 임의의 원소 a에 대해 성립해. 교환할 수 있는 거지. 하지만 C_{2a}의 경우에는 성립하지 않아. 그러니까······."

$$C_{2a} \star a \neq a \star C_{2a}$$

"이렇게 되는 S_3의 원소 a가 존재해. 이게 C_3과 C_{2a}의 아주 중요한 차이야."

"잠깐만, 미르카. 이 식 $C_3 \star a = a \star C_3$이라는 등호는 집합 등호지?" 내가 물었다.

"맞아."

"오빠, 집합 등호가 뭐야?" 유리가 물었다.

"저기, 유리야." 내가 말했다. "$C_3 \star a$와 $a \star C_3$은 둘 다 집합이야. $C_3 \star a = a \star C_3$이라는 식은 이 양변이 집합으로서 같다는 뜻이야. $C_3 \star a$로 만들어지는 집합과 $a \star C_3$으로 만들어지는 집합은 집합 전체로서 같은 거지, C_3의 임의의 원소 x에 대하여 $x \star a = a \star x$가 되는 건 아니야."

"흠······." 의아한 표정의 유리.

"미르카 선배." 테트라가 난처한 표정으로 말했다. "C_3에 대해서는 $C_3 \star a = a \star C_3$이라는 교환법칙이 성립한다는 건 알았지만, 역시 'So what?'이라는 생각이 들어요. C_3은 정규부분군이지만 C_{2a}는 정규부분군이 아니라는 말이죠?"

"맞아." 미르카는 명료하게 대답했다.

- C_3은 S_3의 정규부분군이다.
- C_{2a}는 S_3의 정규부분군이 아니다.

"만약 C_3이 정규부분군이라고 해도…… 그게 어쨌다는 건가요?"

"흠……." 미르카는 잠시 뜸을 들이다가 한마디 한마디 성의껏 발음했다. "정규부분군의 가장 큰 특징, 그건 바로 이거야."

정규부분군으로 나눠서 생기는 잉여류 전체의 집합은 **군**이 된다.

"어?" 얼빠진 목소리를 낸 건 나였다.

"안 들렸니? 정규부분군으로 나눠서 생기는 잉여류 전체의 집합은 군이 되는 거야." 미르카가 말했다.

입을 다물지 못하고 있는 우리를 보고 미르카가 다시 말했다.

"우리가 군의 구조를 알아볼 때 어떻게 하더라?"

- 원소의 개수를 세고 위수를 구한다.
- 군을 만들어 내는 생성원을 찾아낸다.
- 군에 포함되어 있는 부분군을 찾는다.
- 부분군으로 나눠서 잉여류를 구한다.

"이것들은 군에 대한 기본적인 탐구 내용이야. 여기에 '정규부분군을 찾는 것'도 아주 중요한 탐구지. 왜일까? 군을 정규부분군으로 나누면 생기는 잉여류 전체의 집합에는 군의 구조가 자연스럽게 들어가거든. 잉여류 전체의 집합을 군으로 간주한 것을 **잉여군** 또는 **몫군**이라고 불러. 군에 포함된 정규부분군을 찾아내서 잉여군을 만드는 거지. 이건 군을 찾는 중요한 탐구 중 하나야."

나는 놀랐다. 아니, 반쯤 기가 막혔던 건지도 모른다.

수학은 거기까지 가능한 것인가.

뿔뿔이 흩어져 있던 수학적 대상을 논리를 사용해 모아서 집합으로 만든다.

집합의 원소 사이에 연산을 정의하고, 집합에 군이라는 구조를 넣는다.

부분집합 중에서 군이 되어 있는 부분군을 찾는다.

군을 부분군으로 나눠서 잉여류 전체의 집합을 만든다.

그리고 이번에는 그 잉여류 전체의 집합에 군을 넣어서 잉여군을 만든다.

군을 정규부분군으로 나누면 잉여군을 만들 수 있다……

머리가 핑글핑글 돈다.

"그러면 $C_3 \backslash S_3$은 잉여군이 되는군요." 테트라가 말했다.

"맞아. C_3은 정규부분군이니까 잉여군은 $C_3 \backslash S_3$이라고 써도 좋고 S_3 / C_3이라고 써도 좋아. $C_3 \backslash S_3$과 S_3 / C_3은 같으니까."

$$
\begin{aligned}
C_3 \backslash S_3 &= \{C_3, C_3 \star [213]\} \\
&= \{C_3, [213] \star C_3\} \qquad C_3 * [213] = [213] * C_3 \text{이므로} \\
&= S_3 / C_3
\end{aligned}
$$

"잉여군 S_3 / C_3은 대체 어떤 군인가요?"

"흠…… 테트라는 S_3 / C_3의 원소를 아니?"

"네? 아, C_3과 $[213] * C_3$이요. 잉여류 전체의 집합이니까요."

$$
S_3 / C_3 = \{C_3, [213] \star C_3\}
$$

"S_3 / C_3의 원소 개수는 아니?"

"2개……죠? 세어 보면 알 수 있어요. C_3과 $[213] \star C_3$이요."

"테트라는 원소 개수가 2와 같은 군을 모르려나?"

"아……앗! 알아요. 저 알아요. 원소가 2개인 군은 세상에 딱 하나밖에 없어요!"

"그래. 원소가 2개인 군은 순환군 C_2와 동형인 군밖에 없어. 그러니까 S_3/C_3은 순환군 C_2와 동형인 군이 되는 거지."

"미르카 언니……." 유리가 가녀린 소리를 냈다.

"전 수학 얘기에 뒤처지는 것 같아요."

"그러니?" 미르카가 응수했다.

"잉여류끼리 ★을 하는 건 무슨 뜻이에요?"

"그럼 그 연산 이야기를 해 보자."

"저기, 미르카." 나는 말을 끊었다.

"확실히 아주 재미있는데, 그걸 지금 할 거야? 갈루아 페스티벌은 내일이야. 갈루아 이야기, 그러니까 유리의 포스터에 집중해야 하지 않아?"

"그러니까 집중하고 있잖아." 미르카가 지르퉁하게 말했다.

"정규부분군, 그러니까 잉여류 전체의 집합이 군이 되는 부분군이야말로 갈루아가 중시한 분야야. 갈루아가 결투 전날 밤에 친구 슈발리에에게 맡긴 편지에도 쓰여 있을 정도였어. 방정식이 대수적으로 풀리는 조건을 좇는 중에 갈루아는 잉여류 전체의 집합이 군이 되는 부분군의 중요성을 깨달았어. **정규부분군**이지."

"잠깐만, 미르카." 나는 미르카의 말을 잘랐다. "미르카의 이야기는…… '잉여류 전체의 집합이 군이 되는 부분군', 그러니까 '정규부분군'이 방정식을 푸는 것과 관계있다는 말처럼 들리는데?"

"그렇게 말하고 있잖아." 미르카가 미소를 지었다. "정규부분군은 방정식의 대수적 가해성에서 가장 중요한 개념 중 하나야. 유리와 테트라가 그려 준 케일리 그래프로 정규부분군을 배울 수 있었어."

"저기, 미르카 언니……. 배가 꼬르륵거려요." 유리가 말했다.

"그러고 보니 벌써 점심시간인가?" 미르카가 시계를 보았다.

이미 2시를 넘기고 있었다. 배가 고픈 게 당연하다.

"그럼 휴식. '옥시젠'에 가자."

2. 표기법의 형태

옥시젠

나, 미르카, 테트라, 유리는 나라비쿠라 도서관 3층에 있는 카페 레스토랑 옥시젠에서 식사를 했다. 야외 자리는 분위기가 좋지만 오늘은 찌는 더위 때문에 실내에서.

대학생처럼 보이는 남자가 미르카에게 말을 걸었다. 갈루아 페스티벌 준비를 하러 온 사람일까? 둘이서 어려운 수학 대화를 시작하는 바람에 우리는 따분해졌다.

"내일도 맑은가 봐." 테트라가 유리에게 말했다.

"밖은 더울 것 같다옹."

"유리, 정규부분군 이야기는 이해했어?" 내가 물었다.

"음, 그럭저럭." 유리는 말총머리를 고쳐 묶으며 대답했다.

"정규부분군이면 교환법칙 $C_3 \star a = a \star C_3$이 성립한다는 부분까지 이해했어. 잉여군은 아직 모르겠지만 사다리는 정말 재미있어!"

"그렇지." 내가 응답했다.

"선배……." 테트라가 진지한 얼굴로 말했다.

"사다리는 수를 바꿔 넣은 건가요?"

"그게 무슨 말이야?" 내가 되물었다.

테트라, 또 근원적인 질문을 하네.

치환 표기법

식사를 마치고 차를 마시면서 우리는 테트라의 이야기에 귀를 기울였다.

◆ ◆ ◆

사다리는 수를 바꿔 넣은 건가요? 아까 저는 사다리를 아래에 연결하는지

위에 올리는지, 두 가지 방법에 대해 이야기했어요.

케일리 그래프를 그릴 때, 아래에 연결하는 건 아주 쉽게 생각할 수 있어요. 사다리를 상상하면 되니까요. 하지만 위에 올리는 걸 상상하기란 정말 어려웠어요. 아, 제가 응용력이 없어서.

그래서 저는 다른 생각을 찾아냈어요. 그러니까 사다리를 '위에 올린다'고 생각하기보다는 거기에 적힌 '수를 바꾼다'고 생각하는 게 더 편리하다고요.

애초에…… 예를 들어 [231] 아래에 [213]을 연결할 때는 수를 바꿔 넣는 게 아니에요. 만약 [213]이 1과 2라는 수를 바꿔 넣었다면 [231]은 [132]가 되어야 하잖아요?

[231] 아래에 [213]을 연결할 때는 '왼쪽에서 첫 번째 장소에 놓여 있는 수'와 '두 번째 장소에 놓여 있는 수'를 바꿔 넣는 거예요. [231]의 왼쪽에서 첫 번째 장소에 있는 수는 2이고, 두 번째 장소에 있는 수는 3이니까 첫 번째와 두 번째를 바꿔 넣음으로써 2와 3을 바꿔 넣었어요.

좀 복잡해 보이지만…… 그래서 다시 얘기가 처음으로 돌아가는데요, [231]의 위에 [213]을 올릴 때는 장소를 바꾸는 게 아니라 수를 바꾼다고 생각하면 이해하기 쉬워요.

그러니까 이런 거죠. [231] 위에 [213]을 올렸을 때는 [231]에 열거된 수 중 1과 2를 교환해요. 그러면 [231]은 [132]가 되는데, 이건 그야말로 [231] 위에 [213]을 올렸을 때 생기는 사다리거든요.

전에 대칭군에 대해 알아보았을 때, 치환을 둥근 괄호 ( )로 쓰는 표기법을 배웠어요. 그게 딱 이해가 잘 돼요. 사다리 [213]은 1 밑에 2가 오고 2 밑에 1이 와요. 1 → 2 그리고 2 → 1로 돌아가죠. 이걸 (12)라고 쓰는 거예요. 그러니까 1과 2를 교환하는 거죠.

$$[213] \quad \begin{pmatrix} 1 & 2 & 3 \\ 2 & 1 & 3 \end{pmatrix} \quad 1 \to 2 \quad (12)$$

[213]과 $\begin{pmatrix} 1\,2\,3 \\ 2\,1\,3 \end{pmatrix}$과 (12)

사다리 [231]은 1 밑에 2가 오고, 2 밑에 3이 오고, 3 밑에 1이 와요. 1 →
2 → 3 그리고 3 → 1이죠. 이걸 (123)으로 쓰는 거예요. 그러니까 1, 2, 3을
빙글 돌리는 거죠.

$$[231] \qquad \begin{pmatrix} 1 & 2 & 3 \\ 2 & 3 & 1 \end{pmatrix} \qquad \overbrace{1 \to 2 \to 3} \quad (123)$$

$$[231] 과 \begin{pmatrix} 1 & 2 & 3 \\ 2 & 3 & 1 \end{pmatrix} 과 (123)$$

이렇게 생각하면 유리의 표기법과 둥근 괄호 표기법은 이렇게 대응해요.

유리의 표기법	[123]	[213]	[321]	[231]	[312]	[132]
둥근 괄호 표기법	( )	(12)	(13)	(123)	(132)	(23)

유리가 쓴 [213]이라는 표기법은 수학에서는 표준이 아닐 테니까 포스터
에 그림을 그린다면 수학에서 자주 쓰이는 둥근 괄호 표기법으로 고치는 게
좋을지도 모르겠어요.

◆◆◆

"어떻게 할까요?" 테트라가 난처한 듯이 물었다.

"……." 유리도 난처한 표정을 지었다.

"유리의 표기법도 의미는 명확해." 미르카가 말했다. 대학생과 수학 이야
기를 끝낸 모양이다.

"확실히 [213]은 치환을 나타내는 표준 표기법이 아니야. 하지만 정의를
써 두면 전혀 문제없어. 게다가 사다리라는 직감적인 모델과도 꼭 들어맞아."

"아하." 내가 감탄했다.

"게다가." 이어서 미르카가 말했다. "예를 들어 치환을 나타내는 표준적인
표기법 중 하나인 $\begin{pmatrix} 1 & 2 & 3 \\ 2 & 1 & 3 \end{pmatrix}$의 아래쪽을 골랐다고 생각하면 돼."

"그렇구나!" 유리가 말했다.

"그리고……." 미르카가 말했다. "갈루아의 첫 번째 논문에는 갈루아 자신이 적은 군의 표기법이 나와. 갈루아는 방정식의 해를 a, b, c, d로 하고, 그 해의 치환을 $abcd$, $bacd$, $cbad$, $dbca$, …이런 식으로 적었어. 이건 유리의 표기법으로 말하면 $[1234]$, $[2134]$, $[3214]$, $[4231]$, …이 돼. 갈루아 페스티벌에는 오히려 더 어울리지."

"아, 그렇군요!" 테트라가 호응했다.

"그런데 그 갈루아의 첫 번째 논문이 뭐예요?"

"갈루아의 첫 번째 논문이란, 갈루아가 '방정식을 대수적으로 풀기 위한 필요충분조건'을 쓴 논문이야. 내일 얘기하자. 내가 준비한 포스터가 있어."

"기대돼요!" 테트라가 말했다.

"어떤 표기법에도 장점과 단점이 있어." 미르카가 말했다. "$[213]$이나 $\begin{pmatrix} 1 & 2 & 3 \\ 2 & 1 & 3 \end{pmatrix}$은 사다리와 잘 들어맞는데, 무엇과 무엇을 교환하는지 보기가 어려워. 하지만 (12)라고 쓰면 1과 2를 교환한다는 게 명백해져."

"단번에 '바로 이해되는' 표기법이 있으면 좋을 텐데……." 유리가 말했다.

라그랑주의 정리

"표기법마다 장단점이 있는 건 잘 알았어요." 테트라가 말했다. "처음부터 그림이나 수식으로 나타내는 표현 방법이 있죠. 그림을 쓰면 전체가 잘 보여서 이해하기 쉬워요……."

"응! '덩어리'도 잘 보이고!" 유리가 말했다.

"수식에서 패턴이 발견될 때도 있어요." 테트라가 말했다.

"증명하기엔 수식이 좋지. 그림으로는 가끔 속을 수 있거든." 내가 말했다.

"하지만 그림으로 이해될 때도 많아요. 저기, 증명이라고 하면 군을 부분군으로 나눴을 때 생기는 잉여류란 원소 개수가 다 똑같아지나요?" 테트라가 물었다.

"무슨 말이야?" 유리가 되물었다.

"S_3/C_3의 잉여류에서 C_3과 $[213] \star C_3$은 원소 개수가 3으로 똑같아요."

"응."

"S_3/C_{2a}의 잉여류에서 C_{2a}와 $[231] \star C_{2a}$와 $[312] \star C_{2a}$의 원소 개수는 모두 2로 똑같아요. 잉여류의 원소 개수가 전부 같아지는 건 우연이 아니라…… 증명할 수 있죠?"

"물론." 미르카가 그렇게 말하고 근처에 있던 냅킨에 수식을 적기 시작했다. "귀찮으니까 기호 $\star$ 는 생략할게. 그러니까 $[231] \star [213]$을 $[231]$ $[213]$이라고 쓰고, $[213] \star C_3$을 $[213]C_3$이라고 쓸게. 일반적으로 이런 식으로……."

- $g \star h$를 gh라고 쓰고
- $g \star \mathrm{H}$를 $g\mathrm{H}$라고 쓴다.

"이렇게 하면 의미가 불명확할 일은 없어."
"곱셈 $a \times b$를 ab로 쓰는 것처럼 말이지." 내가 보충했다.
확실히 수식을 손으로 적으면 당연한 건 점점 생략해지고 싶어진다. $a \times b$를 ab로 쓰거나 x^1을 x로 쓰거나.
"테트라의 의문은 이거야." 미르카가 말했다. "용어가 어긋나는 걸 없애기 위해 원소는 유한개라고 해 두자."

문제 9-1 잉여류의 원소 개수

군 G와 그 부분군 H에 대해 잉여류 전체의 집합을 G/H로 한다.
G/H에 속하는 잉여류의 원소 개수는 모두 H의 원소 개수와 같은가?

잉여류 전체의 집합 G/H는 다음과 같이 쓸 수 있다.

$$\mathrm{G/H} = \{ g\mathrm{H} \,|\, g \in \mathrm{G} \}$$

그러니까 집합 $g\mathrm{H}$의 원소 개수가 H의 원소 개수와 같다는 것을 말하면 된다.

혹시 모르니 집합 gH의 의미를 복습해 두자. gH라는 건 연산 $\star$를 생략하지 않으면 $g \star H$를 말한다. 그리고 그 정의는 이렇다.

$$gH = \{gh \mid h \in H\}$$

즉, G의 원소 g를 하나 정해 두고, 그 g에 대해 H의 원소 h를 곱한 것 전체가 만드는 집합이 gH이다.

집합 gH의 원소 개수가 H의 원소 개수와 같다는 것을 말하려면…….

(1) 집합 H의 어떤 원소에 대해서도
　　집합 gH의 원소가 오로지 하나만 대응한다.
(2) 반대로 집합 gH의 어떤 원소에 대해서도
　　집합 H의 원소가 오로지 하나만 대응한다.

이런 대응이 있다는 걸 말하면 된다.

먼저 (1)을 나타낸다. 집합 H의 원소 h에 집합 gH의 원소 gh를 대응시킨다. 이 대응으로 h에 대응하는 원소는 단 하나.

다음으로 (2)를 나타낸다. 방금 했던 것과 반대로 집합 gH의 원소 gh에 집합 H의 원소 h를 대응시킨다. 이 대응으로 gh에 대응하는 원소는 단 하나. 왜냐하면 만약 $gh = gh'$를 만족하는 원소 $h' \in H$가 있다고 하자. 그러면 $gh = gh'$의 양변에 대해 왼쪽에서 g의 역원 g^{-1}을 곱하면 $g^{-1}gh = g^{-1}gh'$를 얻을 수 있다. $g^{-1}g$는 항등원 e와 같으므로 $eh = eh'$가 성립한다. 항등원의 성질에서 $h = h'$를 얻을 수 있고, 결국 h'는 h와 같아진다.

G/H에 속하는 임의의 잉여류 gH에 대해 gH의 원소 개수가 H의 원소 개수와 같다는 걸 나타냈다. 따라서 G/H에 속하는 잉여류의 원소 개수는 모두 H의 원소 개수와 같다고 할 수 있다.

이것이 증명해야 할 것이었다.

Q. E. D, 증명 끝.

잉여류의 원소 개수

군 G와 그 부분군 H에 대해 잉여류 전체의 집합을 G/H라고 하자. G/H에 속하는 잉여류의 원소 개수는 모두 H의 원소 개수와 같다.

요컨대, 'H와 gH의 사이에는 $f : h \mapsto gh$라는 전단사 f가 존재한다'는 증명이다.

그런데 이 증명에서 'G의 원소 개수'를 'H의 원소 개수'로 나누면 '잉여류의 개수'를 얻을 수 있다는 사실을 알 수 있다.

이것을 **라그랑주의 정리**라고 한다.

라그랑주의 정리

군 G와 그 부분군 H에 대해 다음 식이 성립한다.

$$|G|/|H| = |G/H|$$

단, 이렇게 정한다.

- $|G|$는 군 G의 위수(원소 개수)
- $|H|$는 부분군 H의 위수(원소 개수)
- $|G/H|$는 잉여류 전체의 집합 G/H의 원소 개수(잉여류의 개수)

"오랜만에 보는 이름이……." 테트라가 말했다. "라그랑주 분해식의 라그랑주 씨네요!"

"그래. 그 라그랑주야." 미르카가 말했다. "군 S_3의 원소 개수는 $|S_3| = 6$이고, 부분군 C_3의 원소 개수는 $|C_3| = 3$이고, 잉여류 전체의 집합 S_3/C_3의 원소 개수…… 이건 잉여류의 개수를 말하는데, $|S_3/C_3| = 2$다. 여기서 하는 나눗셈은 $|S_3|/|C_3|$처럼 빗금을 사용해서 쓰면 속이 시원해."

$$|S_3| \ / \ |C_3| \ = \ |S_3/C_3|$$

$$\vdots \qquad \vdots \qquad \vdots$$

$$6 \ / \ 3 \ = \ 2$$

"그렇구나…… 이건 S_3/C_{2a}에서도 성립하네요. $6/2=3$이요."

$$|S_3| \ / \ |C_{2a}| \ = \ |S_3/C_{2a}|$$

$$\vdots \qquad \vdots \qquad \vdots$$

$$6 \ / \ 2 \ = \ 3$$

"게다가 라그랑주의 정리에서 부분군의 위수가 원래 군의 약수가 된다는 사실도 말할 수 있어."

"미르카 언니! 잉여류의 원소 개수는 전부 다 같죠?" 유리도 냅킨에 열심히 그림을 그리면서 말했다. "이런 그림은 안 되나요?"

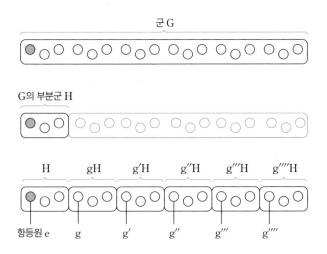

군 G와 부분군 H와 잉여류 전체의 집합 G/H의 도식

"오, 이건 이해가 잘 되네." 내가 말했다.

"잉여류 안에 같은 수 ○가 들어 있는 게 포인트야!" 유리가 말했다.

"그거면 됐어." 미르카가 눈을 가늘게 떴다. "그런데 라그랑주의 정리는 잉여류 전체의 집합에 대한 정리인데, 물론 잉여군에 대해서도 성립해."

"잉여군은 잉여류 전체의 집합을 사용해서 만든 군이니까." 내가 말했다.

"일반적으로 군 G와 그 정규부분군 H가 있다고 하자. 그러니까 G▷H야. 그때 잉여군 G/H의 위수를 $(G:H)$로 나타내고, 군 G에서의 정규부분군 H의 **지수**라고 불러. 예를 들어 잉여군 S_3/C_3의 위수는 이렇게 돼."

$$(S_3 : C_3) = |S_3/C_3| = 2 \qquad \text{군 } G_3 \text{에서의 정규부분군 } C_3 \text{의 지수}$$

정규부분군의 표기법

"지금 G▷H는 정규부분군을 나타내는 것인가요?" 테트라가 물었다.

"맞아. 설명 안 했나? H가 G의 정규부분군이라는 걸 G▷H라고 써. 이건 표준 표기법이야."

정규부분군의 정의

G는 군이고 H는 G의 부분군이다.
군 G의 임의의 원소 g에 대하여

$$g\mathrm{H} = \mathrm{H}g$$

위의 식이 성립할 때, 군 H를 군 G의 **정규부분군**이라고 하고, 다음과 같이 쓴다.

$$\mathrm{G} \triangleright \mathrm{H}$$

---

3. 부분의 형태

외톨이 $\sqrt[3]{2}$

정신 차려 보니 탁자 위에 수식이 가득 적힌 냅킨이 수북이 쌓여 있었다. 이제 그만 회의실로 돌아가자 싶어 다들 움직이기 시작했다.

유리와 미르카가 케일리 그래프에 대해 얘기하면서 레스토랑에서 나갔다. 테트라는 왠지 모르게 꾸물대고 있었다.

"왜 그래, 테트라? 다 나갔는데." 내가 말했다.

"선배, 잠깐 할 얘기가 있어요." 그녀는 구석으로 나를 끌고 갔다. "죄송해요!" 머리까지 깊이 숙였다. "저번에는 제가 할 말만 하고 가 버려서……."

아, 그 날 일을 말하는 건가.

"왠지 화를 낸 것처럼 되어 버렸지, 미안."

"아니에요. 혼이 난 것도 수학과 상관없이 다른 일 때문에."

"다른 일?"

"콘서트요."

"콘서트?" 그게 뭐지?

"제가 못 갔던 예예 선배 콘서트……."

"그건 그냥 미르카가 불러서……." 내가 말했다.

"전 외톨이 $\sqrt[3]{2}$예요."

"응?"

"선배한테 $\sqrt[3]{2}$ 이야기를 들었어요. $\mathbb{Q}$에 $\sqrt[3]{2}$를 추가하면 뭐 해요, 거기에는 $\sqrt[3]{2}w$도 $\sqrt[3]{2}w^2$도 없어요. 저는 왠지 외톨이가 된 $\sqrt[3]{2}$ 같아서…… 하지만 그런 건 제 생각일 뿐이죠. 선배는 잘못한 게 없어요." 테트라는 나를 힐끔 보고 눈을 아래로 깔았다. "그냥 저, 얼마 전 일을 사과하고 싶었을 뿐이에요. 선배, '베릴륨'으로 가요! 이 기회에 유리의 포스터를 같이 완성해요!"

구조 탐구

나와 테트라는 가는 길 복도에서 미르카 일행을 따라잡았다.

나라비쿠라 도서관에는 내일 갈루아 페스티벌을 맞이할 준비가 한창이었다. 우리는 여기저기 방을 둘러보며 걸었다. 중간에 자그마한 손수레를 밀고 가는 리사와 스쳐 지나갔다. 각 방에 짐을 바삐 나눠 주는 그녀에게 유리가 뭔가를 묻고 있다.

"그런데 정말 사다리 하나로 이렇게 즐길 수 있다니⋯⋯." 나는 나란히 걷는 테트라에게 말을 걸었다.

"그러게요." 테트라가 대답했다. "게다가 군에 대한 기본 탐구 이야기도 흥미로워요. 위수나 부분군을 찾는다는 이야기요."

"구조가 있으면 '부분'으로 나눌 수 있어."

앞을 걸어가던 미르카가 뒤를 돌아보았다.

◆ ◆ ◆

구조가 있으면 '부분'으로 나눌 수 있어.

하지만 '부분'은 뿔뿔이 흩어진 게 아니야.

그림은 선이 단순히 모여서 이루어진 게 아니야.

사람은 세포가 단순히 모여서 이루어진 게 아니야.

그리고 군은 원소가 단순히 모여서 이루어진 게 아니야.

구성 원소가 서로 관련되어 전체를 구성하지. 군론은 그 '서로 얽혀 있는 모습'을 푸는 거야. 위수란 무엇인가? 어떤 부분군이 있는가? 어떤 정규부분군이 있는가? 정규부분군으로 나눈 잉여군은 어떻게 되는가? 그런 것들이 모두 군의 구조를 푸는 거야.

우리는 정12각형 안에서 정1, 2, 3, 4, 6, 12각형을 발견해 내는 것처럼, 군 안에서 정규부분군을 찾아내지. 숨겨진 구조물을 찾는 거야.

그건 전부 군이라는 구조를 탐구하는 일이야.

그리고 연구 대상에 군의 구조를 넣으면 군론이 구조 탐구의 무기가 되지.

갈루아는 방정식의 구조를 탐구하기 위해 군을 사용한 거야.

갈루아의 고유 분해

우리는 나라비쿠라 도서관의 회의실 '베릴륨'으로 돌아왔다.

"아까 갈루아 씨가 정규부분군에 주목했다는 이야기를 했죠." 테트라가 미르카에게 말했다.

"응, 갈루아는 정규부분군이라고 부르지 않았지만, 주목했던 것은 딱 정규부분군이었어. 그는 정규부분군을 사용해서 군을 분해하는 걸 **고유 분해**라고 불렀어."

"고유 분해?" 테트라가 읊조렸다.

"군은 부분군에 따른 잉여류의 합으로 분해할 수 있어." 미르카가 응답했다.

"예를 들어 $G/H = \{H, aH, a'H, a''H, a'''H\}$라고 하면 다음이 성립돼."

$$G = H \cup aH \cup a'H \cup a''H \cup a'''H$$

"이건 G를 G/H의 원소로 분해한 게 돼. 그런데 G/H가 아니라 H\G의 원소(잉여류)로 분해할 수도 있어. $H \backslash G = \{H, Hb, Hb', Hb'', Hb'''\}$라고 하면 다음처럼 돼."

$$G = H \cup Hb \cup Hb' \cup Hb'' \cup Hb'''$$

"H가 정규부분군일 때만 이 2개의 분해는 일치해. 갈루아는 이걸 고유 분해라고 불렀어. 예를 들면……."

$$S_3 = C_3 \cup [213]C_3$$

"위의 식은 군 S_3을 정규부분군 C_3으로 고유 분해한 것이 되지."*

C_3을 더 나누기

"왜 정규부분군에 주목하는지를 생각했는데요." 테트라가 말했다.

---

* 갈루아는 ∪가 아니라 + 기호를 썼다.

"군 G를 정규부분군 H로 나누면 잉여군 G/H가 만들어진다는 건…… 정수 n의 성질을 알아볼 때 n을 소인수분해하는 것과 살짝 닮은 것 같아요."

'정수의 구조는 소인수가 보여 준다.'

"이것과 마찬가지로……"

'군의 구조는 정규부분군이 보여 준다.'

"이런 게 아닐까 해요. '나눗셈'이라는 말에서 연상한 거지만요. 군 G의 성질을 알아보는 데 H와 G/H를 쓸 수 있을까 해서요."

"그렇구나!" 나는 목소리를 높였다.

"정말 테트라에게 많이 놀라는걸." 미르카가 반응했다.

"바로 그거야. 아까는 군 S_3을 정규부분군 C_3으로 나눴는데, C_3 자신도 정규부분군으로 더 나눌 수 있어."

"네?" 테트라가 깜짝 놀랐다. "C_3에 정규부분군이 있어요?"

"있어."

"C_3에는 원소가 3개밖에 없는데요?"

"3은 소수." 미르카가 윙크를 했다.

"소수…… 그러면 무슨 일이 일어나는 건가요?"

"소수 3의 약수는?" 미르카가 바로 질문을 던졌다.

"네? 3과 1인데…… 소수니까 그 2개밖에 없죠."

"만약 C_3에 부분군이 있다면 위수는 반드시 3 아니면 1." 미르카가 말했다.

"아! 라그랑주의 정리에서 유추할 수 있군요!"

"그래. C_3에는 부분군이 2개 있어. 하나는 C_3 자신이고 위수는 3이야. 다른 하나는 항등군 $E_3 = \{[123]\}$인데, 위수는 1이야. 둘 다 C_3의 정규부분군이지. 왜냐하면 C_3의 임의의 원소 a에 대해 $aC_3 = C_3a$와 $aE_3 = E_3a$가 성립하니까."

"항등군은 항상 정규부분군이 되네요! 1이 모든 정수의 약수가 되는 것과 비슷해요!" 테트라가 양손을 부여잡고 말했다.

"그 군 자신도 정규부분군이 돼요! 어떤 정수도 자신이 자신의 약수가 되는 것과 비슷해요!"

"그러네, 테트라." 미르카는 다정하게 고개를 끄덕이며 말을 이었다. "자, 우리는 S_3에서 시작하는 정규부분군의 연쇄를 얻었어."

- 군 S_3에는 정규부분군 C_3이 있고,
- 군 C_3에는 정규부분군 E_3이 있다.

"즉, 이렇게 말할 수 있어."

$$S_3 \vartriangleright C_3 \vartriangleright E_3$$

"이 정규부분군의 연쇄를 잉여군과 합쳐서 도식화해 볼게."

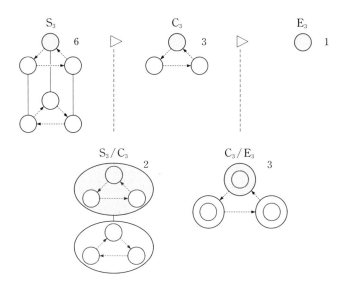

대칭군 S_3의 분해 ($S_3 \vartriangleright C_3 \vartriangleright E_3$)

"우와아……." 테트라가 감탄의 소리를 냈다.

"우리는 지상에서 벗어나 하늘을 날 거야." 미르카가 말했다.

"하늘에서 모든 걸 내려다보는 거야. 작은 구조를 무시하고 큰 구조로 눈을 돌리는 거지."

손수레를 밀며 리사가 들어왔다.

변함없는 무표정으로 작업을 하는 빨강머리 소녀.

"군 안에 어떤 정규부분군이 포함되어 있는지를 알아보는 건……." 미르카가 말을 이었다. "시계를 분해해서 내부 구조를 알아보는 것과도 비슷해. 어느 톱니바퀴가 어느 톱니바퀴에 맞물려 있는지 알아보는 것처럼, 우리는 정규부분군과 잉여군을 알아보는 거지."

리사는 미르카의 이야기를 듣는 건지, 마는 건지…… 통으로 돌돌 만 커다란 모조지 다발, 12색 마커, 칼, 패널 등 온갖 문구류를 손수레에서 꺼내 책상에 펼쳤다.

"어떤 여자애가 있었어." 미르카가 말을 이었다. "초등학교에서 '산수 세트' 시계를 나눠 주었지. '문자판 읽는 법'을 가르치는 교재야. 뒤에 있는 다이얼을 손으로 돌리면 분침과 시침이 돌아가는 거."

어떤 여자애?

"그 여자애는 집에 가면 집 안에 있는 시계를 분해해서 톱니바퀴를 꺼냈어. 시계의 내부 구조를 알고 싶었거든. 리사! 맞아?"

그런가. 그 여자애가 리사인가?

리사는 미르카의 질문을 무시하고 작업을 멈추지 않았다.

미르카는 그런 리사의 뒤로 가서 빨강머리를 헝클어뜨렸다.

"그만해, 미르카!" 리사는 미르카의 손을 떼고 기침을 했다.

"시계의 내부 구조를 알고 싶어서 그랬어?" 미르카가 다시 물었다.

"눈으로 확인." 리사는 마음을 진정시키면서 답했다.

고1 리사와 고3 미르카가 사촌이라는 건 알고 있었다. 하지만 대체 사이가 좋은 건지 나쁜 건지.

"이걸 써도 되나요?" 테트라가 책상 위에 펼쳐진 문구를 가리키며 말했다.

"포스터 준비용이죠?"

리사는 말없이 고개를 끄덕였다.

"고마워." 내가 말했다.

빈틈이 없다. 리사는 과묵하지만 아주 철저하다.

리사는 말없이 손수레를 밀며 방을 나갔다.

나눗셈과 동일시

노트를 다시 보고 테트라가 물었다.

"왜 '나눗셈'이라고 할까요?"

"나눗셈은 동일시. 잉여는 분류." 미르카가 바로 답했다.

"잘 모르겠어요."

"우리는 '요일'이라는 개념으로 같은 걸 하고 있어. 예를 들어 오늘(0일째)이 일요일이라고 해 볼게. 내일(1일째)은 월요일이야. 그럼 n일째 요일을 알고 싶으면 어떻게 할 거야?"

"아하, n을 7로 나누겠죠."

"그래. n을 7로 '나눗셈'을 하고 '잉여'를 구해. n을 7로 나눈 잉여를 분류하는데, 나머지가 0이면 일요일, 1이면 월요일, ⋯⋯6이면 토요일이라고 판단하는 거지. 바꿔 말하면 요일이란⋯⋯."

$$
\text{요일 전체의 집합} = \{
$$
$$
\begin{array}{ll}
\{0, 7, 14, \cdots\}, & \cdots\cdots\text{일요일} \\
\{1, 8, 15, \cdots\}, & \cdots\cdots\text{월요일} \\
\{2, 9, 16, \cdots\}, & \cdots\cdots\text{화요일} \\
\{3, 10, 17, \cdots\}, & \cdots\cdots\text{수요일} \\
\{4, 11, 18, \cdots\}, & \cdots\cdots\text{목요일} \\
\{5, 12, 19, \cdots\}, & \cdots\cdots\text{금요일} \\
\{6, 13, 20, \cdots\}, & \cdots\cdots\text{토요일} \\
\}
\end{array}
$$

"이런 집합의 집합을 생각할 수 있지. 7로 나눈 나눗셈은 7일이 어긋난 날의 동일시이고, 7로 나눴을 때 나오는 나머지는 요일에 따른 분류가 되지."

"그렇군요……. 요일에 따른 분류군요." 테트라가 말했다.

'나눗셈은 동일시. 나머지는 분류'

"S_3/C_3도 같은 거야."

$$S_3/C_3 = \{$$
$$\{[123], [231], [312]\}, \qquad \cdots\cdots C_3$$
$$\{[213], [321], [132]\} \qquad \cdots\cdots [213]C_3$$
$$\}$$

"아아." 테트라가 신음했다.

나도 "아아" 하고 따라 했다. "이것도 '나눗셈에 따른 분석'이구나."

미르카는 속도를 살짝 올렸다.

"G/H는 군 G를 부분군 H의 입도(粒度)로 보는 걸 말해. 부분군 H에 속하는 원소를 동일시한다고 표현해도 좋아."

"그건 잉여군과 관계가 있는 거냐웅……." 유리가 물었다.

"그래. 집합과 집합의 연산 이야기를 해 보자." 미르카는 유리를 향해 말했다. "군에서는 원소 사이에 연산이 정의되어 있어. 알겠니, 유리?"

"네!"

"그 원소와 원소 사이의 연산을 집합과 집합 사이의 연산으로 자연스레 연장하는 거야." 미르카가 말했다.

"자연스레 연장……?" 유리가 웅얼거렸다.

"군의 원소 a와 b가 있고, 그 곱이 $ab = c$라고 해 보자. 잉여류 aH와 bH가 있을 때, 그 곱을 정의하고 싶어. aH와 bH의 곱 $(aH)(bH)$는 cH와 같아졌으면 좋겠어. 이건 이해되니?"

미르카는 차근차근 설명을 잘하는구나.

"같아졌으면 좋겠다는 건 '그런 식으로 정의를 내리고 싶다'는 것……인가요?" 유리가 물었다.

"빙고. 군의 연산은 공리만 만족한다면 자유롭게 정의해도 좋아. 기회가 생겼으니 흥미로운 정의를 내리고 싶은 거지. $ab=c$일 때 $(a\mathrm{H})(b\mathrm{H})=c\mathrm{H}$가 된다고 정의하고 싶어."

"음…… 대충 이해는 하겠는데……." 불안해 보이는 유리.

"미르카 선배! 이것도 'well-defined'네요!" 테트라가 옆에서 치고 들어왔다.

"빙고." 미르카가 말했다.

"잘 정의되었다……."

"맞아요." 테트라는 의욕 넘치게 말했다. "$ab=c$는 원소와 원소의 연산이잖아요. 원소와 원소의 연산…… 작은 구조예요. 거기에 비해 $(a\mathrm{H})(b\mathrm{H})=c\mathrm{H}$는 잉여류와 잉여류의 연산…… 이건 큰 구조예요."

"……?" 유리가 고개를 갸우뚱했다.

"$a\mathrm{H}$와 $b\mathrm{H}$와의 연산을 정의할 때 말이에요, $a\mathrm{H}$의 한 원소와 $b\mathrm{H}$의 한 원소를 연산한 결과는 모두 $c\mathrm{H}$에 속하도록 정의하는 거예요. 그걸 미르카 선배는 $ab=c$일 때 $(a\mathrm{H})(b\mathrm{H})=c\mathrm{H}$라고 표현한 거예요! 그렇죠?"

"맞았어." 미르카가 칭찬했다.

"모르겠다옹!" 유리가 말했다.

"수식은 이해가 잘 될 줄 알았는데 모르겠어요……."

"케일리 그래프를 생각해 봐." 미르카가 말했다. "유리가 말하는 '덩어리'가 잉여류야. 잉여류 $a\mathrm{H}$의 원소를 하나 고르고, 다른 잉여류 $b\mathrm{H}$의 원소도 하나 골라. 그리고 그걸 계산해. 그 결과는 잉여류 $c\mathrm{H}$의 어딘가에 속한다는 거야. 이건 이해하겠니?"

"네……."

"테트라가 말한 'well-defined'라는 건, $a\mathrm{H}$에서 고른 원소와 $b\mathrm{H}$에서 고른 원소를 연산한 결과는 항상 원소를 어떻게 골랐는지 상관없이 $c\mathrm{H}$에 속한다는 뜻이야. 잉여류에서 어떤 원소를 고르든지 연산 결과가 같으니까 각 원소는 잊어도 돼. 잉여류와 잉여류의 연산이라고 생각해도 상관없어. 잉여류에서 원소를 아무거나 골라도 상관없으니까."

"거기까지는 이해했어요." 유리가 말했다. "그런데 미르카 언니, '잉여류에서 원소를 아무거나 골라도 상관없다'는 건 너무 편하게 가는 거 아니에요?"

"완전히 편한 건 아니니까." 미르카가 미소 지었다. "단순한 부분군을 사용한 잉여류는 안 돼. 하지만 '잉여류에서 원소를 아무거나 골라도 상관없는' 잉여류를 만드는 부분군이 있어. 그게……."

"정규부분군이군요!" 테트라가 마무리 지었다.

"그리고 그때 케일리 그래프의 화살표와 '덩어리'가 딱 들어맞는구나!" 나도 응수했다.

"흐ㅇㅇ음……." 유리가 앓는 소리를 냈다.

"정규부분군의 정의를 사용할 때가 왔어."

미르카는 결연한 표정으로 강의를 시작했다.

◆◆◆

H가 군 G의 정규부분군일 때 G가 임의의 원소 a, b에 대해 $(aH)(bH)$ $=(ab)H$가 성립한다는 걸 증명하자. 등호($=$)가 성립한다는 걸 증명하려면 $\subset$와 $\supset$가 모두 성립한다는 걸 증명하면 돼.

▶ $(aH)(bH) \subset (ab)H$의 증명

$(aH)(bH)$의 임의의 원소는 $(ah)(bh')$라고 쓸 수 있어(h, $h' \in H$). 결합법칙으로 이 원소는 $a(hb)h'$와 같아. H는 정규부분군이니까 $Hb = bH$가 성립하고, $hb = bh''$를 만족하는 H의 원소 h''가 존재해. 다음을 잘 봐.

$$
\begin{aligned}
(ah)(bh') &= a(hb)h' && \text{결합법칙으로 연산 순서를 바꾼다} \\
&= a(bh'')h' && \text{H는 정규부분군이므로 } hb = bh'' \text{인 } h'' \in H \text{가 존재한다} \\
&= (ab)(h''h') && \text{결합법칙으로 연산 순서를 바꾼다} \\
&\in (ab)H && \text{H는 군이므로 } h''h' \in H \text{가 성립한다}
\end{aligned}
$$

이걸로 $(a\mathrm{H})(b\mathrm{H})$의 임의의 원소가 $(ab)\mathrm{H}$에 속한다는 걸 나타냈으니 $(a\mathrm{H})(b\mathrm{H}) \subset (ab)\mathrm{H}$가 증명되었어.

▶ $(a\mathrm{H})(b\mathrm{H}) \supset (ab)\mathrm{H}$의 **증명**

$(ab)\mathrm{H}$의 임의의 원소는 $(ab)h$라고 쓸 수 있어($h \in \mathrm{H}$). 결합법칙으로 이 원소는 $a(bh)$와 같아. H는 정규부분군이니까 $b\mathrm{H} = \mathrm{H}b$가 성립하고, $bh = h'b$를 만족하는 H의 원소 h'가 존재해. 다음을 잘 봐.

$$(ab)h = a(bh) \qquad \text{결합법칙으로 연산 순서를 바꾼다}$$
$$\quad = a(h'b) \qquad \text{H는 정규부분군이므로 } bh = h'b\text{인 } h' \in \mathrm{H}\text{가 존재한다}$$
$$\quad = (ah')(b) \qquad \text{결합법칙으로 연산 순서를 바꾼다}$$
$$\quad \in (a\mathrm{H})(b\mathrm{H}) \qquad ah' \in a\mathrm{H}\text{이자 } b \in b\mathrm{H}\text{이므로}$$

이걸로 $(ab)\mathrm{H}$의 임의의 원소가 $(a\mathrm{H})(b\mathrm{H})$에 속한다는 사실을 나타냈으니 $(a\mathrm{H})(b\mathrm{H}) \supset (ab)\mathrm{H}$가 증명되었어.

$(a\mathrm{H})(b\mathrm{H}) \subset (ab)\mathrm{H}$와 $(a\mathrm{H})(b\mathrm{H}) \supset (ab)\mathrm{H}$가 둘 다 증명되었으니 다음 식도 증명한 셈이지.

$$(a\mathrm{H})(b\mathrm{H}) = (ab)\mathrm{H}$$

◆◆◆

"군 G를 정규부분군 H로 나눈 잉여류 전체의 집합에는 군의 구조가 자연스레 들어가. 그게 잉여군 G/H야. 잉여군 G/H에서는 잉여류 내부의 작은 구조를 무시하고 잉여류끼리 이루어진 큰 구조에 주목해. 미시적 시점에서 거시적 시점으로 옮겨 구조를 보는 거지. 숲에 넘치는 나무 한 그루 한 그루를 그만 관찰하고 하늘을 나는 거야. 나무의 형태가 아니라 숲의 형태를 보기 위해."

미르카는 우리를 빙 둘러보았다.

"자, 숲은 잘 보였니?"

얼떨떨한 표정을 한 테트라와 유리.

4. 대칭군 S_4의 형태

베릴륨

벌써 오후 4시다.

"그런데 포스터 작성 방침을 아직 안 정했어." 내가 말했다. "지금까지 유리나 테트라가 그렸던 대칭군 S_3의 그림을 정리하면 되려나?"

"유리, 4차인 대칭군 S_4는 연구했니?" 미르카가 말했다.

"읍, 일단요." 유리가 대답했다. "S_4의 그림도 많이 그렸는데, 마지막에는 다 쳐내고 단순하게 만들었어요. $4!=24$개나 패턴이 있는데요!"

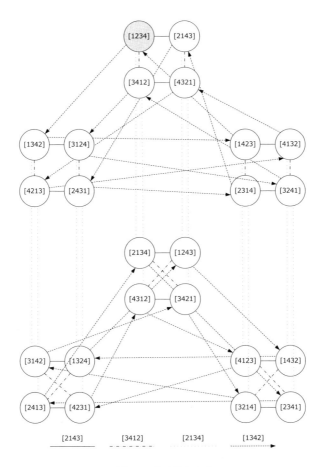

대칭군 S_4의 케일리 그래프

"이것도 케일리 그래프가 됐네." 미르카가 말했다.

"미르카 언니. S_4의 그림에서도 유리는 역시 '덩어리'를 찾아냈어요. 여기에도 '위의 삼각'이나 '아래의 삼각'이라 부를 수 있는 '덩어리'가 있더라고요. S_4에서 '위의 삼각'은 그냥 삼각이 아니고 '사각형으로 만든 삼각형'처럼 '덩어리의 덩어리' 같아요."

"맞네······." 내가 말했다.

"재미있죠." 테트라도 응수했다.

"미르카 언니. 방금까지 했던 이야기를 듣고 생각했는데, 이 S_4의 케일리 그래프에서도 역시 '나눗셈'을 해서 '잉여군'을 만들 수 있어요?"

"물론이지. 지금부터 같이 만들자. 대칭군 S_4에서 항등군 E_4까지 축소해 가는 정규부분군의 탑을 쌓는 거야. 거기서는 유리가 말하는 '사각형으로 만든 삼각형'도 수학적으로 쓸 수 있어."

긴 시간 동안 우리는 S_4의 정규부분군의 연쇄를 그렸다.

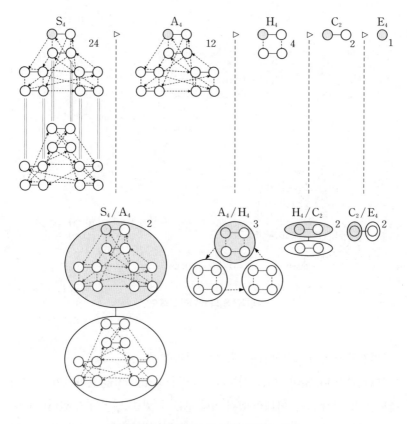

대칭군 S_4의 분해 ($S_4 \triangleright A_4 \triangleright H_4 \triangleright C_2 \triangleright E_4$)

그림을 그리고 나서 우리는 힘을 모아 포스터 몇 장을 그렸다.

지금까지 만든 그림, 용어의 정의, 사다리의 구체적 예시……

다 만들었을 즈음 밖은 이미 땅거미가 내려앉아 있었다.

정말이지 많은 일이 있었던 하루였다.

언덕 위의 나라비쿠라 도서관에서 이렇게 긴 시간을 보낸 건 처음일지도.

나는 그렇게 평온한 생각을 하고 있었다.

언덕 아래에서 무슨 일이 일어나고 있는지 알지도 못한 채.

5. 마음의 형태

아이오딘

"집에 못 간다니, 그게 무슨 소리야?" 내가 말했다.

"전선 사고. 내일 아침에 복구한대." 리사가 말을 마치고 가볍게 기침을 했다.

"그러니까 전철 전선 사고가 있어서 내일 아침까지 움직이지 못한다는 거군요." 테트라가 같은 말을 반복했다.

이 돌발 사고 앞에서 우리는 과연 고1이 맞을까 싶을 정도로 야무진 리사의 진면목을 알게 되었다.

리사는 페스티벌을 준비하는 사람들을 강당 '아이오딘'에 모이게 한 다음, 스크린을 사용해 상황을 설명했다. 전철이 움직이지 않는다는 사실, 오늘 밤엔 다 같이 나라비쿠라 도서관에 머물러야 한다는 사실, 나라비쿠라 도서관에는 수면실로 쓸 수 있는 방이 몇 개 있어서 숙박에는 문제가 없다는 이야기, 미성년자는 보호자에게 연락하라는 이야기, 내일 갈루아 페스티벌은 예정대로 개최한다는 이야기, 단 밤을 새워 작업을 하지 말라는 이야기.

"밤샘 금지."

리사의 지시에 몇 명이 야유를 했다. 하지만 리사는 담담하게 말했다.

"밤 11시에 불 끕니다."

그리고 수면실 방 배정을 프린트해서 모든 사람에게 나눠 주었다. 여성은 다른 건물에 묵게 했다. 우리는 리사의 지휘에 따라 침구를 수면실로 옮겨서 잠잘 준비를 했다.

"꼭 스릴러 드라마 〈폭풍의 산장〉 같다." 유리가 베개를 옮기며 중얼거렸다.

"폭풍이 아니야." 시트를 옮기며 리사가 대답했다.

"산장도 아니고."

소등 시간

저녁 9시 25분. 밤샘 금지라는 지시 때문에 부지런히 움직인 덕분인지, 잠자리 만들기는 무사히 마무리되었다.

"하면 되잖아." 리사가 말했다.

밤 10시. 남아 있는 멤버가 모두 옥시젠에 모여 야식 타임을 가졌다. 대학생과 고등학생이 총 40명, 거기에 중학생이 5명. 우리는 식사를 하면서 수학 애기에 열을 올렸다. 어딘가에서 구한 맥주를 몰래 가져오려던 대학생이 리사에게 걸려 따끔하게 주의를 받기도 했지만.

밤 10시 45분. 리사가 컴퓨터로 프로젝터를 움직여 사람들에게 보내는 메시지를 카페 벽에 쏘았다.

"밤 11시 소등 엄수. 새벽 5시까지 작업 금지."

우리는 탁자를 치우고 각자 수면실로 이동했다.

가는 길에 미르카는 나를 로비로 불러냈다.

"테트라랑 얘기한 거 있어?" 미르카가 안경을 치켜 올리며 말했다.

"아, 아니. 딱히." 나는 괜스레 심장이 뛰었다.

"그럼 됐어. 내일은 투어네."

"투어?"

"갈루아의 제1논문을 구경하는 투어."

"아아."

"오늘은 푹 자 두는 게 좋을 거야."

"그러네. 머리를 많이 써서 잠이 올지는 모르겠지만."

"흠……. 그러긴 하네."

미르카는 고개를 갸웃하며 생각에 잠겨 있다. 이런 시간에 미르카와 단둘이 있을 일이 거의 없기 때문에 아무래도 긴장이 된다. 뭔가 말을 해야 할 것만 같은 기분이다.

그때 실내등이 꺼지고 상야등으로 바뀌었다.

깜깜해진 나라비쿠라 도서관은 낮의 모습과 상당히 달랐다. 작은 불빛과 하늘의 별이 천장에 달린 유리에 반사되어 환상적인 느낌이 살짝 들었다.

"소등 시간이야." 내가 이렇게 말을 걸었을 때였다.

미르카가 소리도 내지 않고 움직였다.

그녀의 얼굴이 가까이 다가와 깊은 눈동자가 나를 바라보았다.

내 입술이 한순간 부드러운 감촉으로 뒤덮였다.

따뜻하다…….

미르카는 "이제 잘 수 있겠어"라고 말하며 다른 동으로 향했다.

시트러스 향기를 남긴 채.

바꿔 말하면 군 G가 군 H를 포함할 때 군 G는

$$G = H + HS + HS' + \cdots$$

이렇게 H의 순열에 같은 치환을 곱해서 만들어지는 그룹으로 분해되고, 또한

$$G = H + TH + T'H + \cdots$$

이렇게 같은 치환에 H의 순열을 곱해서 만들어지는 그룹으로 분류된다.

이 두 가지 분해는 보통 일치하지 않는다.

일치할 때가 바로 고유 분해라 불리는 것이다.

_갈루아

갈루아 이론

내가 교통사고로 죽는다면 내 파일에 있는
자료의 의미는 아무도 모르게 되어 버릴 것이 틀림없다.
그것을 누구라도 알 수 있도록 해 두는 것,
즉 문장으로 쓰는 일종의 유언 같은 것, 그것이 곧 논문이다.
_모리 히로쓰구, 『키시마 선생님의 조용한 세계』

1. 갈루아 페스티벌

갈루아 연보

"선배! 이쪽이에요!" 테트라가 나를 불렀다.

"늦잠 잔 거야, 오빠?" 유리가 말했다.

"아, 잘 잤다." 미르카가 커피를 마시며 새초롬하게 말했다.

갈루아 페스티벌이 열리는 날 아침, 나라비쿠라 도서관 3층 카페 레스토랑 옥시젠. 크루아상이 고소한 냄새를 풍겼다.

예상치 못한 사고로 나라비쿠라 도서관에서 보낸 하룻밤. 날이 밝은 후 맞는 아침식사. 사촌동생 유리는 그렇다 치고 평소 학교에서 만나는 그녀들과 아침식사 자리를 함께하는 게 신선했다.

"드디어 축제네요!" 테트라가 말했다.

도서관 여기저기에 '갈루아 페스티벌'이라고 쓰인 표지판이 놓였고, 실내 안내도가 붙어 있었다. 평소와 다른 모습의 도서관이 축제 분위기로 달아올랐다.

갈루아 페스티벌. 일반인들도 갈루아를 친근하게 만날 수 있게 하기 위해 나라비쿠라 도서관에서 여는 이벤트다. 나라비쿠라 도서관에 특별히 관심을 가진 사람들이 기획을 하고 전시회를 펼친다.

"오빠, 팸플릿 봤어?" 유리가 작은 책자를 건넸다.

'갈루아 페스티벌' 안내문이 적혀 있는 얇은 팸플릿이다. 유리가 보여 준 페이지에 갈루아의 연보가 실려 있었다.

나이	연도	
0세	1811년 10월	25일, 에바리스트 갈루아 탄생
11세	1823년 10월	리세 루이르그랑(중등학교) 입학
15세	1827년 1월	유급, 수학과 만나다
16세	1828년 8월	첫 번째 에콜 폴리테크니크 입시(불합격)
	1828년 10월	교사 리샤르와 만나다
17세	1829년 5월	**과학아카데미에 논문 제출**
		코시가 갈루아의 논문을 외면하고, 분실하기까지 하다
	1829년 7월	갈루아의 아버지 자살
		두 번째 에콜 폴리테크니크 입시(불합격)
	1829년 8월	진로를 고민한 후 에콜 프레파라투아르 입시(합격)
18세	1830년 2월	**과학아카데미 수학 논문 대상에 논문 제출** (심사위원 푸리에의 사망으로 논문 분실)
19세	1831년 1월	학생 혁명 운동을 금지하는 교장을 신문 사설에서 비판하여 퇴학당하다 **과학아카데미에 논문 제출** 7월에 심사위원인 푸아송과 라크루아가 논문을 반려 (이 논문이 현존하는 **첫 번째 논문**)
	1831년 5월	건배 사건으로 체포되어 형무소에 들어가다
	1831년 6월	무죄 판결
	1831년 7월	퐁네프 다리를 건너다 체포되어 형무소에 들어가다
20세	1831년 12월	유죄 판결(1832년 4월 29일까지 복역)
	1832년 3월	콜레라 유행과 함께 형무소에서 요양소로 이송
		의사의 딸 스테파니와 만나다
	1832년 5월	29일, 친구 슈발리에에게 보낼 마지막 편지와 첫 번째 논문을 퇴고
		30일, 결투
		31일, 병원에서 사망

장난 같은 운명

"갈루아의 삶은 운명의 장난 같았어." 미르카가 말했다.

"첫 번째 입시는 불합격. 두 번째 입시 직전에는 아버지가 자살했지. 대학 입학에 번번이 실패했어. 과학아카데미에 제출한 논문은 심사위원이 사망하면서 분실되었고. 방정식의 대수적 가해성에 대해 정리한 역사적인 논문은 거절당했지. 프랑스 혁명 후에는 반동 보수 세력에 대항하는 공화주의 활동을 하다 투옥되기도 하고. 결국엔 결투를 하다 목숨을 잃었어."

"결투로 목숨을…… 정말 대단하네요." 테트라가 말했다.

"멋있다옹."

"유리!" 미르카가 날카로운 목소리를 냈다.

레스토랑 안이 쥐죽은 듯 조용해지고 사람들이 우리 쪽을 쳐다보았다.

"그런 말 하지 마." 미르가가 목소리를 낮췄다.

"죄송해요." 유리는 바로 사과했다.

미르카는 침묵을 살짝 지킨 후에 입을 열었다.

"갈루아만큼 파란만장한 인생을 산 수학자는 드물어. 많은 사람이 왜 갈루아가 결투를 벌였는지 추측해. 혁명의 여파인지, 동포가 배신을 한 건지, 사랑 문제인지. 하지만 결투의 원인보다 하나의 사실이 내 마음을 움직여. 그는……." 미르카는 조용히 눈을 감았다. "그는 스물한 살이 되지 못했어."

잠시 침묵이 이어졌다.

리사가 가볍게 기침을 하자 미르카가 눈을 떴다.

"갈루아는 죽었어. 하지만 수학은 살아 있어. 우리…… 갈루아의 첫 번째 논문을 더듬어 가는 여행을 떠나 보자."

첫 번째 논문

"첫 번째 논문……. 어제 말씀하셨죠." 테트라가 말했다.

"그래. 방정식은 갈루아의 연구 주제 중 하나였어." 미르카가 말했다.

"갈루아는 자신의 방정식론을 3개 논문에 정리하려고 했어. 첫 논문에 '첫 번째 논문'이라고 이름을 붙였어. 수학 논문 대상에 응모했다가 분실하는 아품을 뒤로하고 다시 썼지. 푸아송에게 거절당한 논문. 그게 첫 번째 논문이야. 첫 번째 논문에서는 이런 주제를 탐구해."

'방정식이 대수적으로 풀리기 위한 필요충분조건.'

"방정식이 주어지면 여기서 제시한 조건을 알아보고 그 방정식이 대수적으로 풀리는지 판정할 수 있어. 애초에 그걸 실제로 실행하려고 하면 작업이 정말 복잡해지겠지만. 갈루아의 첫 번째 논문에는 1831년 1월 16일이라는 날짜가 적혀 있어. 하지만 갈루아는 결투 전날 밤인 1832년 5월 29일에도 손을 봤던 모양이야. 죽을지도 모른다고 생각했는지 갈루아는 친구 슈발리에에게 편지를 쓰면서 이 첫 번째 논문을 퇴고한 거야."

"대단한 이야기군." 내가 말했다.

"갈루아가 남긴 메시지를 해독하는 건 그에 대한 작별 인사가 될 거야." 미르카가 말했다.

"프랑스어로 쓰였나요?" 테트라가 물었다.

"원문은 프랑스어. 영어 번역도 있어." 미르카가 답했다.

"첫 번째 논문은 읽기 어려워. 당시 최고의 수학자였던 푸아송도 읽기 힘들다고 했거든. 대명사를 생략한 게 많고 군이나 체라는 용어가 없었다는 점 등 여러 이유가 있어. 읽기 어려운 큰 이유는 가해성의 필요충분조건이 '계수'가 아니라 '해의 치환군'으로 표현되었기 때문이 아닐까 생각해."

"어려워 보이네요." 테트라가 말했다.

"확실히 어렵지." 미르카가 인정했다. "하지만 현대의 우리에게는 이미 정리된 수학 용어가 있어. 그걸 사용하면 갈루아의 첫 번째 논문을 이해하기가 그다지 어렵지 않을 거야."

"유리도 이해할 수 있나용?"

"어느 정도는 알 수 있을 거야, 유리. 내가 준비한 전시 포스터의 방침은…… 논술의 순서와 깊이는 갈루아의 첫 번째 논문을 따를 거야. 하지만 그의 역사에 경의를 표현하면서도 몇 가지 표기나 용어는 지금 보아도 어색함이

없도록 정리할 거야. 완전한 증명을 밝히지는 않겠지만 정리의 주장은 이해할 수 있도록 하고 싶어.”

“첫 번째 논문을 ‘방정식을 대수적으로 풀기 위한 필요충분조건’을 밝힌 것이라고 말해도 되나요?”

“그러면 돼. 갈루아의 첫 번째 논문 제목은 이거야.”

「Mémoire sur les conditions de résolubilité des équations par radicaus」
(거듭제곱근으로 방정식을 풀 수 있는 조건에 대한 논문)

“이 논문은 ‘방정식을 대수적으로 풀기 위한 필요충분조건’이라는 ‘원리’와 ‘어떤 종류의 소수 차수의 방정식이 대수적으로 풀기 위한 필요충분조건’인가를 팀색하는 ‘응용’을 담고 있거든. 우리는 원리 부분을 읽을 거야.”

“읽는다고는 하지만…… 꽤 길죠?” 테트라가 불안한 표정으로 말했다.

“놀랄 만큼 짧아. 원문은 20쪽도 안 돼. ‘원리’에서는 몇 가지 용어를 정의한 다음 4개의 보조정리[‘보제(補題)’라고도 한다]와 5개의 정리가 나와. 거기까지 보면 ‘방정식이 대수적으로 풀리는 필요충분조건’을 이해하게 돼.”

미르카는 팸플릿을 넘기며 항목을 가리켰다.

- 정의: 가약과 기약
- 정의: 치환군
- 보조정리 1: 기약다항식의 성질
- 보조정리 2: 근으로 만드는 V
- 보조정리 3: V로 근을 나타내기
- 보조정리 4: V의 공액
- 정리 1: ‘방정식의 갈루아군’의 정의
- 정리 2: ‘방정식의 갈루아군’의 축소
- 정리 3: 보조방정식의 모든 근을 추가
- 정리 4: 축소한 갈루아군의 성질

• 정리 5: 방정식을 대수적으로 풀기 위한 필요충분조건

"4개의 보조정리와 5개의 정리." 테트라가 곱씹었다.

"오빠, 보조정리가 뭐야?" 유리가 물었다.

"주된 명제를 증명하기 위해 준비하는 정리를 말해." 내가 응답했다.

"4개의 보조정리와 5개의 정리를 이해하면 방정식을 대수적으로 풀기 위한 필요충분조건을 이해할 수 있군요." 테트라가 말했다.

"맞아. 바로 읽어 보자." 미르카가 일어섰다.

우리는 식기를 치우고 리사의 안내에 따라 전시실로 향했다.

"미르카 언니가 같이 있으면 어려워도 괜찮아!" 유리가 말했다.

"유리가 같이 있으면 논리적인 것도 괜찮아!" 테트라가 말했다.

"테트라가 같이 있으면 복잡해도 괜찮아!" 내가 말했다.

"네가 같이 있으면……." 미르카가 말을 하다 말고 입을 다물었다.

"괜찮아." 리사가 말했다.

우리는 갈루아의 첫 번째 논문을 읽는 여행을 떠났다.

미르카의 강의가 시작되는 것이다.

"첫 번째 방." 리사가 외마디를 뱉으며 우리를 첫 방으로 이끌었다.

2. 정의

가약과 기약 정의

"갈루아…… 먼저 용어를 정의할게." 미르카가 말했다.

"이건 갈루아의 첫 번째 논문 내용과 똑같지는 않아. 갈루아는 '체'라는 용어를 쓰지 않았으니까. 대신 '유리적'이라는 용어를 썼지. 그 용어로 사칙연산을 해서 얻을 수 있는 수를 나타내려고 했어. '체'로 전체 그림을 생각하며 그리지는 않았을지 모르지만, '체의 원소'는 분명 의식했을 거야. 갈루아의 논문에서는 '체의 원소'가 '유리적인 기지의 수'나 '유리적인 양'이라는 용어로 표현되어 있어. 우리는 '체'라는 용어를 쓰도록 하자."

"'체'를 정의한 건 데데킨트였나?" 내가 말했다.

"맞아. 데데킨트가 'Körper(체)'라는 용어를 처음으로 썼어."

"그래서 체를 K라고 부르는군요. 머리글자를 따서." 테트라가 말했다.

"여기서 중요한 건 가약과 기약이야." 미르카가 말했다.

"다항식의 인수분해를 할 수 있는지 없는지를 얘기할 때, 어느 체에서 생각할지를 명확히 해야 해."

"어느 체에서 생각할지?" 유리가 말했다.

"그래. 그걸 명확히 하지 않으면 인수분해를 할 수 있다고도 없다고도 말할 수 없거든. 예를 들어 이런 **퀴즈**를 풀어 볼까?"

다항식 x^2+1은 인수분해를 할 수 있나?

"인수분해 못 해!" 유리가 바로 답했다.

"아니." 테트라가 말했다. "이렇게 하면 인수분해할 수 있어요."

$$x^2+1=(x+i)(x-i)$$

"갑자기 i가?" 유리가 말했다.

"그게 '체를 명확히 해야 할 필요성'이야." 미르카가 말했다.

"계수를 유리수체 $\mathbb{Q}$의 범위에서 생각한다면, x^2+1은 인수분해할 수 없어. 그러니까 기약이지. 하지만 계수를 복소수체 $\mathbb{C}$의 범위로 생각한다면 x^2+1은 두 다항식 $x+i$와 $x-i$로 인수분해할 수 있어. 그러니까 가약이 되지."

- 유리수체 $\mathbb{Q}$ 위에서 x^2+1은 기약이다.
- 복소수체 $\mathbb{C}$ 위에서 x^2+1은 가약이다.

"갈루아도 첫 번째 논문에서 비슷한 예를 썼어. 예시를 만들 수 있다면 우리는 갈루아가 첫 번째 논문에서 서술한 주장을 이해했다는 증거야." 미르카가 말을 이었다. "갈루아는 다음으로 **기지의 수**라는 걸 생각했어. '기지(既知)'는 이미 '알고 있다'는 말이잖아. '유리수 전체의 집합에 정해진 수를 **추가**하고, 그들 수의 **유리식**으로 만들어지는 수'를 기지의 수라고 불러. 요컨대, 갈루아는 어떤 체에 수를 추가해서 얻을 수 있는 새로운 체를 생각하고 싶었던 거야."

"유리식이라는 건 사칙연산으로 만드는 식을 말하는 거죠?" 테트라가 물었다.

"그렇지." 미르카가 대답했다. "유리식과 유리수를 헷갈리지 말도록. 예를 들어 $\varphi(x)=\dfrac{x+1}{3}$이라고 하면 $\varphi(x)$는 x의 유리식이야. 그리고 $\varphi(1)=\dfrac{2}{3}$는 유리수가 돼. 하지만 $\varphi(\sqrt{2})=\dfrac{\sqrt{2}+1}{3}$은 유리수가 아니야."

우리는 모두 고개를 끄덕였다.

"여기까지……." 미르카가 요약했다. "가약, 기약, 유리식, 기지의 수, 추가라는 말을 적용했어. 이들 용어가 지금부터 발을 들여놓을 대수학의 숲을 이루는 기초야."

"결국 갈루아는 확대체를 만들고 싶은 거였지?" 내가 말했다. "유리수체 $\mathbb{Q}$를 생각하기도 하고 유리수체에 계수를 추가한 체 $\mathbb{Q}(a, b)$를 생각하기도 하고. 게다가 어떨 때는 거듭제곱근 같은 수를 추가한 체 $\mathbb{Q}(a, b, \sqrt{2}, \sqrt[3]{2})$를 생각하기도 하고……."

"맞아, 그거야." 미르카가 말했다. "갈루아는 '어떤 수에서 유리식을 사용해 나타낸다'라고 썼는데, 결과적으로 체를 말하려고 했어. 그리고 이제부터 우리는 체의 확대를 생각할 건데, 확대의 각 단계에서 계수로 쓸 수 있는 수를 '기지의 수'라고 불러."

"'기지의 수'에 대해서는 이해했다……고 생각해요." 테트라가 말했다.

"갈루아는 다음으로 치환군을 도입했어." 미르카가 말했다.

치환군 정의

갈루아는 다음으로 치환군을 도입했어. 갈루아는 라그랑주가 준 힌트 '근의 치환을 사용하라'를 살리려고 했던 거지.

유한개의 근을 일렬로 나열하는 방법을 **순열**이라고 해.

그리고 나열된 근의 순서를 바꾸는 방법을 **치환**이라고 하지.

갈루아는 근의 순열을 바꾸는 치환을 생각했어. 게다가 치환을 하나씩만 생각한 게 아니라 묶음으로도 생각했어. 갈루아는 그걸 치환의 'group'이라고 불렀지. 우리가 아는 **군**이야.

치환군

치환을 하나의 군으로 생각할 때는 어느 하나의 순열에서 시작하기로 한다. 최초 순열에 의존하지 않는 문제만을 다루므로 군에 치환 S, T가 속해 있다면 치환 ST도 그 군에 속해 있다.

"여기에 나오는 '최초 순열에 의존하지 않는'이라는 표현이 명확하지 않지만, 갈루아가 여기서 생각했던 건 치환군, 그러니까 오늘날 용어로 말하자면 바로 대칭군의 부분군이야." 미르카가 말했다.

"미르카 언니. 치환군은 사다리가 만드는 군이라고 생각해도 되는 거죠?" 유리가 조심스레 말했다.

"바로 그거야." 미르카가 고개를 끄덕였다.

◆◆◆

세로줄이 n개인 사다리 전체가 만드는 군은 대칭군 S_n이고, 그 부분군을 치환군이라고 불러.

대칭군 S_n 세로줄이 n개인 사다리 전체가 만드는 군
치환군   대칭군의 부분군

갈루아가 생각했던 건 방정식의 해(다항식의 근)의 치환이야. 예를 들어 사차방정식의 해 $\alpha_1, \alpha_2, \alpha_3, \alpha_4$를 일렬로 나열해 보자.

$$\alpha_1 \ \ \alpha_2 \ \ \alpha_3 \ \ \alpha_4$$

이건 하나의 순열이야. 이 순열을 다음 순열로 바꾼다고 해 봐.

$$\alpha_1 \ \ \alpha_3 \ \ \alpha_4 \ \ \alpha_2$$

$\alpha_1 \, \alpha_2 \, \alpha_3 \, \alpha_4$에서 $\alpha_1 \, \alpha_3 \, \alpha_4 \, \alpha_2$로 바꾸는 건 하나의 치환이야. 첨자 1을 1로, 2를 3으로, 3을 4로, 4를 2로 바꾸는 거니까 이렇게 돼.

유리의 표기법으로 쓰자면 이 치환은 [1342]가 되겠네.

$$\alpha_1 \ \ \alpha_2 \ \ \alpha_3 \ \ \alpha_4 \ \xrightarrow{\ [1342]\ } \ \alpha_1 \ \ \alpha_3 \ \ \alpha_4 \ \ \alpha_2$$

치환을 근의 유리식에 작용하게 하면 유리식은 변화해.

$$\frac{\alpha_1+\alpha_2\alpha_3}{\alpha_1\alpha_4} \xrightarrow{[1342]} \frac{\alpha_1+\alpha_3\alpha_4}{\alpha_1\alpha_2}$$

이 [1342]라는 치환은 4차 대칭군 S_4의 한 원소가 돼. 이 치환을 예를 들어 σ(시그마)라고 해 볼게.

$$\sigma=[1342]=\begin{pmatrix}1234\\1342\end{pmatrix}$$

이때 σ를 $\dfrac{\alpha_1+\alpha_2\alpha_3}{\alpha_1\alpha_4}$ 에 작용하게 해서 근을 치환한 값은 이렇게 쓸 수 있어.

$$\sigma\left(\frac{\alpha_1+\alpha_2\alpha_3}{\alpha_1\alpha_4}\right)=\frac{\alpha_1+\alpha_3\alpha_4}{\alpha_1\alpha_2}$$

이건 유리함수 $\dfrac{x_1+x_2x_3}{x_1x_4}$의 첨자를 σ로 치환한 다음에 근을 대입한다는 뜻이야.

$$\frac{x_1+x_2x_3}{x_1x_4} \xrightarrow{\sigma\text{로 치환}} \frac{x_1+x_3x_4}{x_1x_2} \xrightarrow{\text{근을 대입}} \frac{\alpha_1+\alpha_3\alpha_4}{\alpha_1\alpha_2}$$

갈루아가 생각했던 순열과 치환은 이런 거였어.

두 세계

"그렇군요. 유리식 안에 쓰이는 근을 치환해서 다른 유리식을 만들어 낼 수 있군요." 테트라는 고개를 끄덕끄덕했다.

"어려워 보이는 갈루아 이론이 사다리 타기!?" 유리가 말했다.

"맞아. 사다리 타기야." 미르카가 말했다. "갈루아는 사다리…… 치환군의 이론을 방정식으로 가해성과 연관 지은 거야."

"저기…… 왠지 용기가 생겼어요." 테트라가 말했다.

"유리도 사다리는 자신 있거든요!"

"그런데 두 세계의 존재를 알았니?" 미르카가 말했다.

"두 세계……요?" 테트라가 반문했다.

"갈루아는 첫 번째 논문에서 다항식의 가약과 기약을 생각할 때 '체의 세계'를 보고 있어. 치환군을 생각할 때는 '군의 세계'를 보고 있지. 갈루아 이론은 두 세계를 연결하는 다리야."

'체의 세계'와 '군의 세계'

"그 두 세계가 첫 번째 논문 도입부터 슬쩍 얼굴을 내비치고 있거든." 미르카는 그렇게 말하며 윙크를 했다.

"그럼 첫 번째 논문을 이어서 읽자."

"다음 방." 리사가 우리를 다음 방으로 이끌었다.

3. 보조정리

보조정리 1: 기약다항식의 성질

보조정리 1 → 보조정리 2 → 보조정리 3 → 보조정리 4 → 정리 1 → 정리 2 → 정리 3 → 정리 4 → 정리 5

"갈루아의 첫 번째 논문에서는 다음으로 보조정리를 제시해. 나중에 쓸 예비 정리지."

보조정리 1: 기약다항식의 성질

$f(x)$는 체 K 위의 다항식이고 $p(x)$는 체 K 위의 기약다항식이라고 정의한다.
$f(x)$와 $p(x)$가 공통 근을 가진다면, $f(x)$는 $p(x)$로 나누어떨어진다.

"모르겠어." 유리가 말했다. "오빠, 체 K 위의 다항식이 뭐야?"

"계수가 K라는 체에 속한 다항식을 말하는 거야." 내가 대답했다. "예를 들어 x^2+5x+3이라는 다항식이 있다고 해 봐. 계수 1, 5, 3은 모두 유리수체 $\mathbb{Q}$에 속하니까 다항식 x^2+5x+3은 체 $\mathbb{Q}$ 위의 다항식이라고 할 수 있어."

"아, 계수를 말하는 거구나. 이해했어."

"같은 다항식을 체 $\mathbb{Q}(\sqrt{2})$ 위의 다항식이라고도 가정할 수 있지. 중요한 건 계수체를 의식하는 것." 미르카가 말했다. "그런데 이 보조정리 1은 정수에 관한 다음 명제와 닮았어."

N은 정수이고 P는 소수다.

N과 P가 공통 소인수를 가진다면, N은 P로 나누어떨어진다.

"N은 정수이고 P는 소수······ 그리고 N과 P가 공통 소인수를 가진다?" 유리는 한참을 생각했다. "아, 맞는 말이네! P는 소수니까 나눌 수 없지만 소인수는 P 그 자체니까!"

"그 설명으로는 안 돼. 테트라가 예시를 낼 거야."

미르카가 가리키자 테트라는 즉시 대답했다.

"예를 들어 N=12이고 P=3이라고 해 볼게요. 공통 소인수는 3이죠. N=12는 P=3으로 나누어떨어져요. 확실히 보조정리 1과 닮았네요. 기약다항식은 소수와, 가약다항식은 합성수와 대응하겠네요."

다항식의 세계	←·······→	정수의 세계
다항식	←·······→	정수
기약다항식	←·······→	소수
가약다항식	←·······→	합성수
공통 근을 가진다	←·······→	공통 소인수를 가진다

"맞아. 기약다항식은 소수와 매우 비슷해. 소수가 복수의 소인수로 분해할

수 없는 것처럼 기약다항식도 복수의 인수로 분해할 수 없지. 그러니까 기약다항식과 공통 근을 가지는 다항식은 그 기약다항식을 통째로 인수로 가질 수 없는 거야."

"네, 이해했어요." 테트라가 말했다.

"그리고 바꿔 말하면……." 미르카가 말을 이었다. "다항식 $f(x)$와 기약다항식 $p(x)$가 하나라도 공통 근을 가지면, 다항식 $f(x)$는 기약다항식 $p(x)$의 모든 근을 공통으로 가지는 거야."

"다항식과 정수는 확실히 비슷하네." 내가 말했다.

"둘 다 소인수분해의 유일성을 가진 환이니까." 미르카가 말했다.

"다항식을 **정식**(整式)이라고도 해."

"정수는 알겠는데 다항식은 모르겠다옹." 유리가 말했다.

"예시를 들어 볼게요." 테트라가 말했다. "유리수체 $\mathbb{Q}$ 위의 다항식으로서 $f(x)=x^4-1$을 쓰고, 기약다항식으로서 $p(x)=x^2+1$을 써요."

유리는 말없이 테트라의 이야기를 들었다.

"$f(x)$와 $p(x)$는 공통 근 i를 가져요. 왜냐하면 $f(i)=i^4-1=0$이고 $p(i)=i^2+1=0$이니까요. 그런데 $f(x)$는 $\mathbb{Q}$ 위에서 인수분해할 수 있어요."

$$f(x)=(x^2+1)(x+1)(x-1)$$

"확실히 $f(x)$는 x^2+1 그러니까 $p(x)$를 통째로 인수로 갖고 있군요."

"테트라, 어떻게 그렇게 예시를 바로 들 수 있어?"

"원분다항식에서 배운 예시니까요. 미르카 선배가 말했던 이야기가 생각났어요."

'원분다항식은 마치 소수와 같은 역할을 한다.'

"$p(x)=x^2+1$ 쪽은 아까 기약의 정의에서 나온 예시고요." 테트라는 거기서 한숨 돌린 다음 혼잣말처럼 말했다. "제 안에서 여러 사실들이 연결됐어요."

- 방정식 $f(x)=0$이 $x=\alpha$라는 해를 가지는 것
- 다항식 $f(x)$가 α라는 근을 가지는 것
- 다항식 $f(x)$에 $x=\alpha$를 대입하면 $f(\alpha)=0$이 되는 것
- 다항식 $f(x)$가 $x-\alpha$라는 인수를 가지는 것

"그러네." 나도 말했다.

"그리고 인수분해를 할 때는 α가 속하는 체를 의식해야 하지. $\mathbb{Q}$ 아니면 $\mathbb{Q}(\sqrt{2})$ 아니면 $\mathbb{R}$ 아니면 $\mathbb{C}$……."

"체를 의식한다는 의미에서는……." 미르카가 생각난 것처럼 말했다. "이 첫 번째 논문에서 다루는 체는 모두 유리수체를 포함하는 체를 전제로 하고 있어. 그러니까 원소 개수가 유한인 체(유한체)는 생각에 넣지 않았어."

"테트라 언니, 고등학교에 들어가면 이런 어려운 수학도 가르쳐 주나요? 유리도 이해하게 될까요?" 유리가 물었다.

"글쎄……. 고등학교에 들어가면 알게 된다기보다 스스로 공부하면 알게 되지 않을까?" 테트라가 언니 분위기를 물씬 풍기며 조언했다. "학교에서 배우는 게 아니라 '스스로 공부'하는 게 중요해."

"이 보조정리 1에서……." 미르카가 요약했다. "기약다항식의 근을 하나라도 공통으로 가지는 다항식은 그 기약다항식의 근을 모두 공통으로 가진다는 사실을 알았어. 다음 보조정리 2에서는 흥미로운 유리식 V를 구성해."

"다음 방." 리사가 우리를 다음 방으로 이끌었다.

보조정리 2: 근으로 만드는 V

보조정리 1 → 보조정리 2 → 보조정리 3 → 보조정리 4 → 정리 1 → 정리 2 → 정리 3 → 정리 4 → 정리 5

보조정리 2: 근으로 만드는 V

$f(x)$는 중근을 갖지 않는 K 위의 다항식이고,

$f(x)$의 근은 $\alpha_1, \alpha_2, \alpha_3, \cdots, \alpha_m$으로 정의한다.

이때,

근의 유리식 V로 <u>근의 순열을 바꾸면 값이 변하는</u> 것을 구성할 수 있다.

여기서 이 V를 다음과 같이 나타내기로 한다.

$$V = \varphi(\alpha_1, \alpha_2, \alpha_3, \cdots, \alpha_m)$$

단, $\varphi(x_1, x_2, x_3, \cdots, x_m)$는 K 위의 유리함수다.

그리고 이 유리함수는,

정수계수$(k_1, k_2, k_3, \cdots, k_m)$의 선형결합으로 쓸 수 있다.

$$\varphi(x_1, x_2, x_3, \cdots, x_m) = k_1 x_1 + k_2 x_2 + k_3 x_3 + \cdots + k_m x_m$$

"오빠, 어려워." 유리가 불안한 목소리로 말했다.

"일반적으로 쓰여 있어서 어렵게 느껴지는 것뿐이야." 내가 말했다.

"예시는 이해를 돕는 시금석'이에요." 테트라가 말했다.

"예를 들어 $m=2$를 대입해서 보조정리 2의 예를 만드는 거죠!"

◆◆◆

예를 들어 $\mathbb{Q}$ 위의 다항식 $f(x)$로 x^2+1을 생각해 볼게요.

이때 $f(x)$의 근은 $\alpha_1 = i$, $\alpha_2 = -i$이고 $m=2$예요.

근의 순열은……,

$$\alpha_1 \ \alpha_2 \text{와} \ \alpha_2 \ \alpha_1$$

이렇게 두 가지밖에 없으니까 근을 교환하면서 다른 값이 되는 식을 만들면 돼요. 그러니까…… 예를 들어 이렇게 하면 될 것 같아요.

$$V = a_1 - a_2$$

다음과 같은 거죠.

$$\varphi(x_1, x_2) = x_1 - x_2$$

이걸로 '테트라의 예시'가 완성됐습니다!

◆◆◆

"그거면 됐어." 미르카가 말했다.

"우와……." 유리가 말했나.

"그게 다구나."

"'테트라의 예시'로 보조정리 2가 무슨 말을 하는지 알겠지? 보충 설명을 할게." 미르카가 말했다.

◆◆◆

근으로 만든 유리식 V가 근의 순열에 따라 다른 값을 취한다는 건 σ와 τ를 대칭군의 원소로 해서, $\sigma \neq \tau$라면 $\sigma(V) \neq \tau(V)$라는 뜻이야.

'테트라의 예시'로 확인해 볼게. $\sigma_1 = [12]$, $\sigma_2 = [21]$로 하고…….

$$\sigma_1(V) = [12](V) = [12](\varphi(a_1, a_2)) = \varphi(a_1, a_2) = a_1 - a_2 = i - (-i) = +2i$$
$$\sigma_2(V) = [21](V) = [21](\varphi(a_1, a_2)) = \varphi(a_2, a_1) = a_2 - a_1 = (-i) - i = -2i$$

이렇게 쓸 수 있으니까, 확실히 $\sigma_1(V) \neq \sigma_2(V)$라고 할 수 있어.

◆◆◆

"V나 φ가 어떤 건지는 이제 꽤 이해가 됐어요." 테트라가 말했다.

"V는 대칭식에서 정확히 대극에 있어." 미르카가 말했다.

"근의 대칭식은 근의 치환으로 값이 불변하는 식이야. 이 V는 근의 치환으로 값이 반드시 변하는 식이지."

"그렇군요. 하지만 갈루아는 왜 이런 V를 생각했을까요?"

"나중에 나오는 정리에서 V는 체에 대한 추가 원소로 사용돼. 이건 체의 시점이지. 또한 V는 근의 치환을 지배하는 열쇠가 돼. 이건 군의 시점이고." 미르카가 말했다. "보조정리 2 '근의 치환으로 값이 변하는 식을 구성할 수 있다'는 말뜻을 이해했다면 이제 보조정리 3으로 넘어가자."

"다음 방." 리사가 우리를 다음 방으로 이끌었다.

보조정리 3: V로 근 나타내기

보조정리 1 → 보조정리 2 → ⎡보조정리 3⎤ → 보조정리 4 → 정리 1 → 정리 2 → 정리 3 → 정리 4 → 정리 5

보조정리 3: V로 근 나타내기

보조정리 2의 V에서 $f(x)$의 근 $\alpha_1, \alpha_2, \alpha_3, \cdots, \alpha_m$을 나타낼 수 있다.

$$\alpha_1 = \varphi_1(V), \; \alpha_2 = \varphi_2(V), \; \alpha_3 = \varphi_3(V), \; \cdots, \; \alpha_m = \varphi_m(V)$$

위의 식을 만족하는 K 위의 유리함수 $\varphi_1(x), \varphi_2(x), \varphi_3(x), \cdots, \varphi_m(x)$가 존재한다.

"보조정리 2에서 했던 '테트라의 예시'로 생각해 보자." 미르카의 유도.

"$f(x) = x^2 + 1$에서 $\alpha_1 = i, \alpha_2 = -i$예요." 테트라의 답변.

"$V = \varphi(\alpha_1, \alpha_2) = \alpha_1 - \alpha_2 = 2i$였지." 나의 답변.

그리고 미르카와 테트라와 나는 동시에 유리를 쳐다보았다.

"응? 응? 나도 뭔가 생각해야 해?" 당황하는 유리.

"V에서 α_1과 α_2를 만드는 거야." 내가 말했다.

"아, 그게……." 유리가 생각했다. "아, 그렇구나. 아까는 α_1과 α_2로 V를 만들었지만 이번에는 반대구나! V로 α_1과 α_2를 만드는구나!"

"맞아." 나는 용기를 북돋았다.

잠시 후 유리가 답을 냈다.

$$\alpha_1 = \frac{V}{2}, \ \alpha_2 = -\frac{V}{2}$$

"$\alpha_1 = i, \alpha_2 = -i, V = 2i$니까 금방 됐어요." 유리가 말했다.

"그거면 됐어." 미르카가 말했다. "근으로 만든 V를 반대로 사용해서 V의 유리식으로 근을 쓸 수 있어. $\varphi_1(x)$와 $\varphi_2(x)$는 이렇게 돼."

$$\varphi_1(x) = \frac{x}{2}, \ \varphi_2(x) = -\frac{x}{2}$$

"하아……." 테트라가 한숨을 쉬었다. "근으로 V를 만들 수 있고 V로 근을 만들 수 있다는 건 이해했어요. 그런데 뭘 하고 있는 건지 전혀 모르겠어요. 아직 첫 번째 논문의 보조정리를 다루는 거죠?"

"'유리식으로 나타내기'라고 해서 식에만 주의를 기울이면, 전체를 읽는 시각을 잃어버리게 돼." 미르카가 말했다. "체에 주의를 기울여야 해. 확대체를 생각하면 보조정리 3의 주장은 한 줄로 쓸 수 있지."

$$K(\alpha_1, \alpha_2, \alpha_3, \cdots, \alpha_m) = K(V)$$

"아! 그런 거구나." 내가 말했다.

"어떤 거예요?" 테트라가 물었다.

"K에 V를 추가하기만 해도 $K(\alpha_1, \alpha_2, \alpha_3, \cdots, \alpha_m)$을 만들 수 있어."

"그러니까 음, 체 $K(\alpha_1, \alpha_2, \alpha_3, \cdots, \alpha_m)$인가요……?"

"계수체 K에 $f(x)$의 모든 근을 추가한 체 $K(\alpha_1, \alpha_2, \alpha_3, \cdots, \alpha_m)$는 중요한 체야." 미르카가 말했다. "그건 왜 그럴까?"

고개를 갸웃거리는 유리와 테트라.

"체 $K(\alpha_1, \alpha_2, \alpha_3, \cdots, \alpha_m)$라면 $f(x)$를 1차식의 곱으로 인수분해할 수 있으니까." 나는 미르카를 향해 답했다. "최고차 계수를 1이라고 하면 이렇게 되는 거야."

$$f(x) = (x - \alpha_1)(x - \alpha_2)(x - \alpha_3) \cdots (x - \alpha_m)$$

"맞았어. 체 $K(\alpha_1, \alpha_2, \alpha_3, \cdots, \alpha_m)$는 다항식 $f(x)$의 **최소분해체**야."

"아, 그렇군요." 테트라도 응수했다.

"그리고 $K(\alpha_1, \alpha_2, \alpha_3, \cdots, \alpha_m) = K(V)$에서……." 미르카가 말을 이었다. "최소분해체는 단 하나 있는 원소 V를 체 K에 추가해서 만들 수 있게 돼."

"그렇군요. 그래서 $K(V)$에 주목할 가치가 있는 거군요." 테트라가 고개를 끄덕였다. "아직 완전히 이해하지는 못하지만 어느 정도 알았어요."

"다음 보조정리 4에서는 V와 멍에를 나누는 수를 생각해 볼 거야." 미르카가 말했다.

"다음 방." 리사가 우리를 다음 방으로 이끌었다.

보조정리 4: V의 공액

보조정리 1 → 보조정리 2 → 보조정리 3 → 보조정리 4 → 정리 1 → 정리 2 → 정리 3 → 정리 4 → 정리 5

"전제는 보조정리 1~3과 같아." 미르카가 말했다.

- $f(x)$는 체 K 위에서 중근을 갖지 않는 다항식.
- $\alpha_1, \alpha_2, \alpha_3, \cdots, \alpha_m$은 다항식 $f(x)$의 근(방정식 $f(x) = 0$의 해).
- V는 근 $\alpha_1, \alpha_2, \alpha_3, \cdots, \alpha_m$으로 만드는 K 위의 유리식으로, 근의 순열마다 다른 값을 가진다(보조정리 2, p.375).
- $\varphi_1(x), \varphi_2(x), \varphi_3(x), \cdots, \varphi_m(x)$는 K 위의 유리함수로, $\alpha_k = \varphi_k(V)$가 성립한다(보조정리 3, p.377).

"미르카 언니⋯⋯." 유리의 나약한 목소리.

"문자가 너무 많아서 안 되겠어요."

"괜찮아!" 테트라가 격려했다.

"끈질기게 되풀이해서 읽어 보자!"

"V를 근으로 가지는 최소다항식으로서 $fv(x)$를 새로 만들었어." 미르카가 말했다.

"지금 우리는 최소분해체와 같은 체 K(V)에 관심이 있어. 그러니까 추가 원소 V에 관심이 있고 V와 멍에를 공유하는 원소에도 관심이 있지."

"V_1, V_2, V_3, $\cdots$, V_n은 V와 공액이구나." 내가 말했다.

"맞아." 미르카가 말했다. "$fv(x)$는 이런 형태를 하고 있는데⋯⋯."

$$fv(x)=(x-V_1)(x-V_2)(x-V_3)\cdots(x-V_n)$$

"이걸 전개하면 계수는 모두 K의 원소가 돼."

"$fv(x)$는 K 위의 다항식이라서 그런가⋯⋯?" 내가 말했다.

"V_1, V_2, V_3, $\cdots$, V_n은 $fv(x)$의 근이니까 이 중 하나는 V와 같아. 예를 들어 $V=V_1$이라고 할게. 그러면 보조정리 3에서⋯⋯."

$$\alpha_1=\varphi_1(V_1), \alpha_2=\varphi_2(V_1), \alpha_3=\varphi_3(V_1), \cdots, \alpha_m=\varphi_m(V_1)$$

"이렇게 말할 수 있어. $fv(x)$의 근 V_1로 $f(x)$의 근을 나타낼 수 있다는 거야."

"네……. 알 것 같아요." 테트라가 말했다.

"보조정리 4는……." 미르카가 말을 이었다. "V 대신에 $V_1, V_2, V_3, \cdots, V_n$ 중 아무거나 써도 $f(x)$의 근 $\alpha_1, \alpha_2, \alpha_3, \cdots, \alpha_m$을 만들 수 있다고 주장해. 그러니까 V와 멍에를 공유하는 수는 V의 대역을 맡을 수 있는 거지."

"그렇게 술술 잘 풀리나요?" 테트라가 의문을 나타냈다.

"먼저 '테트라의 예시'를 써서 확인해 보자." 내가 제안했다. "$V=2i$였지. V를 근으로 가지는 $\mathbb{Q}$ 위의 최소다항식은 x^2+4이고, x^2+4의 두 근은 $V_1=2i$, $V_2=-2i$가 돼. $\varphi_1(x)=\dfrac{x}{2}$, $\varphi_2(x)=-\dfrac{x}{2}$에 대해 $x=V_1$과 $x=V_2$를 시험해 보고 $f(x)$의 근이 나오는지 확인하면 되지."

- $x=V_1$일 때는 $\varphi_1(V_1)=\dfrac{2i}{2}=i$, $\varphi_2(V_1)=-\dfrac{2i}{2}=-i$이고, 확실히 $f(x)=x^2+1$의 근이 나와. 뭐, 이건 $V=V_1$이니까 당연하지.

- $x=V_2$일 때는 $\varphi_1(V_2)=\dfrac{-2i}{2}=-i$, $\varphi_2(V_2)=-\dfrac{-2i}{2}=i$이고, 여기도 $f(x)=x^2+1$의 근이 나와. 보조정리 4는 확인되었네.

"아하, 약간 알 것 같아요." 테트라가 말했다. "예시가 정말 중요하네요."

"지금 들었던 예시를 잘 봐." 미르카가 말했다. "V_1을 사용했을 때의 $i, -i$는 a_1, a_2라는 순열이고, V_2를 사용했을 때의 $-i, i$는 a_2, a_1이라는 순열이 됐어. 이건 a_1, a_2의 순서를 치환한 거야. 일반적으로 $V_1, V_2, V_3, \cdots, V_n$을 사용하면 다음과 같이 근의 순열이 n세트 만들어져."

V_1을 사용하면 근의 순열은 $\varphi_1(V_1), \varphi_2(V_1), \varphi_3(V_1), \cdots, \varphi_m(V_1)$이 돼.
V_2를 사용하면 근의 순열은 $\varphi_1(V_2), \varphi_2(V_2), \varphi_3(V_2), \cdots, \varphi_m(V_2)$가 돼.
V_3을 사용하면 근의 순열은 $\varphi_1(V_3), \varphi_2(V_3), \varphi_3(V_3), \cdots, \varphi_m(V_3)$이 돼.
$\vdots$
V_n을 사용하면 근의 순열은 $\varphi_1(V_n), \varphi_2(V_n), \varphi_3(V_n), \cdots, \varphi_m(V_n)$이 돼.

"복잡해!" 유리가 말했다.

"대체 갈루아는 이걸로 뭘 하고 싶은 걸까요?" 테트라가 말했다.

"갈루아는 근의 순열 집합을 V의 공역 원소로 만들어서 치환군으로 하려는 거야. V의 공역 원소를 사용해서 치환군의 원소(즉, 각 치환)를 만들어 내는 거지." 미르카가 말했다. "'테트라의 예시'를 보면 어떤 모습인지 알 수 있어."

V_1을 사용하면 근의 순열은 α_1, α_2가 된다(이건 치환 [12]에 대응).

V_2를 사용하면 근의 순열은 α_2, α_1이 된다(이건 치환 [21]에 대응).

"그럼 여기까지 4개의 보조정리가 끝났어. 첫 번째 논문의 정리 1로 넘어갈게."

"다음 방." 리사가 우리를 다음 방으로 안내했다.

"리사, 잠깐만." 미르카가 막았다. "첫 번째 논문 주제를 다시 돌아보자. 이 첫 번째 논문으로 갈루아는 무엇을 제시하려고 했는지, 유리 기억해?"

"아, 그게요." 유리는 생각에 잠겼다. "방정식이 풀리는 조건이요."

"그래. 더 정확히 말하자면 '방정식을 대수적으로 풀기 위한 필요충분조건'이야."

"네." 유리가 고개를 끄덕였다.

"우리는 어떤 준비를 했지?" 미르카가 나를 가리켰다.

"가약과 기약. 치환군." 내가 대답했다. "소수와 닮은 기약다항식. 치환군으로 값을 바꾸는 V를 근으로 만들 수 있어. V로 근을 쓸 수 있어. V를 추가하면 최소분해체를 만들 수 있어. V의 대역으로 공역인 원소를 사용하면 근의 치환을 만들 수 있어."

"갈루아는 이걸로 방정식을 공격했군요!" 테트라가 말했다.

"맞아. 하지만 갈루아는 방정식을 직접 공격하지는 않았어."

"직접 공격하지는 않았다……?" 테트라가 고개를 갸우뚱했다.

"갈루아는 다음으로 '**방정식의 갈루아군**'이라는 개념을 도입했어." 미르카는 안경에 손가락을 대고는 용어를 또박또박 말했다. "알겠니? 이 부분을 이해하는 게 정말 중요해. 갈루아의 첫 번째 논문을 읽은 사람은 '방정식을 풀기 위한 필요충분조건'에 무엇을 기대할까?"

아무도 대답하지 않았다.

"아마 '방정식의 계수로 만들어진, 가해성을 판정하는 식'을 기대할 거야. 방정식의 판별식처럼. 하지만 갈루아의 첫 번째 논문에 그런 식은 나오지 않아. 오히려 계수가 아니라 해를 사용해서 가해성을 판정했어. 심사위원인 푸아송도 당황했지. **갈루아는 방정식을 대수적으로 풀기 위한 필요충분조건을 '방정식의 갈루아군'으로 사용했으니까.**"

"방정식의 갈루아군……. 그게 중요하군요." 테트라가 말했다.

"맞아. 정리 1에서는 '방정식의 갈루아군'을 정의할 거야."

"다음 방." 리사는 우리를 다음 방으로…… '방정식의 갈루아군'으로 이끌었다.

4. 정리

정리 1: '방정식의 갈루아군'의 정의

보조정리 1 → 보조정리 2 → 보조정리 3 → 보조정리 4 → [정리 1] → 정리 2 → 정리 3 → 정리 4 → 정리 5

정리 1은 '방정식의 갈루아군'을 정의하는 내용이야.

우리는 방정식이 어떤 경우에 대수적으로 풀 수 있는지를 알고자 해. 갈루아는 방정식을 직접, 그러니까 계수를 직접 알아본 게 아니라, 일단 '방정식의 갈루아군'을 구하고 그걸 통해 방정식을 살펴보았어. 갈루아는 '방정식의 군'이라 불렀는데, 오늘날에는 '방정식의 갈루아군'이라고 불러.

이제부터 검토할 정리 1은 방정식의 갈루아군의 존재를 보증하기 위한 정리이고, 여기서는 방정식의 갈루아군을 정의하는 것이 중요해.

정리의 전후는 지금까지 했던 것과 똑같아. 중근을 갖지 않는 다항식 $f(x)$가 주어지고, 방정식 $f(x)=0$이야. $f(x)$의 근을 $\alpha_1, \alpha_2, \alpha_3, \cdots, \alpha_m$으로 나타내. 정리 1에서 갈루아는 '근으로 만든 유리식'에 주목했어.

- 그 유리식의 값은 '기지'인가?
- 근을 치환했을 때 그 유리식의 값은 '불변'인가?

갈루아는 이 두 가지에 주목해서 '방정식의 갈루아군'을 정의했어. 그리고 '방정식의 갈루아군'을 구체적으로 구성해서 보여 주었지.

정리 1: '방정식의 갈루아군' 정의

체 K 위의 다항식 $f(x)$의 근으로 유리식 r을 만들고, 그 값에 주목한다.
r의 값이 체 K에 속할 때, r을 **기지**라고 부른다($r \in$ K).
근의 치환 σ에서 r의 값이 변하지 않을 때, σ에서 **불변**이라고 한다($\sigma(r)=r$).
이때 그 어떤 r에 대해서도 성질 1과 2를 만족하는 어떤 치환군 G가 존재한다.

성질 1: 불변이라면 기지

　유리식 r의 값이 치환군 G의 모든 치환에서 불변이라면,
　유리식 r의 값은 기지다.

성질 2: 기지라면 불변

　유리식 r의 값이 기지라면,
　유리식 r의 값은 치환군 G의 모든 치환에서 불변이다.

이 치환군 G를, 체 K 위의 방정식 $f(x)=0$의 **갈루아군**이라고 부른다.

"모르겠어요." 테트라가 뜬금없이 말했다. "방정식, 다항식, 유리식, 치환군, 기지, 불변…… 이건 다 안다고 생각해요. 그런데 이 정리 1의 주장이 머릿속에 쏙 들어오질 않아요."

"그래? 유리는?" 미르카가 물었다.

"성질 1과 성질 2가 음…… '반대'라는 사실만은 알겠어요."

"거기서부터 모르겠다는 거지?" 미르카가 말을 받았다. "넌?"

"예시를 만들지 않으면 모르겠어." 내가 말했다. "예시를 만들면 알 것 같아."

"예시는 이해를 돕는 시금석." 미르카가 말했다.

우리는 포스터 옆에 있는 둥근 탁자에 앉았다.

그곳에는 계산용 필기도구와 종이 다발이 놓여 있었다.

방정식 $x^2-3x+2=0$의 갈루아군

"방정식 $x^2-3x+2=0$의 갈루아군을 생각해 보자." 미르카가 말했다. "계수체는 유리수체라고 할게. 그러니까 정리 1을 따르자면 체 $K=\mathbb{Q}$ 위의 다항식 $f(x)=x^2-3x+2$를 생각하는 셈이 돼. 여기까지 알겠니?"

미르카의 물음에 우리는 모두 고개를 끄덕였다.

"결론부터 말하면, $\mathbb{Q}$ 위의 방정식 $x^2-3x+2=0$의 갈루아군은 항등군이야. 즉, 항등원으로만 이루어진 군은 방정식의 갈루아군의 성질을 만족하지." 미르카가 설명했다.

"왜요?" 유리가 물었다.

"확인해 보자. 다항식 x^2-3x+2의 근은 뭐야?" 미르카가 질문했다.

"음…… 네. $x^2-3x+2=(x-1)(x-2)$가 되니까 1과 2가 근!"

"근에 이름을 붙여서 $\alpha_1=1, \alpha_2=2$라고 하자. 유리, 성질 1이란?"

"네. '불변이라면 기지'예요. 그러니까…….""

▶ **성질 1 불변이라면 기지의 확인**

유리식 r의 값이 치환군 G의 모든 치환에서 불변이라면,

유리식 r의 값은 기지다.

"항등군 $E_2=\{[12]\}$를 써서 치환해도 값이 불변한 근 $\alpha_1=1, \alpha_2=2$의 유리식을 생각해 봐." 미르카가 종이를 가리켰다.

"네." 유리는 바로 종이를 향했다. "항등군에서 근을 치환하고…… 아니?

미르카 언니! 항등군에는 '내리기'밖에 없어요!"

"그래." 미르카가 고개를 끄덕였다. "스스로 예시를 만들어 보면 바로 알아낼 수 있어. 항등군 E_2에는 항등원 $[12]$밖에 없으니까 근의 순열은 불변이야. 그래서 어떤 근의 유리식을 준비해도 그 값은 불변이지. 예를 들어 치환 $\sigma = [12]$를 $\alpha_1 - \alpha_2$에 작용하도록 하자."

$$\sigma(\alpha_1 - \alpha_2) = [12](\alpha_1 - \alpha_2) = \alpha_1 - \alpha_2$$

"네! 불변!" 유리가 말했다. "$\alpha_1 - \alpha_2 = 1 - 2 = -1$이고, $\sigma(\alpha_1 - \alpha_2) = \alpha_1 - \alpha_2 = 1 - 2 = -1$이니까 값은 -1 그대로 불변!"

"성질 1 '불변이라면 기지'는 E_2에서 성립할까?" 미르카가 물었다.

"음, 기지가 뭐였죠?" 유리가 말했다.

"지금은 계수체를 $\mathbb{Q}$로 두었으니까, 유리수라면 기지."

"근의 유리식은 1과 2를 사용한 유리식…… 그러니까 유리수인 거야." 이렇게 말하며 유리는 생각에 잠겼다. "음, 네, 그러니까 기지예요! 성질 1은 E_2에서 성립해요!"

"그거면 됐어." 미르카가 고개를 끄덕였다. "유리, 다음은 성질 2를 읽어 줘."

▶ **성질 2: 기지라면 불변의 확인**
유리식 r의 값이 기지라면,
유리식 r의 값은 치환군 G의 모든 치환에서 불변이다.

"이번에는 '기지라면 불변'이에요. 어디 보자……. 역시 E_2에서 생각해야 되죠?" 유리가 말했다. "1과 2로 유리식을 만들어서 기지라면…… 그러니까 유리수라면 1과 2의 유리식의 값은 반드시 유리수잖아! E_2에서 근을 치환해서…… 그럼 '내리기'라서 1과 2의 유리식 값은 치환하지 않아. 그럼 항등군 E_2에서는 항상 불변이잖아! 그러니까 성질 2는 E_2에서 성립한다!"

"그걸로 확인됐네." 미르카가 말했다. "성질 1과 2가 성립하니까 항등군

E_2는 ℚ 위의 방정식 $x^2-3x+2=0$의 갈루아군이라고 할 수 있어."

"저기, 미르카. 그건 자명한 거 아니야?" 내가 끼어들었다. "애초에 '근이 유리수'라면 어떤 유리식에서도 값은 '기지'이고, '항등원은 근을 치환하지 않으니까' 유리식은 당연히 '불변'이지."

"넌 우리의 목표가 뭔지 알았구나." 미르카가 말했다. "'근이 유리수'와 '항등군은 근을 치환하지 않는다'가 우리의 목표야."

"목표?" 내가 반문했다.

"'근이 기지'란 '근이 계수체에 속한다'는 거야. '근이 계수체에 속한다'란 '근이 계수의 사칙연산으로 쓸 수 있다'는 거고. 그때 방정식은 대수적으로 풀려. **방정식의 갈루아군이 항등군이라면, 방정식은 대수적으로 풀 수 있다.** 이걸 명심하도록."

우리는 잠자코 미르카의 말을 들었다.

"방정식 $x^2-3x+2=0$의 갈루아군은 항등군 E_2야. 이건 갈루아군이 가장 간단해지는 예시야. 체의 말을 빌리자면 '근이 계수체에 속하기 때문에 간단'하고, 군의 말을 빌리자면 '근을 치환하지 않는 군이니까 간단'하다는 거야. 다음으로 갈루아군이 가장 복잡해지는 예시를 생각해 보자."

"가장 복잡한 갈루아군이 뭐예요?" 테트라가 물었다.

"근의 치환을 모두 가지는 군……. 그러니까 대칭군이야. m개의 근을 가지는 방정식이 있을 때, 그 방정식의 가장 복잡한 갈루아군은 대칭군 S_m이 돼. 그 예시를 살펴보자."

방정식 $ax^2+bx+c=0$의 갈루아군

"**일반 이차방정식 $ax^2+bx+c=0$의 갈루아군은 대칭군 S_2가 돼.**"

"일반 이차방정식이 뭐예요?" 테트라가 손을 들었다.

"계수에 수가 아닌 문자를 사용한 이차방정식이야. 우리는 이차방정식을 일반적으로 $ax^2+bx+c=0$이라고 쓰지. 이때의 계수 a, b, c를 보통 수로 취급하는데, 그대로 문자로 취급해 보자. a, b, c는 $2a$나 b^2-4ac처럼 다른 수와 합쳐서 사칙연산의 형태로 만들 수는 있지만, 문자는 문자 그대로 계속 남

아. 예를 들어 해의 공식 $\dfrac{-b \pm \sqrt{b^2-4ac}}{2a}$ 안에도 a, b, c라는 문자는 문자 그대로 들어 있어. 이때의 계수체는 유리수체 $\mathbb{Q}$에 a, b, c를 문자로 추가한 체라고 생각하는 거야. 그러니까 $\mathbb{Q}(a, b, c)$라는 계수체지."

"$\mathbb{Q}(a, b, c)$는 꼭 건포도 빵 같네요." 테트라가 말했다. "$\mathbb{Q}$라는 효모 안에 a, b, c라는 건포도를 넣은 건포도 빵이요. 빵을 반죽해도 건포도는 계속 남 잖아요."

"재미있네." 미르카가 웃었다. "a, b, c는 문자이고 계산할 때는 서로 무관계야. 건포도 빵을 계수체로 가지는 이차방정식이 일반 이차방정식이야."

"어느 정도 이해했어요." 테트라가 안심했다.

"일반 이차방정식 $ax^2+bx+c=0$의 해는 근의 공식을 사용해서 이렇게 쓸 수 있어."

$$\alpha_1 = \frac{-b+\sqrt{b^2-4ac}}{2a},\ \alpha_2 = \frac{-b-\sqrt{b^2-4ac}}{2a}$$

"일반 이차방정식 $ax^2+bx+c=0$의 갈루아군은 대칭군 S_2가 돼. 그러니까 유리의 표기법을 사용하자면 이렇게 되겠네."

$$S_2 = \{[12], [21]\}$$

"S_2가 일반 이차방정식의 갈루아군이라는 걸 확인해 보자. '불변이라면 기지'와 '기지라면 불변'을 확인하면 돼."

▶ 성질 1: '불변이라면 기지' 확인

성질 1은 불변이라면 기지. 교환해서 불변인 유리식은 교환하지 않아도 물론 불변이니까 S_2의 원소 [21]에서 불변인 유리식을 생각하면 된다. 두 근을 [21]로 교환해서 불변인 유리식은 두 근의 대칭식일 것. 대칭식은 기본 대칭식으로 나타낼 수 있으니까 기본 대칭식의 합과 곱이 기지가 되는지를 알아봐야 된다. 근과 계수의 관계를 사용한다.

(합) $\alpha_1 + \alpha_2 = -\dfrac{b}{a}$ 는 계수체 $\mathbb{Q}(a, b, c)$에 속하기 때문에 기지

(곱) $\alpha_1 \alpha_2 = \dfrac{c}{a}$ 도 계수체 $\mathbb{Q}(a, b, c)$에 속하기 때문에 기지

대칭식은 기본 대칭식으로 나타낼 수 있고, 기본 대칭식이 기지니까 대칭식도 기지다.

따라서 S_2는 성질 1을 만족한다.

▶ 성질 2: '기지라면 불변' 확인

성질 2는 기지라면 불변. α_1, α_2로 만든 유리식 r의 값이 기지가 된다는 것은 r의 값이 계수체 $\mathbb{Q}(a, b, c)$에 속한다는 뜻이다. 근과 계수의 관계에서 r은 'α_1과 α_2의 기본 대칭식으로 나타낼 수 있는 유리식'이라고 할 수 있다. 그러니까 r은 'α_1과 α_2의 대칭식'이고, [21]에서 α_1과 α_2를 교환해도 r의 값은 불변이다. 물론 [12]에서도 불변이다.

따라서 S_2는 갈루아군이라는 사실을 알아냈다.

◆◆◆

"모르겠다옹!" 유리가 말했다. "이미 정리 1에서 포기했어요."

"정리 1의 포인트는 한마디로 말할 수 있어." 미르카가 말했다. "'방정식의 갈루아군은 존재한다'는 거야. 그럼 방정식의 갈루아군이란 어떤 군일까?"

"앗, 그건 갈루아군의 정의⋯⋯ 네. 방금 했으니까 알아! '불변이라면 기지'와 '기지라면 불변'이 성립하는 군!"

"바로 맞았어."

"갈루아군 씨와는 아직 친구가 되지 못했어요." 테트라가 말했다.

"흠. 그럼 다른 시점으로 보자." 미르카가 말했다. "이차방정식의 해는 판별식 $D = b^2 - 4ac$로 분류할 수 있어."

"네, 그러네요." 테트라가 말했다.

"계수체를 K로 했을 때, 해는 항상 확대체 $K(\sqrt{D})$에 속해. 왜냐하면 계수와 $\sqrt{D}$의 사칙연산으로 해를 쓸 수 있으니까."

"네, 알아요. 이차방정식의 근의 공식이죠."

"그래. 그럼 계수체 K와 확대체 $K(\sqrt{D})$를 비교해서 해가 어디에 속하는지 거시적으로 보는 거야."

- 해가 계수체 K에 속하지 않을 때 갈루아군은 항등군이 아니야.
  그리고 $\sqrt{D}$를 추가하면 체는 확대해.
- 해가 계수체 K에 속할 때 갈루아군은 항등군이야.
  그리고 $\sqrt{D}$를 추가해도 체는 확대하지 않아.

"아하." 테트라가 천천히 고개를 끄덕였다.

"우리의 관심은 방정식을 대수적으로 풀 수 있는지 아닌지에 있어. 그건 방정식의 해가 어떤 체에 속하는지와 상관이 있지. 그리고 '해가 어떤 체에 속하는가'는 '방정식의 갈루아군이 어떤 군인가'와 대응하는 것으로 보여. 이게 갈루아군을 생각하는 의미야."

"살짝 알 것 같은 기분이 들어요……." 테트라가 말했다. "'방정식의 갈루아군'은 정말 중요한 개념이죠. '모르는 느낌'을 해소하고 싶어요. 특히 '불변이라면 기지'와 '기지라면 불변'을 조금 더 이해하고 싶어요!"

테트라, 꽤 근성 있네.

"흠……." 미르카는 4초 정도 눈을 감았다. "그럼 '방정식의 갈루아군'의 두 성질이 왜 방정식의 본질을 말하는 것인지에 대해 논의해 보자. 어디까지나 직감적인 이야기지만."

◆◆◆

체 $K = \mathbb{Q}(a, b, c)$ 위의 일반 이차방정식 $ax^2 + bx + c = 0$의 갈루아군을 G라고 해. 그중 원소 하나를 σ(시그마)로 했어($\sigma \in G$). 그러면 다음 식이 성립해.

$$\sigma(a) = a, \ \sigma(b) = b, \ \sigma(c) = c$$

$K = \mathbb{Q}(a, b, c)$니까 a, b, c는 모두 기지야. '기지라면 불변'이니까 갈루아

군에 속하는 치환 σ는 a, b, c를 모두 그대로 드러내게 되는 거야.

그리고 $ax^2+bx+c=0$의 근을 α_1, α_2라고 하면 다음 식이 성립하지.

$$aa_1^2+ba_1+c=0$$

이 양변에 σ를 적용해 보자.

$$\sigma(aa_1^2+ba_1+c)=\sigma(0)$$

σ는 계수를 그대로 드러내니까 조금만 생각하면 아래 식이 성립한다는 걸 알 수 있어.

$$a\sigma(\alpha_1^2)+b\sigma(\alpha_1)+c=0$$

그리고 $\sigma(\alpha_1^2)=\sigma(\alpha_1\alpha_1)=\sigma(\alpha_1)\sigma(\alpha_1)=\sigma(\alpha_1)^2$라는 것도 알 수 있을 거야.

$$a\sigma(\alpha_1)^2+b\sigma(\alpha_1)+c=0$$

임의의 '근의 유리식'에 대해 같은 말을 할 수 있어. 예를 들면 이거야.

$$\sigma\left(\frac{a\alpha_1+b\alpha_2\alpha_1}{c\alpha_1^2\alpha_2}\right)=\frac{a\sigma(\alpha_1)+b\sigma(\alpha_2)\sigma(\alpha_1)}{c\sigma(\alpha_1)^2\sigma(\alpha_2)}$$

갈루아군은 '기지라면 불변'과 '불변이라면 기지'라는 성질을 갖고 있으니까 갈루아군의 원소가 되는 치환 σ를 근의 유리식에 적용했을 때, σ는 유리식의 내부 깊숙이 매끄럽게 들어갈 수 있어. 그리고 마지막에는 어느 근과 어느 근이 교환 가능한지 나타내. 갈루아군은 그 모든 정보를 갖고 있어. 방정식의 갈루아군은 쉽게 말하면 '방정식의 꼴'을 가르쳐 주는 거지.

여기에서 한 걸음 더 들어가면 '체의 자기동형군으로서 갈루아군을 정의한다'는 **아르틴**의 훌륭한 발상으로 이어져. 아르틴은 선형공간을 사용해서 갈루아 이론을 재정리했어.

◆◆◆

"아잇!" 테트라는 양손을 파닥파닥 움직이며 외쳤다. "저 생각났어요! 유리가 S_3 이야기를 했을 때, 저한테는 정삼각형의 꼴이 보였어요. 그거랑 비슷해요! 돌리거나 뒤집으면 '정삼각형의 꼴'이 보여요. 그거랑 똑같이 갈루아군은 어느 근과 어느 근이 교환 가능한지 나타내서 '방정식의 꼴'을 뚜렷이 나타내는 거예요!"

"그건 맞아." 미르카가 말했다.

"갈루아군이 방정식의 해의 상호 관계를 붙들고 있다는 걸 조금씩 알게 된 것 같아요." 테트라는 환한 얼굴로 말했다. "그런데 방정식의 갈루아군은 구체적으로 어떻게 찾는 건가요?"

"갈루아에게 물어보자. 갈루아는 첫 번째 논문에서 갈루아군 만드는 법을 썼거든."

갈루아군 만들기

중근을 갖지 않는 K 위의 다항식을 $f(x)$라 하고, 그 근을 $\alpha_1, \alpha_2, \alpha_3, \cdots, \alpha_m$으로 하자. 이 근을 사용해서 V를 구성하는 거야(보조정리 2, p.375).

그리고 이번에는 'V를 근으로 가지는 K 위의 최소다항식'이라는 걸 새로 생각해서 $fv(x)$라고 할 거야. $fv(x)$의 근을 $V_1, V_2, V_3, \cdots, V_n$으로 할게. $f(x)$와 $fv(x)$라는 두 다항식을 혼동하지 말 것.

$f(x)$ K 위의 중근을 갖지 않는 다항식에서 근은 $\alpha_1, \alpha_2, \alpha_3, \cdots, \alpha_m$

$fv(x)$ K 위의 최소다항식에서 근은 $V_1, V_2, V_3, \cdots, V_n (V = V_1)$

그런데 $\alpha_1, \alpha_2, \alpha_3, \cdots, \alpha_m$은 V를 사용해서 쓸 수 있어(보조정리 3, p.377).

$$\alpha_1 = \varphi_1(V), \alpha_2 = \varphi_2(V), \alpha_3 = \varphi_3(V), \cdots, \alpha_m = \varphi_m(V)$$

그리고 이 V를 V_1, V_2, V_3, $\cdots$, V_n으로 바꿔서 n세트의 근의 순열을 만들자(보조정리 4, p.379).

V_1을 사용하면 근의 순열은 $\varphi_1(V_1), \varphi_2(V_1), \varphi_3(V_1), \cdots, \varphi_m(V_1)$이 된다.
V_2를 사용하면 근의 순열은 $\varphi_1(V_2), \varphi_2(V_2), \varphi_3(V_2), \cdots, \varphi_m(V_2)$가 된다.
V_3을 사용하면 근의 순열은 $\varphi_1(V_3), \varphi_2(V_3), \varphi_3(V_3), \cdots, \varphi_m(V_3)$이 된다.
$\vdots$
V_n을 사용하면 근의 순열은 $\varphi_1(V_n), \varphi_2(V_n), \varphi_3(V_n), \cdots, \varphi_m(V_n)$이 된다.

이 n세트의 순열을 만들어 내는 치환군을 G라고 하면, 이 G가 'K 위의 방정식 $f(x) = 0$이 갈루아군'이야. 즉, $f(x)$의 근으로 만든 V의 공역 원소에 따라 근의 순열을 만들고, 그 순열을 만들어 내는 치환군이 갈루아군이라는 거지.

G가 갈루아군의 두 가지 성질을 가진다는 걸 확인해 보자.

▶ 성질 1: '불변이라면 기지' 확인

위의 치환군 G에서 불변인 근의 유리식을 $F(\alpha_1, \alpha_2, \alpha_3, \cdots, \alpha_m)$로 두면, 이는 $F(\varphi_1(V), \varphi_2(V), \varphi_3(V), \cdots, \varphi_m(V))$와 같아. $\alpha_k = \varphi_k(V)$이기 때문에. V가 이 유리식을 지배한다는 것에 주목해서 다시 한번 $F'(V)$라는 V의 유리식을 정의하자.

$$F'(V) = F(\varphi_1(V), \varphi_2(V), \varphi_3(V), \cdots, \varphi_m(V))$$

치환군 G에서 유리식 $F(\alpha_1, \alpha_2, \alpha_3, \cdots, \alpha_m)$의 값은 불변이니까 유리식 $F'(V)$의 값은 V 대신에 $V_1, V_2, V_3, \cdots, V_n$ 중 아무거나 써도 같은 값이 나온다.

$$F'(V) = F'(V_1) = F'(V_2) = F'(V_3) = \cdots = F'(V_n)$$

여기부터 $F'(V)$를 $V_1, V_2, V_3, \cdots, V_n$으로 나타낼 수 있다.

$$F'(V) = \frac{1}{n}(F'(V_1) = F'(V_2) = F'(V_3) = \cdots = F'(V_n))$$

$F'(V)$는 $V_1, V_2, V_3, \cdots, V_n$에 관한 대칭식으로 되어 있다. 따라서 이제 $V_1, V_2, V_3, \cdots, V_n$에 관한 기본 대칭식이 기지라는 사실을 말하면 된다.

$V_1, V_2, V_3, \cdots, V_n$은 최소다항식 $fv(x)$의 근이므로 아래 식이 성립한다.

$$fv(x) = (x - V_1)(x - V_2)(x - V_3) \cdots (x - V_n)$$

이것을 전개했을 때의 계수는 그야말로 $V_1, V_2, V_3, \cdots, V_n$에 관한 기본 대칭식이며, 게다가 $fv(x)$는 K 위의 다항식이므로 계수는 K의 원소이다. 따라서 $V_1, V_2, V_3, \cdots, V_n$에 관한 기본 대칭식은 K에 속하게 된다. 즉, 기지다.

이상으로 $F'(V)$의 값은 기지, 즉 $F(\alpha_1, \alpha_2, \alpha_3, \cdots, \alpha_m)$의 값이 기지라는 사실을 말할 수 있었다.

그러므로 성질 1 '불변이라면 기지'는 맞는 말이다.

▶성질 2: '기지라면 불변' 확인

반대로 K 계수의 유리식 $F(\alpha_1, \alpha_2, \alpha_3, \cdots, \alpha_m)$의 값이 기지(즉, K의 원소)라고 하자. 그 값을 R로 둔다($R \in K$). $F'(V)$를 다음과 같이 둔다.

$$F'(V) = F(\varphi_1(V), \varphi_2(V), \varphi_3(V), \cdots, \varphi_m(V)) - R$$

당연히 $F'(V) = 0$이므로 유리함수 $F'(x)$는 V를 근으로 가진다. 방정식 $F'(x) = 0$의 분모를 없애고 좌변이 다항식이 되도록 한 다음, 그 다항식을 $F''(x)$로 둔다. 그러면 V는 $F''(x)$의 근이기도 하다.

다항식 $F''(x)$는 최소다항식 $fv(x)$의 근 중 하나인 V를 공통으로 가진다. 최소다항식은 기약다항식이기도 하므로 $F''(x)$는 $fv(x)$의 모든 근 V_1, V_2, V_3, $\cdots$, V_n을 공통으로 가진다(보조정리 1, p.371).

따라서 다음 식이 성립한다.

$$F''(V)=F''(V_1)=F''(V_2)=F''(V_3)=\cdots=F''(V_n)=0$$

V_1, V_2, V_3, $\cdots$, V_n이 만들어 내는 순열이 치환군 G가 되므로 위의 식은 $F'(V)$가 치환군 G에서 불변이며, 그 값은 항상 0과 같다는 것을 의미한다. 따라서 $F'(V)$의 값도 치환군 G에서 불변(값은 0)이고, $F(\alpha_1, \alpha_2, \alpha_3, \cdots, \alpha_m)$의 값도 치환군 G에서 불변(값은 R)이다.

이렇게 성질 2 '기지라면 불변'이 증명되었다.

이상으로 치환군 G는 갈루아군이다.

◆◆◆

"V의 공역 원소 V_1, V_2, V_3, $\cdots$, V_n을 사용해서 갈루아군을 만드는 건가……." 내가 말했다. "공역 원소 하나하나가 치환군의 원소를 만들어 내는 거구나. 기약다항식 $fv(x)$라는 멍에로 묶여 있는 것이 갈루아군 G가 가지는 구조를 만들어 낸다고 할 수 있는 걸까?"

"뭐, 감각적으로 말하면 그렇지." 미르카가 말했다.

"미르카 언니! 어려워요." 유리가 말했다.

"미르카 선배, 이 방법으로 갈루아군을 만들 수 있는 거죠?" 테트라가 물었다.

"맞아." 검은 머리 천재 소녀가 대답했다. "간단한 갈루아군을 실제로 만들어 보자."

방정식 $x^3-2x=0$의 갈루아군

K$=\mathbb{Q}$로, $m=3$으로 할게.

중근을 갖지 않는 $\mathbb{Q}$ 위의 다항식을 $f(x)=x^3-2x$라고 할게.

$f(x)$의 근은 바로 구할 수 있어. $f(x)$를 인수분해하면,

$$x^3 - 2x = x(x - \sqrt{2})(x + \sqrt{2})$$

따라서 근을 $\alpha_1, \alpha_2, \alpha_3$으로 하면 이렇게 돼.

$$\alpha_1 = 0, \ \alpha_2 = +\sqrt{2}, \ \alpha_3 = -\sqrt{2}$$

다음으로 근을 사용해서 V를 구성하자(보조정리 2, p.375). 3개의 근의 치환으로 다른 값이 되는 V를 구성해. 조금 생각하면, 예를 들어 이런 유리식 $\varphi(x_1, x_2, x_3)$을 쓰면 돼. 이외에도 무수히 만들 수 있지.

$$\varphi(x_1, x_2, x_3) = 1x_1 + 2x_2 + 4x_3$$

여기서 계수가 확실히 보이도록 x_1을 $1x_1$로 썼어.

$\varphi(x_1, x_2, x_3)$에 $\alpha_1, \alpha_2, \alpha_3$의 치환 6가지를 대입해서 얻을 수 있는 유리식의 값이 모두 다른 것을 확인해. 6개의 값을 각각 V_1, V_2, V_3, V_4, V_5, V_6으로 두면 다음과 같이 계산할 수 있어.

$$V_1 = \varphi(\alpha_1, \alpha_2, \alpha_3) = 1\alpha_1 + 2\alpha_2 + 4\alpha_3 = 0 + 2\sqrt{2} - 4\sqrt{2} = -2\sqrt{2}$$
$$V_2 = \varphi(\alpha_1, \alpha_3, \alpha_2) = 1\alpha_1 + 2\alpha_3 + 4\alpha_2 = 0 - 2\sqrt{2} + 4\sqrt{2} = +2\sqrt{2}$$
$$V_3 = \varphi(\alpha_2, \alpha_1, \alpha_3) = 1\alpha_2 + 2\alpha_1 + 4\alpha_3 = +\sqrt{2} + 0 - 4\sqrt{2} = -3\sqrt{2}$$
$$V_4 = \varphi(\alpha_2, \alpha_3, \alpha_1) = 1\alpha_2 + 2\alpha_3 + 4\alpha_1 = +\sqrt{2} - 2\sqrt{2} + 0 = -\sqrt{2}$$
$$V_5 = \varphi(\alpha_3, \alpha_1, \alpha_2) = 1\alpha_3 + 2\alpha_1 + 4\alpha_2 = -\sqrt{2} + 0 + 4\sqrt{2} = +3\sqrt{2}$$
$$V_6 = \varphi(\alpha_3, \alpha_2, \alpha_1) = 1\alpha_3 + 2\alpha_2 + 4\alpha_1 = -\sqrt{2} + 2\sqrt{2} + 0 = +\sqrt{2}$$

확실히 6개의 값은 모두 다르다는 걸 알 수 있을 거야.

그리고 이번에는 'V를 근으로 가지는 K 위의 최소다항식'이라는 걸 새로

생각해서 $fv(x)$라고 둘 거야. V_1, V_2, V_3, V_4, V_5, V_6 중에 아무거나 V로 둬도 좋지만, 예를 들어 $V=V_1=-2\sqrt{2}$를 사용해 보자. 그러니까 '$-2\sqrt{2}$를 근으로 가지는 $\mathbb{Q}$ 위의 최소다항식'으로서 $fv(x)$를 만들어. 이것도 어렵지 않아. $-2\sqrt{2}$를 근으로 가지는 $\mathbb{Q}$ 계수의 다항식으로 차수가 가장 낮고 최고차항의 계수가 1이 되는 다항식을 만들면 돼. V_1이랑 V_2를 사용해서 다음과 같이 하면 만들어져.

$$
\begin{aligned}
fv(x) &= (x-V_1)(x-V_2) \\
&= (x-(-2\sqrt{2}))(x-(+2\sqrt{2})) \\
&= x^2-8
\end{aligned}
$$

$\mathbb{Q}$ 위의 다항식 x^2-8에 대해 다음과 같은 사실들이 성립해.

- $\mathbb{Q}$ 위에서 기약이다.
- $V_1=-2\sqrt{2}$를 근으로 가지는 최저차수의 다항식이다.
- 최고차항의 계수는 1이다.

따라서,

$$fv(x)=x^2-8$$

$\mathbb{Q}$ 위의 식이 $V_1=-2\sqrt{2}$의 최소다항식이 돼. 갈루아의 방법에서 n은 $fv(x)$의 차수인 2와 같아($n=2$).

이제 α_1, α_2, α_3은 V를 사용해서 쓸 수 있어(보조정리 3, p. 377). 그때 쓰는 유리수체를 각각 $\varphi_1(x)$, $\varphi_2(x)$, $\varphi_3(x)$로 두면 다음과 같이 구체적으로 쓸 수 있어.

$$\varphi_1(x)=0, \quad \varphi_2(x)=-\frac{x}{2}, \quad \varphi_3(x)=\frac{x}{2}$$

$x=V_1$로 확실히 근 $\alpha_1, \alpha_2, \alpha_3$을 만들 수 있는지 검산해 보자.

$$\alpha_1=\varphi_1(V_1)=0, \quad \alpha_2=\varphi_2(V_1)=+\sqrt{2}, \quad \alpha_3=\varphi_3(V_1)=-\sqrt{2}$$

이렇게 확실히 만들 수 있어. 이 x에 V_1과 V_2를 대입해서 근의 순열을 $n=2$세트 만들자(보조정리 4, p. 379). 그 순열이 갈루아의 방법이면서 갈루아 군이 되지.

V_1을 사용하면 근의 순열은 $\varphi_1(V_1), \varphi_2(V_1), \varphi_3(V_1)$이 된다. 그러니까 $0, +\sqrt{2}, -\sqrt{2}$ 즉 $\alpha_1, \alpha_2, \alpha_3$이라는 순열이다.
V_2를 사용하면 근의 순열은 $\varphi_1(V_2), \varphi_2(V_2), \varphi_3(V_2)$가 된다. 그러니까 $0, -\sqrt{2}, +\sqrt{2}$ 즉 $\alpha_1, \alpha_3, \alpha_2$라는 순열이다.

이 두 순열 $\alpha_1, \alpha_2, \alpha_3$과 $\alpha_1, \alpha_3, \alpha_2$에서 $\mathbb{Q}$ 위의 방정식 $x^3-2x=0$의 갈루아군 G로서 다음을 얻을 수 있어.

$$G=\{[123], [132]\}$$

표준적인 기법으로는 이렇게 써.

$$G=\left\{\begin{pmatrix}123\\123\end{pmatrix}, \begin{pmatrix}123\\132\end{pmatrix}\right\}$$

즉, '항등원'과 'α_2와 α_3을 교환하는 치환'의 2개 원소로 이루어진 치환군이 $\mathbb{Q}$ 위의 방정식 $x^3-2x=0$의 갈루아군인 거야.

◆◆◆

"그렇구나!" 나는 말했다. "'방정식의 갈루아군'의 의미를 조금 알겠어. $G=\{[123], [132]\}$라는 치환군은 3개의 근 중에 'α_2와 α_3이라면 교환해도 좋다'는 치환군이야! G라는 갈루아군은 $x^3-2x=0$이라는 방정식의 꼴을 알고 있는 거지!"

"그렇군요!"테트라가 응수했다.

"무슨 말이야?"유리가 물었다.

"그러니까……."내가 설명하기 시작했다. "값이 유리수가 되는 유리식을 $\alpha_1, \alpha_2, \alpha_3$을 사용해서 만들었을 때, $\alpha_2 = +\sqrt{2}$와 $\alpha_3 = -\sqrt{2}$는 교환해도 좋아. 그러니까 교환해도 유리식의 값은 불변해. 이 'α_2와 α_3이 짝을 짓고 있다'는 정보를 G라는 치환군이 나타내고 있어."

"감각적이긴 하지만 그 발상은 맞아."미르카가 말했다. "방정식의 갈루아 군은 방정식의 근이 가지는 어떤 종류의 대칭성을 나타낸 것으로 간주할 수 있어. 방정식 $x^3 - 2x = 0$의 경우에는 'α_2와 α_3에 관한 대칭성'이라는 단순한 것을 나타냈지만, 더 복잡한 방정식이라면 복잡한 대칭성을 나타내게 돼."

"근의 대칭성……을 나타내는 갈루아군."테트라가 중얼거렸다.

"방정식의 꼴……을 나타내는 갈루아군."유리가 중얼거렸다.

"첫 번째 논문을 읽으면서 갈루아군의 성질을 더 배웠어."미르카가 말했다. "계수체에 원소를 추가해서 체를 확대하면, 기약이었던 $fv(x)$도 가약이 돼. V의 최소다항식이 변화하니까 갈루아군도 변화해. 정리 2에서는 갈루아군의 축소에 대해 생각해 보자."

"다음 방."리사가 우리를 다음 방으로 이끌었다. 갈루아군의 축소로.

정리 2: '방정식의 갈루아군'의 축소

보조정리 1 → 보조정리 2 → 보조정리 3 → 보조정리 4 → 정리 1 → 정리 2 → 정리 3 → 정리 4 → 정리 5

우리는 나라비쿠라 도서관에서 갈루아 페스티벌 현장을 둘러보며 걸었다. 미르카는 '정리 2'라고 적힌 포스터 앞에 서서 검지를 세웠다.

"정리 2 내용에 들어가기 전에 한 번 더 첫 번째 논문의 주제를 짚고 가자."

"'방정식이 대수적으로 풀리는 필요충분조건'이에요!"유리가 바로 답했다.

"빙고."미르카가 고개를 끄덕였다. "그런데 방정식을 대수적으로 풀 때, 카르다노도 라그랑주도 오일러 선생도 모두 보조방정식을 찾았어. 그건 보조방정식을 풀어서 계수체에 추가할 원소를 구하기 위해서지."

"이차방정식 때 보조방정식이 있었나?" 유리가 내게 물었다.

"있었어." 내가 답했다. "'무엇'$^2 = b^2 - 4ac$를 풀었지."

"아, 그렇구나!" 유리가 말했다. "그거 'x를 포함하는 식'$^2 =$ 'x를 포함하지 않는 식'이지. 목표 형식이야!(p. 47)"

"$b^2 - 4ac$의 제곱근을 구하는 보조방정식을 풀어서 얻은 $\sqrt{b^2 - 4ac}$를 계수체에 추가해." 미르카가 말했다. "이건 $\sqrt{판별식}$을 추가한다는 거야. 이차방정식은 $K(\sqrt{판별식})$이라는 체의 사칙연산으로 해를 쓸 수 있어. 그건 근의 공식에서도 말할 수 있지."

"그렇구나……." 유리가 말했다.

"대수적으로 풀 수 있으면 추가해야 할 원소가 존재해." 미르카가 말했다. "하지만 대수적으로 풀 수 없는 방정식에는 그런 원소가 존재하지 않아. 그래서 '추가해야 할 원소는 어떤 경우에 존재하는가'는 중요한 문제가 돼."

우리는 모두 고개를 끄덕였다.

"여기서 갈루아의 발상이 빛나지." 미르카가 말을 이어 나갔다. "갈루아는 보조방정식의 해를 추가했을 때 일어나는 '갈루아군의 변화'에 주목한 거야. 이제부터 읽을 정리 2에서는 보조방정식의 해를 추가해서 계수체를 확대했을 때 일어나는 '방정식의 갈루아군'의 축소에 대해 말할 거야."

"보조방정식의 해를 추가해서 계수체를 확대……." 내가 말했다.

"'방정식의 갈루아군'의 축소……." 유리가 말했다.

"군이 축소한다는 의미를…… 모르겠어요." 테트라가 말했다. "축소한 군이 뭐예요?"

"축소한 군이라는 건, 요컨대 부분군을 말하는 거야." 미르카가 대답했다. "계수체가 확대해서 변화하면 기지인 수도 변화하니까 갈루아군도 변화해. 새로운 갈루아군은 원래 갈루아군의 부분군이 돼."

"아하…… 부분군이군요!" 테트라가 말했다.

"갈루아군은 '기지라면 불변'하고 '불변이라면 기지'가 되는 군이었어." 미르카가 말했다. "기지인지 아닌지는 계수체에 속해 있는지 아닌지로 결정돼.

그러니까 '체의 세계'의 개념이지. 불변인지 아닌지는 '군의 세계'의 개념. 갈루아가 정리 1에서 제시한 두 성질은 '체'와 '군'의 대응을 나타내. 방정식의 갈루아군은 두 세계를 연결하지."

'두 세계'…… 그러고 보니 미르카는 전에 '두 세계가 맞닿을 때는 늘 기분이 좋아'라고 말했지.

"이제부터 얘기할 정리 2에서는 '체의 확대'와 '군의 축소'의 대응을 제시할 거야. 놀랍게도 '체의 확대'와 '군의 축소'는 정확하게 대응이 맞아떨어져. 체가 확대하면 군은 축소하고, 군이 축소하면 체는 확대해. 그런 대응이야. 이 대응을 사용하면 '체의 확대' 가능성을 '군의 축소' 가능성으로 찾을 수 있어. 우리는 방정식의 해를 모두 포함하는 부분까지 체를 확대할 가능성을 알고자 하는 거야. 그러니까 이 대응은 무척 고마운 거지."

"그렇구나." 내가 말했다.

◆◆◆

정리 2의 전제를 다시 확인하자.

- $f(x)$는 중근을 갖지 않는 체 K 위의 다항식
- $\alpha_1, \alpha_2, \alpha_3, \cdots, \alpha_m$은 다항식 $f(x)$의 근(방정식 $f(x)=0$의 해)
- $fv(x)$는 V를 근으로 가지는 K 위의 최소다항식

여기서 체 K 위에서 기약인 보조방정식 $g(x)=0$을 새로 생각할 거야. $g(x)$의 근을 $r_1, r_2, r_3, \cdots, r_p$로 놓고, 특히 $r=r_1$로 놓는 거야. 그리고 묻는 거지.

<u>체 K 위의 방정식 $f(x)=0$의 갈루아군과 비교해서,</u>
<u>체 $K(r)$ 위의 방정식 $f(x)=0$의 갈루아군은 어떻게 될까?</u>

체 K 위의 다항식 $f(x)$는 체 $K(r)$ 위의 다항식으로도 간주할 수 있어. 계수체를 K에서 $K(r)$로 확대했다는 것은 '기지'가 되는 값이 바뀌었다는 뜻

이니까 갈루아군은 변화할지도 몰라.

이 질문에는 정리 2가 그 대답이야.

정리 2: '방정식의 갈루아군'의 축소

체 K 위의 방정식 $f(x)=0$에 대한 갈루아군을 G로 한다.

체 K(r) 위의 방정식 $f(x)=0$에 대한 갈루아군은 H로 한다.

여기서 r은 체 K 위에서 기약인 보조방정식 $g(x)=0$의 해 중 하나로 하고, $g(x)$의 근을 $r_1, r_2, r_3, \cdots, r_p$(특히 $r=r_1$)로 놓는다.

이때 다음 문장 중 하나는 성립한다.

• G＝H이다. (r을 추가해도 갈루아군은 변화하지 않는다)
• G⊃H이다. (r을 추가하면 갈루아군은 부분군으로 축소한다)

축소하는 경우, 군 G는 부분군 H에서 p개의 잉여류로 분할된다.

$$G=\sigma_1 H \cup \sigma_2 H \cup \sigma_3 H \cup \cdots \cup \sigma_p H$$

여기서 $\sigma_1, \sigma_2, \sigma_3, \cdots, \sigma_p \in G$이고, σ_1은 항등원 e와 같다고 정의한다.

잉여류의 개수는 $g(x)$의 근의 개수와 같다.

사실 갈루아는 정리 2 안에 'p개의 군으로 분할된다'라고 적었어. 하지만 오늘날 용어로 쓴다면 잉여류라고 해야 적절하겠지.

$fv(x)$는 V를 근으로 가지는 K 위의 최소다항식이야. K(r)에서 $fv(x)$가 그대로 기약이라면, 갈루아군은 변화하지 않아. K(r)에서 $fv(x)$가 가약이 된다면 $fv(x)$는 동일차수인 인수 p개의 곱이 될 거야. 이 증명을 갈루아는 적지 않았어.

$$fv(x)=f'v(x, r_1) \times f'v(x, r_2) \times f'v(x, r_3) \times \cdots \times f'v(x, r_p)$$

$f'v(x, r_k)$는 K(r_k) 위에서 기약인 인자야. 여기서 $f'v(x, r_1)$에 주목할게.

V_1, V_2, V_3, $\cdots$, V_q가 $f'v(x, r_1)$의 근이라고 하자. 그러니까 $K(r)$ 위의 V의 최소다항식이 이렇게 된다는 거야.

$$f'v(x, r_1) = (x - V_1)(x - V_2)(x - V_3) \cdots (x - V_q)$$

단, $f'v(x, r_1)$을 구성하는 V의 공역의 첨자를 작은 번호로 다시 배정했어. 문자가 너무 많아서 복잡하다고?

예를 들어 $n = 12, p = 3, q = 4$일 때는 이런 상황이야.

$$fv(x) = \underbrace{(x - V_1)(x - V_2)(x - V_3)(x - V_4)}_{K(r_1) \text{ 위에서 기약인 } f'v(x, r_1)}$$
$$\times \underbrace{(x - V_5)(x - V_6)(x - V_7)(x - V_8)}_{K(r_2) \text{ 위에서 기약인 } f'v(x, r_2)}$$
$$\times \underbrace{(x - V_9)(x - V_{10})(x - V_{11})(x - V_{12})}_{K(r_3) \text{ 위에서 기약인 } f'v(x, r_3)}$$

체 K 위에 있는 방정식의 갈루아군 G는 V_1, V_2, V_3, $\cdots$, V_n으로 구성한다 (정리 1, p. 384). r을 추가한 후에 체 $K(r)$ 위에 있는 방정식의 갈루아군 H는 V_1, V_2, V_3, $\cdots$, V_q로 구성해.

G의 위수는 n이고 H의 위수는 q야.

위의 예시로 말하자면, V_1, V_2, V_3, $\cdots$, V_{12}로 구성한 갈루아군 G는 r을 추가한 후에는 V_1, V_2, V_3, V_4로 구성하는 갈루아군 H로 축소하게 되고, H는 G의 부분군이 돼.

갈루아의 실수

"사실 첫 번째 논문의 정리 2에는 작은 실수가 있어." 미르카가 말했다.

"갈루아의 실수?" 내가 반문했다.

"갈루아는 결투 전날에 이 첫 번째 논문을 갖고 있었어. 그리고 정리 2에 쓰여 있는 'p는 소수'라는 문장을 지웠어. 그렇게 수정한 건 엄밀히 따지면 실수였어. 잉여류의 개수가 p가 아니라 p의 약수가 될 가능성이 생기기 때문이야. 방정식의 가해성을 위해 p는 소수인 채로도 괜찮았지만, 첫 번째 논문을 퇴고하면서 갈루아는 'p는 소수'라는 조건을 완화한 논의를 할 수 있을 거라는 사실을 깨달았을 거야. 하지만 자세히 수정할 시간이 없었어. 내일은 결투의 날이니까. 홀로 있던 밤, 그는 첫 번째 논문의 여백에 다음과 같이 갈겨썼어."

이 증명은 완전하게 만들어야 할 부분이 있다.
시간이 없다.

"시간이 없다니……." 테트라가 떨리는 목소리로 말했다.
"갈루아는 자신의 증명을 보완해야 한다는 사실을 깨달았어." 미르카가 말했다. "하지만 그럴 시간이 없었지."
"……."
"그의 머릿속에는 아직 발표하지 않은 수학도 많이 있었어. 하지만 그걸 끄집어낼 시간이 없었지. 운명은 갈루아에게 시간을 주지 않았어. 아…… 너무 분통 터져!" 미르카는 벽을 힘껏 발로 찼다!
우리는 숨을 삼켰다.
그녀는 바로 침착한 목소리로 돌아와 말을 이었다.
"그날 밤, 갈루아는 친구 슈발리에에게 편지를 썼어. 편지에 자신의 방정식론은 논문 3개로 쓸 수 있다고 적었고, 자신의 연구를 간략하게 정리하기도 했어. 하지만 거기부터는 미래의 수학자들에게 맡길 수밖에 없었어." 미르카는 잠깐 눈을 감은 다음에 말을 이었다. "고맙게도 갈루아는 '방정식을 대수적으로 풀기 위한 필요충분조건'을 남겨 주었어. 첫 번째 논문은 갓 태어난 갈루아 이론의 첫 열매야."
우리는 한동안 잠잠한 침묵 속에서 20대 청춘 갈루아를 애도했다.
"수학으로 돌아가자." 미르카가 말했다. "정리 1에서는 방정식의 갈루아 군을 정의했고, 정리 2에서는 보조방정식의 해 r을 하나 추가했을 때 갈루아군이 어떻게 축소되는지를 이야기했어. p개의 공역 원소를 가지는 r을 추가함으로써 $fv(x)$의 작은 기약 인자 $f'v(x, r)$을 얻을 수 있고, 갈루아군을 만들어 내는 V의 공역 원소 개수가 p분의 1로 줄어들었어. 갈루아군은 위수가 n에서 $q = \frac{n}{p}$이 됐어. 다음 정리 3에서 갈루아는 보조방정식의 해를 모두 추가하면 어떻게 되는지 검토했어. 이것은 거듭제곱의 추가에 효과적이지."

"다음 방." 리사가 우리를 다음 방으로 이끌었다. 모든 근의 추가로.

정리 3: 보조방정식의 모든 근을 추가

보조정리 1 → 보조정리 2 → 보조정리 3 → 보조정리 4 → 정리 1 → 정리 2 → 　정리 3　 → 정리 4 → 정리 5

"그렇구나." 내가 말했다. "우리는 나라비쿠라 도서관의 방을 돌며 전시 포스터를 읽고 있어. 이건 갈루아의 첫 번째 논문 속을 걷고 있는 거지."

"정리 2에서는……." 미르카가 말했다. "기약인 보조방정식의 근 중 하나인 근 r을 계수체로 추가하면 갈루아군이 축소된다는 걸 봤어. 그럼 모든 근을 계수체에 추가하면 무슨 일이 일어날까? 그게 정리 3이야."

정리 3: 보조방정식의 모든 근을 추가

체 K 위의 방정식 $f(x) = 0$에 대한 갈루아군을 G로 한다.
체 K 위의 r의 최소다항식 $g(x)$의 근을 $r_1, r_2, r_3, \cdots, r_p$로 한다.
방정식 $f(x) = 0$을 체 $K(r_1, r_2, r_3, \cdots, r_p)$ 위의 방정식으로 간주했을 때,
방정식의 갈루아군은 G의 정규부분군 H로 축소한다.

"여기서는 체 K를 체 $K(r_1, r_2, r_3, \cdots, r_p)$로 확대했어." 미르카가 말했다.

"응?" 나는 깨달았다. "최소다항식의 모든 근이 속한 확대란…… 정규확대?"

"빙고." 미르카가 고개를 끄덕였다. "최소다항식의 모든 근을 추가해서 만든 확대체…… 정규확대야."

"어머…… 어느새 체 이야기로 넘어갔네요. 갈루아군 이야기를 하고 있었는데……?" 테트라가 머리를 감싸 쥐었다.

"테트라." 미르카가 말했다. "지금 우리는 두 세계 사이에 놓인 다리 위에서 있어. 그러니까 '체의 세계'와 '군의 세계'가 둘 다 보여. 정리 3에서는 '정규확대'와 '정규부분군'이 대응한다고 주장하거든."

$$K \subset K(r_1, r_2, r_3, \cdots, r_p) \qquad K(r_1, r_2, r_3, \cdots, r_p) \text{는 K의 정규확대}$$
$$\vdots \qquad \vdots$$
$$G \triangleright H \qquad\qquad\qquad H \text{는 G의 정규부분군}$$

- 정리 2의 주장
  보조방정식의 근 하나를 추가하면 체는 확대하고,
  거기에 대응해서 방정식의 갈루아군은 부분군으로 축소해.
- 정리 3의 주장
  보조방정식의 모든 근을 추가하면 체는 정규확대하고,
  거기에 대응해서 방정식의 갈루아군은 정규부분군으로 축소한다.

"어쩜 이렇게 아름다운 대응이 있을까요? 신기해요!"

"확실히 아름답지. 그리고 신기해." 미르카가 말했다. "게다가 그냥 단순히 정규확대와 정규부분군이 대응하는 게 아니야. '정규확대에 따른 확대차수'와 '군에서의 정규부분군의 지수'는 같아져. 말하자면 '정규확대로 체가 얼마나 커지는가'와 '정규부분군으로 나누면 군이 얼마나 작아지는가'가 또 일치하는 거야. K를 정규확대한 체를 L이라고 했을 때, 정규확대 L/K의 확대차수는 잉여군 G/H의 위수와 같아. 그러니까 이런 식이 성립하지."

$$[L:K] = (G:H)$$

"이런 표기로 정리한 건 후세의 수학자들이지만, 이 대응 덕분에 군을 알아보고 체의 성질을 탐구할 수 있었어.”

 “미르카 언니.” 계속 묵묵히 듣고 있던 유리가 말했다. “저는 미르카 언니의 이야기 중에 모르는 부분이 아직 많아요. 하지만 음…… ‘군을 알아보는 것’은 ‘체를 알아보는 것’보다 더 편한 것인가웅?”

 “흠.” 미르카는 손가락을 입술에 갖다 댔다. “항상 편하다고는 할 수 없어. 하지만 방정식의 가해성 연구를 위해서는 군을 알아보는 게 편하지.”

 “왜요?”

 “방정식을 ‘체의 세계’에서 생각할 때는 보조방정식을 찾게 돼. 무수히 많은 보조방정식의 후보에서 적절한 것을 찾는 건 어려워. 혹시 어쩌면 적절한 보조방정식은 애초에 존재하지 않을지도 몰라.” 미르카는 유리에게 말했다. “한편, ‘군의 세계’에서는 방정식의 갈루아군을 생각하면 돼. 갈루아군은 유한 위수의 치환군이니까 정규부분군은 고작 유한개밖에 없어. 정규부분군을 찾는 건 보조방정식을 찾는 것에 비하면 원리적으로는 훨씬 용이해. 물론 낱낱이 찾으려면 엄청난 수고가 드니까 방법을 모색해야겠지만.”

축소의 반복

 “여기까지 살펴봤던 흐름을 요약하자.” 미르카가 말했다.

- K 위의 방정식 $f(x)=0$이 대수적으로 풀 수 있는지 아닌지 알아본다.
- $f(x)$의 근 $\alpha_1, \alpha_2, \alpha_3, \cdots, \alpha_m$을 사용해서 V를 구성한다.
- V를 사용해서 근 $\alpha_1, \alpha_2, \alpha_3, \cdots, \alpha_m$을 쓸 수 있다.
- V를 근으로 가지는 K 위의 최소다항식 $fv(x)$를 생각하고, V의 공역 원소 $V_1, V_2, V_3, \cdots, V_n$에 주목한다.
- 보조방정식 $g(x)=0$을 생각한다.
- $g(x)$의 근 $r_1, r_2, r_3, \cdots, r_p$를 모두 K에 추가하면, $f(x)=0$의 갈루아군 G는 G의 정규부분군으로 축소된다.
- $fv(x)$는 $K(r_1, r_2, r_3, \cdots, r_p)$ 위에서 같은 차수의 기약인 인자 p개로 인수분해한다.

"이걸로 인수분해까지 도달했네요!" 테트라가 말했다.

"아니, 아직 목표를 달성한 건 아니야." 미르카가 말했다.

"어머?"

"$fv(x)$는 인수분해를 했어. 하지만 아직 1차식의 곱으로 인수분해를 했다고는 할 수 없어. 갈루아군을 반복해서 축소해야 해. 군의 축소를 반복할 수 있는지 아닌지가 방정식의 대수적 가해성을 판정하는 조건이 돼." 미르카가 말했다.

"어디서 끝이야?" 리사가 말했다. 과묵한 소녀의 질문에 우리는 놀랐다.

"항등군에서 끝." 미르카가 리사에게 대답했다. "리사는 반복의 끝이 신경 쓰이는 거야? 갈루아군이 항등군이 될 때가 반복의 끝. 항등군이 도착점이야. 리사는 왜 항등군이 도착점인지 알겠어?"

"해가 기지야." 리사가 말했다.

"빙고." 미르카가 고개를 끄덕였다. "방정식의 갈루아군이 항등군이라는 이야기는 해의 어떤 유리식도 불변이라는 뜻이야. 유리식, 예를 들어 각 a_k도 불변. '불변이라면 기지'니까 a_k는 기지. 해가 모두 기지이면 주어진 방정식은 대수적으로 풀 수 있어. 방정식의 갈루아군이 항등군이라면 방정식은 대수적으로 풀 수 있다는 뜻이야. 우리는 방정식의 가해성을 판정하기 위해 방정식의 갈루아군을 구하고, 갈루아군이 축소하는지 아닌지를 알아보고, 축소한 갈루아군이 더 축소하는지 아닌지를 알아보고…… 그런 식으로 반복하는 거야. 그 축소의 반복을 갈루아군이 항등군이 될 때까지 계속 말이야."

"미르카 언니, 잘 모르는데도 질문이 생겨서……." 유리가 말했다. "1차식의 곱으로 인수분해하는 건 $fv(x)$가 아니라 $f(x)$ 아니에요?"

"같은 거야." 미르카가 말했다. "V로 $f(x)$의 근은 구성할 수 있어(보조정리 3, p.377). $a_k = \varphi_k(V)$니까 V가 기지가 되면 a_k도 기지가 되고, $f(x)$는 1차식의 곱으로 인수분해할 수 있어."

"그렇구나. 미르카 언니…… 이제 지쳤어요." 유리가 말했다.

"조금만 더 가면 목적지야." 미르카가 말했다.

"다음 방." 리사가 우리를 다음 방으로 이끌었다.

정리 4: 축소한 갈루아군의 성질

보조정리 1 → 보조정리 2 → 보조정리 3 → 보조정리 4 → 정리 1 → 정리 2 → 정리 3 → 정리 4 → 정리 5

정리 4: 축소한 갈루아군의 성질

체 $K(\alpha_1, \alpha_2, \alpha_3, \cdots, \alpha_m)$의 임의의 원소를 r이라고 한다.

<u>체 K 위의 방정식 $f(x)=0$의 갈루아군을 G라고 하고,</u>

<u>체 $K(r)$ 위의 방정식 $f(x)=0$의 갈루아군을 H라고 하면,</u>

갈루아군 H는 r의 값을 불변하게 만드는 치환으로만 이루어진다.

"정리 4에서는 근 $\alpha_1, \alpha_2, \alpha_3, \cdots, \alpha_m$을 사용해서 유리식 r을 만들어. 그 r을 계수체에 추가했을 때 갈루아군은 축소하지만, 축소한 갈루아군은 유리식 r의 값을 불변하게 만드는 치환을 모은 것이 된다고 해. 이 정리 4는 갈루아군을 축소시키는 추가 원소를 구체적으로 구성할 때 사용해. 정리 4를 사용하는 건 다음 정리 5 때야. 정리 5가 바로 우리의 고지인 '방정식을 대수적으로 풀기 위한 필요충분조건'이지."

"마침내 왔군요." 테트라가 말했다.

"드디어……." 유리가 녹초가 되어 신음했다.

"다음 방." 리사가 우리를 다음 방으로 이끌었다. 우리의 목적지로.

5. 정리 5: 방정식을 대수적으로 풀기 위한 필요충분조건

보조정리 1 → 보조정리 2 → 보조정리 3 → 보조정리 4 → 정리 1 → 정리 2 → 정리 3 → 정리 4 → 정리 5

갈루아가 던진 질문

"우리는 첫 번째 논문의 핵심에 이르렀어." 미르카가 우리를 빙 둘러보며 말했다. "갈루아는 다음과 같은 질문을 던졌어."

> 문제: 방정식을 대수적으로 풀 수 있는 경우는 언제인가?

"실제로 갈루아는 첫 번째 논문에 이런 질문을 던졌어."

'방정식을 단순한 거듭제곱근으로 풀 수 있는 경우는 언제인가?'

"일차방정식에서 사차방정식으로 제한하면, 우리는 갈루아에게 바로 답할 수 있어."

문제: 일차방정식을 대수적으로 풀 수 있는 경우는 언제인가?
풀이: 항상 풀 수 있다.

문제: 이차방정식을 대수적으로 풀 수 있는 경우는 언제인가?
풀이: 항상 풀 수 있다.

문제: 삼차방정식을 대수적으로 풀 수 있는 경우는 언제인가?
풀이: 항상 풀 수 있다.

문제: 사차방정식을 대수적으로 풀 수 있는 경우는 언제인가?
풀이: 항상 풀 수 있다.

"'항상 풀 수 있다'고 확신하는 이유는 뭘까? 유리." 미르카가 물었다.
"근의 공식이 있어서?" 유리가 의문형으로 답했다.
"바로 그거야. 일차방정식부터 사차방정식까지는 '근의 공식'이 존재해. 근의 공식이 존재하니까 '항상 풀 수 있다'고 바로 대답할 수 있어. 하지만……." 미르카가 말을 이었다. "루피니와 아벨이 증명한 대로 오차방정식의 근의 공식은 존재하지 않아. 주어진 오차방정식은 항상 풀린다고 할 수 없어. 그렇다고 전부 다 풀리지 않는 것도 아니야. 예를 들어, 가우스는 방정식 $x^p = 1$이 대수적으로 풀 수 있다는 사실을 증명했어. 그래서 오차방정식에 대해서는 이런 문답이 될 거야."

문제: 오차방정식을 대수적으로 풀 수 있는 경우는 언제인가?
풀이: 풀 수 있을 때도 있고 풀 수 없을 때도 있다.

"풀 수 있을 때도 있고 풀 수 없을 때도 있다.' 이렇게 흐리멍덩한 답에 수학자들이 만족할 리가 없지." 미르카가 말했다. "예를 들어 아벨은 방정식의 임의의 해 α_k가 하나의 해 α의 유리식 $\varphi_k(\alpha)$로 나타낼 수 있고, 나아가 $\varphi_k(\varphi_j(\alpha)) = \varphi_j(\varphi_k(\alpha))$가 성립하는 방정식은 대수적으로 풀 수 있다는 걸 증명했어. 참고로 이건 '방정식의 갈루아군이 교환법칙을 만족한다'는 조건이야. 교환법칙을 만족하는 군을 현재 아벨군이라고 부르는 이유가 여기에 있어."

"아! 그랬군요!" 테트라가 목소리를 높였다.

"아무튼." 미르카가 말했다. "갈루아까지 수학자들이 해낸 것들은 '이 형태의 방정식이라면 대수적으로 풀 수 있다'는 발견이었다고 볼 수 있어. 수학자들은 대수적으로 풀기 위한 충분조건을 개별적으로 찾아왔던 거야."

"충분조건?" 유리가 말했다.

"'이 형태라면 풀 수 있다'는 조건 말이야. 하지만 그 형태가 아니라고 해서 꼭 풀 수 없다고 잘라 말할 순 없어. 다른 형태에서도 풀 수 있는 방정식이 있을지도 몰라." 미르카는 다시 한번 포스터를 가리켰다.

문제: 방정식을 대수적으로 풀 수 있는 경우는 언제인가?

"인류 역사상, 이 문제에 처음으로 완전하게 답한 사람은 갈루아야. 오차방정식이든 육차방정식이든, 백차방정식이든 상관없어. 방정식을 대수적으로 풀 수 있는 필요충분조건을 갈루아는 발견했어."

"필요충분조건?" 유리가 반문했다.

"그래. '이 형태면 풀 수 있고, 이 형태가 아니면 풀 수 없다'는 조건이야. 갈루아는 '방정식을 대수적으로 풀기 위한 필요충분조건을 구하라'는 문제에 완전한 답을 발견했어. 근의 치환에 주목한 라그랑주의 방법을 배우고, 체의 세계와 군의 세계를 잇는 다리를 놓아서 문제를 푼 사람이 갈루아야." 미르카는 뺨이 발그레해진 채 거침없이 말을 이어 갔다. "갈루아는 아직 정리되지 않은 체와 군이라는 도구로 논문을 써야 했어. 논문이 읽기 어려운 이유는 그 때문이야. 갈루아 이후 많은 수학자가 체의 세계와 군의 세계를 정리해 왔어. 그래서 우리에게 수학을 푸는 도구가 생긴 거야. 갈루아의 길을 따라 체와 군의 용어를 사용해 '방정식을 대수적으로 풀기 위한 필요충분조건'을 향해 걸어가자. 같이."

'방정식을 대수적으로 풀 수 있다'는 것
미르카의 강의는 이어졌다.

◆◆◆

'방정식을 대수적으로 풀 수 있다'는 다르게 표현할 수 있어.

- 방정식을 대수적으로 풀 수 있다.
- 방정식은 대수적으로 가해성이다.
- 방정식을 거듭제곱근으로 풀 수 있다.
- 방정식의 해를 사칙연산과 거듭제곱근만 써서 쓸 수 있다.

'체'라는 용어를 사용하면 이렇게 돼.

> '방정식을 대수적으로 풀 수 있다'를 '체'라는 용어로 나타내기
> '방정식을 대수적으로 풀 수 있다'란 방정식의 계수체에서 시작하여 모든 근이 기지가 될 때까지 거듭제곱근을 추가해서 체를 확대할 수 있다는 것이다.

'군'이라는 용어를 사용하면 이렇게 나타낼 수 있어.

> '방정식을 대수적으로 풀 수 있다'를 '군'이라는 용어로 나타내기
> '방정식을 대수적으로 풀 수 있다'란 방정식의 갈루아군에서 시작하여 항등군이 될 때까지 어떤 조건을 만족하면서 방정식의 갈루아군을 축소할 수 있다는 것이다.

우리는 어떤 경우에 방정식을 대수적으로 풀 수 있는지 알고자 해. 그러니까 우리는 어떤 경우에 방정식의 갈루아군이 항등군까지 축소할 수 있는지 생각하게 돼.

체의 확대든 군의 축소든 단계적으로 진행한다는 사실에 주의하자.

우리는 2개의 탑을 세울 거야. '체의 탑'과 '군의 탑'이야.

체의 세계에서는 계수체에 거듭제곱근을 추가해서 체를 확대하는 거야. 우리는 이걸 반복해서 방정식의 모든 해가 속할 때까지 체를 확대해야 해.

군의 세계에서는 방정식의 갈루아군부터 시작해서 군을 축소하는 거야. 축소한 군을 더 축소해. 우리는 이걸 반복해서 결국에는 항등원밖에 갖지 않는 군, 그러니까 항등군까지 군을 축소해야 해. 단, 그때는 어떤 조건을 반드시 만족시켜야 해.

테트라의 질문

"테트라, 질문 있어?" 미르카가 물었다.

"네. 계수체에 거듭제곱근을 추가해서 체를 확대하는 건 알겠어요." 테트라가 신중하게 말했다. "확인하고 싶은데…… 모든 근이 속할 때까지 체를

확대하고 싶다는 건 확대에 확대를 거듭해서 커다란 체에 도달하면 인수분해를 할 수 있기 때문이죠?"

"그거면 됐어."

"그럼 처음부터 엄청나게 큰 체에서 생각하면 어떨까 하는 생각이 들어요. 예를 들어 복소수체 $\mathbb{C}$는 엄청나게 큰 체잖아요. 복소수체 $\mathbb{C}$에서 생각하면 인수분해할 수 있어요."

$$f(x) = (x - \alpha_1)(x - \alpha_2)(x - \alpha_3) \cdots (x - \alpha_m)$$
$$\alpha_1, \alpha_2, \alpha_3, \cdots, \alpha_m \in \mathbb{C}$$

"물론." 미르카가 고개를 끄덕였다. "처음부터 복소수체 $\mathbb{C}$를 생각하면 다항식은 눈 깜짝할 새에 1차식의 곱이 되지. 테트라의 주장은 맞아. 하지만 그걸로는 거듭제곱만 갖고 풀 수 있을지 없을지 몰라."

"앗……."

"복소수체에서 생각하면, 방정식이 반드시 해를 가진다는 건 가우스가 증명했어. 거기서 증명된 건 어디까지나 해의 존재야. 라그랑주, 루피니, 아벨, 갈루아, 그리고 당시의 수학자들 모두가 도전했던 건 해의 존재를 나타내는 게 아니라 해를 거듭제곱근으로 나타내는 조건을 찾아내는 거야. 그리고 해를 거듭제곱근으로 나타내려면, 그러니까 방정식을 대수적으로 풀려면 체의 확대를 반복할 필요가 있어."

"이해했어요. 큰 착각을 하고 있었네요." 테트라가 고개를 끄덕였다.

"미르카 언니!" 유리가 소리를 높였다. "그거 각의 3등분 문제랑 비슷한데요!"

"그게 무슨 말?" 미르카가 다정하게 물었다.

"그러니까……."

• 3등분하는 각은 존재한다.
  그러나 그 각을 자와 컴퍼스를 유한 번 사용해서 그릴 수 있다고는 단정할 수 없다.

- 오차방정식의 해는 존재한다.

  그러나 그 해를 거듭제곱근과 사칙연산을 유한 번 사용해서 쓸 수 있다고는 단정할 수 없다.

"이 두 가지가 꼭 닮았잖아요!"

"맞게 이해한 거야." 미르카가 뿌듯하다는 듯 말했다. "유리는 문제의 논리 구조를 잘 이해하고 있어. 각의 3등분과 방정식의 가해성 사이에는 몇 가지 유추가 성립해. 유리는 그중 하나를 발견했어."

유추……. 나는 미르카에게 받은 편지를 떠올렸다.

"미르카 언니……." 유리가 말했다. "하지만 방정식을 풀기 위한 필요충분조건은 결국 뭐죠? 갈루아군을 축소할 때 필요한 '어떤' 조건이란 뭐죠?"

"그건 이제부터 볼 거야, 유리." 미르카가 미소 지었다. "갈루아는 체의 세계에서 군의 세계로 다리를 건넜어. 하지만 군의 세계에서 문제 해결을 하지 않으면 다리를 건너 봤자 헛수고야. 그럼 다시 이야기로 돌아가자."

p 제곱근의 추가

우리는 방정식의 계수체에 거듭제곱근을 추가해서 체를 확대할 거야. 하지만 어떤 거듭제곱근을 추가해야 좋을까? 2제곱근? 3제곱근? 4제곱근?

갈루아는 첫 번째 논문에서 추가 원소로서 p 제곱근만 생각하면 된다고 했어. p는 소수야. 예를 들어 6제곱근을 추가하고 싶다면 2제곱근과 3제곱근을 순서대로 추가하면 돼. $\sqrt[6]{} = \sqrt[3]{\sqrt[2]{}}$ 이니까.

추가 원소를 임시로 r이라고 부를게. $r^p \in K$를 만족하는 r을 추가해서 확대체 $K(r)$을 만들게 돼.

r을 추가하면 방정식의 갈루아군은 축소할까? 축소할지도 모르고 축소하지 않을지도 몰라. 만약 어떠한 r을 추가해도 방정식의 갈루아군이 전혀 축소하지 않는다면, 그 방정식은 대수적으로 풀 수 없어.

여기서 1의 원시 p제곱근 ζ_p는 처음부터 계수체 K의 원소로 둔다. 즉, 다음과
같다.

$$\zeta_p \in K$$

그렇게 하면 거듭제곱근을 하나만 추가해도 자동적으로 모든 거듭제곱근
을 추가한 셈이 된다. 예컨대, $r = \sqrt[3]{2}$을 추가해서 $K(\sqrt[3]{2})$를 만들 때, 1의 원
시 3제곱근인 $\zeta_3 = \omega$는 처음부터 계수체 K의 원소라고 정의한다. 즉, $\omega \in K$
이다. 그렇게 하면 $\sqrt[3]{2}\omega \in K(\sqrt[3]{2})$ 및 $\sqrt[3]{2}\omega^2 \in K(\sqrt[3]{2})$가 된다. $\sqrt[3]{2}$만 추가해
도 $\sqrt[3]{2}, \sqrt[3]{2}\omega, \sqrt[3]{2}\omega^2$이라는 근 3개를 추가한 셈이 된다.

(테트라, 뭐? ……뭐, 그렇지. 이제 $\sqrt[3]{2}$는 외톨이가 아니야)

ζ_p는 p보다 작은 거듭제곱근으로 얻을 수 있다. 이 사실은 가우스가 갈루아보다
앞서 증명했다. 따라서 $\zeta_p \in K$를 전제로 해도 안 될 건 없어.

우리는 정리 2와 정리 3을 쓸 거야.

정리 2(p. 399)에서 보조방정식의 해(p제곱근)를 하나 추가했을 때 G가 p
개인 잉여류로 분할된다고 할 수 있어.

정리 3(p. 405)에서 보조방정식의 해를 전부 다 추가하면 갈루아군은 정규
부분군으로 축소된다고 할 수 있어.

여기서 생각하는 보조방정식은 다음과 같아.

$$x^p - r^p = 0 \qquad (r^p \in K)$$

그러니까 r^p의 제곱근을 구하는 보조방정식이야. $\zeta_p \in K$니까 이 보조방정
식의 해 중 하나인 r을 추가하기만 해도 p개의 근이 전부 다 추가돼. 그러니
까 $K(r)/K$는 정규확대가 돼. 그리고 이때 갈루아군 G는 정규부분군 H로
축소되고 잉여군 G/H의 위수는 소수 p가 돼. 그러므로,

갈루아군이 축소하도록 방정식의 <u>계수체에 거듭제곱근을 추가</u>할 수 있다면,
그 축소한 갈루아군이 만들어 내는 잉여군의 위수는 소수다.

이런 이야기지. 이건 그 반대도 성립해. 그러니까,

<u>잉여군의 위수가 소수</u>인 정규부분군이 존재한다면,
갈루아군이 축소하도록 방정식의 <u>계수체에 거듭제곱근을 추가</u>할 수 있다.

잉여군의 위수가 소수다. '어떤' 조건이란 이거야.
이제 반복만 하면 돼.
반복하는 걸 잘 알 수 있도록 갈루아군에 번호를 붙여 보자.

- 주어진 방정식의 갈루아군 G를 G_0이라고 한다.
- 잉여군 G_0/G_1의 위수가 소수인 G_0의 정규부분군 G_1을 찾아낸다.
- 잉여군 G_1/G_2의 위수가 소수인 G_1의 정규부분군 G_2를 찾아낸다.
- 잉여군 G_2/G_3의 위수가 소수인 G_2의 정규부분군 G_3을 찾아낸다.
- ……정규부분군이 항등군 E와 같아질 때까지 이를 반복한다.

그러니까 잉여군 G_k/G_{k+1}의 위수가 소수인 정규부분군의 연쇄를 만드는
거야.

$$G = G_0 \triangleright G_1 \triangleright G_2 \triangleright G_3 \triangleright \cdots \triangleright G_n = E$$

만약 이 연쇄를 만들 수 있다면 방정식은 대수적으로 풀 수 있어. 만약 만
들 수 없다면 추가해야 할 거듭제곱근과 풀어야 할 보조방정식이 존재하지
않기 때문에 방정식은 대수적으로 풀 수 없어.
위의 사실들을 정리한 것이 갈루아의 정리 5, **가해성 정리**야.

따라서 방정식을 대수적으로 풀 수 있기 위한 필요충분조건은 '방정식의 갈루아군이 가해군이어야 한다'라고 할 수 있다.

이렇게 해서 드디어 만족할 만한 문답이 나왔어.

"드디어 도착했네!" 내가 말했다.

갈루아의 추가 원소

나는 '도착했다'고 생각했다.

그런데 유리와 테트라가 동시에 손을 들었다.

소녀들의 질문이다!

"미르카 언니. '이건 반대도 성립한다'고 했는데 진짜 그래요?" 유리가 물었다.

"구체적으로는 어떤 원소를 추가하는 거예요?" 테트라도 물었다.

"갈루아는 두 사람의 의문에 한꺼번에 답하고 있어." 미르카가 답했다. "첫 번째 논문에서 갈루아는 잉여군의 위수가 소수 p라면 추가하는 p제곱근을 구체적으로 구성할 수 있다는 사실을 나타냈으니까."

◆◆◆

첫 번째 논문에서 갈루아는 주어진 방정식 $f(x)=0$의 해로 만드는 유리식 θ를 정의해. 방정식의 갈루아군을 G, 축소한 정규부분군을 H로 했을 때,

- 치환 σ가 $\sigma \in$ G이면서 동시에 $\sigma \in$ H라면 유리식 θ의 값은 불변($\sigma(\theta)=\theta$)
- 치환 σ가 $\sigma \in$ G이면서 동시에 $\sigma \notin$ H라면 유리식 θ의 값은 변화($\sigma(\theta) \neq 0$)

이런 성질을 유리식 θ에 갖게 해.

H의 치환으로 불변인 대칭식을 만들면, 유리식 θ는 구성할 수 있어.

유리식 θ에 대해 $\sigma \in$ G이면서 동시에 $\sigma \notin$ H인 치환 σ를 작용시켜서 근의 순열을 바꿔. 그렇게 해서 만들어진 새로운 유리식을 $\sigma(\theta)$라고 나타내자. 그리고 이렇게 놓는 거야.

$$\theta_0 = \theta, \ \theta_1 = \sigma(\theta_0), \theta_2 = \sigma(\theta_1), \theta_3 = \sigma(\theta_2), \cdots$$

θ_k는 θ에 σ를 k회 작용시킨 거야.

이때 $\theta_0, \theta_1, \theta_2, \theta_3, \cdots$이라는 열은 무한으로 이어지지 않아. 잉여군 G/H의 원소 개수는 소수 p개. 따라서 σ를 p회 작용시키면 원래대로 돌아와.

$$\theta_p = \theta_0 = \theta$$

체 K에 넣을 추가 원소로 갈루아는 다음과 같은 원소 r을 제시했어.

$$r = \zeta_p{}^1\theta_1 + \zeta_p{}^2\theta_2 + \zeta_p{}^3\theta_3 + \cdots + \zeta_p{}^{p-1}\theta_{p-1} + \zeta_p{}^p\theta_p$$

여기서 ζ_p는 1의 원시 p제곱근을 나타내.

r의 정의가 갑작스럽다고?

아니, 이 r은 본 기억이 있을 거야.

1의 원시 p제곱근과의 합과 곱을 취하는 것. 이건 라그랑주 분해식이야.

라그랑주의 연구를 배웠던 갈루아는 첫 번째 논문 안에 라그랑주 분해식을 추가 원소로서 제시한 거야.

지금 우리는 갈루아군을 G에서 H로 축소시키기 위해 체 K에 추가해야 할 원소 r을 구하려고 해. 여기서 궁금한 문제 하나.

정말 r^p는 체 K에 속하는가?

왜냐하면 기지 원소의 p제곱근을 추가해서 체의 탑을 세우고 싶으니까 $r^p \in$ K가 성립하지 않으면 곤란해.

갈루아는 첫 번째 논문에서 $r^p \in$ K가 되는 건 'il est clair(자명하다)'라고 썼어.

우리도 '자명하다'고 말하고 싶어. 여기서 갈루아에 도전하자.

문제 10-1 **갈루아의 추가 원소**

갈루아의 추가 원소 r을 아래와 같이 정의한다.

$$r = \zeta_p{}^1\theta_1 + \zeta_p{}^2\theta_2 + \zeta_p{}^3\theta_3 + \cdots + \zeta_p{}^{p-1}\theta_{p-1} + \zeta_p{}^p\theta_p$$

- p는 소수이고 잉여군 G/H의 위수
- ζ_p는 1의 원시 p제곱근
- K는 ζ_p를 추가한 계수체
- σ는 $\sigma \in G$이면서 동시에 $\sigma \notin H$를 만족하는 치환
- θ는 근의 유리식으로 정규부분군 H에서는 값이 불변하지만, 방정식의 갈루아군 G의 다른 치환에서는 값이 변화한다.
- θ_k는 유리식 θ 안의 근을 σ에서 k회 치환해서 만드는 유리식
  ($\theta_{k+1} = \sigma(\theta_k)$, $\theta_p = \theta_0 = \theta$)

이때, 다음 식이 성립하는가?

$$r^p \in K$$

그럼 $r^p \in K$가 성립한다는 사실을 증명하자.

$r^p \in K$가 성립하는 것, 그러니까 r^p의 값이 '기지'라는 사실을 말하고 싶으니까, 갈루아군 G에 속하는 치환에 따라 r^p의 값이 '불변'이라는 걸 말하면 돼! 즉, 이 식이 성립한다는 사실을 말하면 되는 거지.

$$\sigma(r^p) = r^p \qquad \text{r^p의 값은 σ에서 불변}$$

r^p가 σ에서 불변이라는 사실의 증명은 r의 정의식에서 시작해.

$$r = \zeta_p^{\,1}\theta_1 + \zeta_p^{\,2}\theta_2 + \zeta_p^{\,3}\theta_3 + \cdots + \zeta_p^{\,p-1}\theta_{p-1} + \zeta_p^{\,p}\theta_p$$

양변에 대해 치환 σ를 작용하게 해.

$$\sigma(r) = \sigma(\zeta_p^{\,1}\theta_1 + \zeta_p^{\,2}\theta_2 + \zeta_p^{\,3}\theta_3 + \cdots + \zeta_p^{\,p-1}\theta_{p-1} + \zeta_p^{\,p}\theta_p)$$

ζ_p는 기지니까 치환 σ는 ζ_p를 불변하도록 지켜. 따라서 다음 식이 성립해.

$$\sigma(r) = \zeta_p^{\,1}\sigma(\theta_1) + \zeta_p^{\,2}\sigma(\theta_2) + \zeta_p^{\,3}\sigma(\theta_3) + \cdots + \zeta_p^{\,p-1}\sigma(\theta_{p-1}) + \zeta_p^{\,p}\sigma(\theta_p)$$

$\theta_{k+1}=\sigma(\theta_k)$를 사용해서 다음 식이 성립해.

$$\sigma(r)=\zeta_p{}^1\theta_2+\zeta_p{}^2\theta_3+\zeta_p{}^3\theta_4+\cdots+\zeta_p{}^{p-1}\theta_p+\zeta_p{}^p\theta_{p+1}$$

마지막 항에 대해 $\zeta_p{}^p\theta_{p+1}=\theta_1$이 성립해.

$$\sigma(r)=\zeta_p{}^1\theta_2+\zeta_p{}^2\theta_3+\zeta_p{}^3\theta_4+\cdots+\zeta_p{}^{p-1}\theta_p+\underline{\theta_1}$$

마지막 항을 처음으로 이동한다(돌리기).

$$\sigma(r)=\underline{\theta_1}+\zeta_p{}^1\theta_2+\zeta_p{}^2\theta_3+\zeta_p{}^3\theta_4+\cdots+\zeta_p{}^{p-1}\theta_p$$

양변에 $\zeta_p{}^1$를 곱해서 지수를 맞춘다.

$$\zeta_p{}^1\sigma(r)=\zeta_p{}^1\theta_1+\zeta_p{}^2\theta_2+\zeta_p{}^3\theta_3+\zeta_p{}^4\theta_4+\cdots+\zeta_p{}^p\theta_p$$

그러면 좌변은 r과 같다는 사실을 알 수 있다!

$$\zeta_p{}^1\sigma(r)=r$$

양변을 $\zeta_p{}^1$로 나누면 다음 식을 얻을 수 있다.

$$\sigma(r)=\frac{r}{\zeta_p{}^1}$$

양변을 p제곱한다.

$$(\sigma(r))^p=\frac{r^p}{\zeta_p{}^p}$$

여기서 $\zeta_p{}^p = 1$에서 다음 식을 얻을 수 있다.

$$(\sigma(r))^p = r^p$$

여기서 $(\sigma(r))^p = \sigma(r^p)$에서 다음 식을 얻을 수 있다.

$$\sigma(r^p) = r^p$$

마지막 단계에서 $(\sigma(r))^p = \sigma(r^p)$를 사용했어. 이게 성립하는 건 '근을 치환한 다음에 r을 p제곱하는 것'이 'r을 p제곱한 다음에 근을 치환하는 것'과 같기 때문이야. 이렇게 해서 우리는 다음 식을 얻었어.

$$\sigma(r^p) = r^p$$

이 식은 갈루아군에 속하는 치환 σ에서 r^p의 값이 '불변'해진다는 걸 나타내고 있어. '불변'이니까 '기지'가 되는 거야. 따라서 $r^p \in K$가 성립해.

이게 증명해야 할 문제였어.

Q. E. D.

$r^p \in K$니까 r은 $x^p - r^p = 0$이라는 K 위의 보조방정식의 해가 된다. K에 r을 추가해서 체 $K(r)$을 만들면, 정리 3(p. 405)과 정리 4(p. 409)에 의해 방정식의 갈루아군 G는 정규부분군 H로 축소하고, 잉여군 G/H의 위수는 소수 p가 된다.

이 r이 갈루아가 생각한 추가 원소야.

자, 이걸로 또 하나 해결!

[풀이 10-1] **갈루아의 추가 원소**

갈루아의 추가 원소 r을 다음과 같이 정의했을 때,

$$r = \zeta_p{}^1 \theta_1 + \zeta_p{}^2 \theta_2 + \zeta_p{}^3 \theta_3 + \cdots + \zeta_p{}^{p-1} \theta_{p-1} + \zeta_p{}^p \theta_p$$

다음 식이 성립한다.

$$r^p \in K$$

의문에 빠진 유리

"미르카 언니!" 유리가 버둥거렸다. "이해가 안 된다옹!"

"어렵니?" 미르카가 물었다.

"네." 유리의 얼굴이 심각해졌다. "죄송해요."

"사과할 필요는 없어." 미르카가 대꾸했다. "자세히 증명을 해 볼까?"

"그보다 음……" 유리는 머뭇거리며 말했다. "어떤 조건에 나온 '잉여군의 위수가 소수'라는 걸 단박에 알 수 있는 뭔가가……"

"아아, 그런 뜻이구나. 리사, 어제 했던 케일리 그래프 어디 있니?"

"이쪽." 리사가 우리를 다음 방으로…… 아니, 통로로 이끌었다.

6. 두 개의 탑

일반 삼차방정식

좁은 통로 벽에 전시 포스터가 몇 장 붙어 있었다.

"어머!" 유리가 외쳤다. "어제 만든 포스터잖아!"

우리가 어제 만든 S_3과 잉여군의 그림이 보였다.

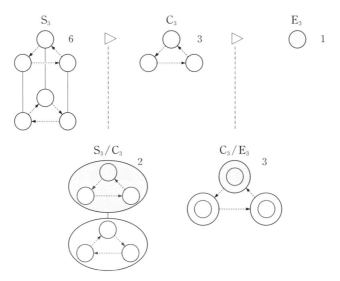

일반 삼차방정식의 갈루아군 S_3의 분해($S_3 \triangleright C_3 \triangleright E_3$)

미르카가 그림을 가리키며 말했다.

"왼쪽부터 오른쪽으로 정규부분군의 열로서 다음과 같은 식이 있어."

$$S_3 \triangleright C_3 \triangleright E_3$$

"그리고 그 아래에 2개의 잉여군 S_3/C_3과 C_3/E_3이 있어. 잉여군의 위수는 각각 $\underline{2}$와 $\underline{3}$, 둘 다 소수야. 이게 '잉여군의 위수가 소수'라는 예시야."

"그렇구나!" 유리가 말했다.

"일반 삼차방정식의 갈루아군은 대칭군 S_3이고, 이 군은 항등군에 이르는 정규부분군의 열이 있으며 잉여군의 위수는 소수. 따라서 S_3은 가해군이야."

"갈루아 씨도 이런 그림을 생각하며 그렸던 걸까요?"

"이 그림보다 훨씬 더 풍부한 구조를 파악했던 건 확실해. 물론 사실은 알 수 없지만." 미르카가 말했다. "여기에 등장한 '소수열 2와 3'은 삼차방정식의 근의 공식에도 얼굴을 내밀어. 이차방정식을 푼 다음에 $\underline{3}$제곱근을 구했어. 이건 $\underline{2}$제곱근과 $\underline{3}$제곱근을 추가하기 위함이었지."

"확실히 2와 3이었죠." 테트라가 말했다.

"그럼 일반 삼차방정식 $ax^3 + bx^2 + cx + d = 0$에 대해 '체의 탑'과 '군의 탑'을 세우자. $K = \mathbb{Q}(a, b, c, d, \zeta_2, \zeta_3)$라고 했을 때의 그림이 이거야. 제곱근 $\sqrt{}$ 도 암시적으로 2제곱근 $\sqrt[2]{}$ 으로 썼어."

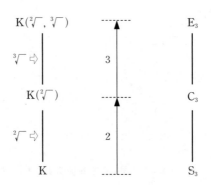

일반 삼차방정식의 '체의 탑'과 '군의 탑'

"'체의 탑'에서는 체를 확대해서 가장 위에 있는 최소분해체까지 올라가는 군요."

"'군의 탑'에서는 군을 축소해서 가장 위에 있는 항등군까지 올라가는구냐 앙."

테트라와 유리는 그림을 보며 말했다.

일반 사차방정식

"일반 사차방정식에서도 똑같이 생각해 보자." 미르카가 말했다.

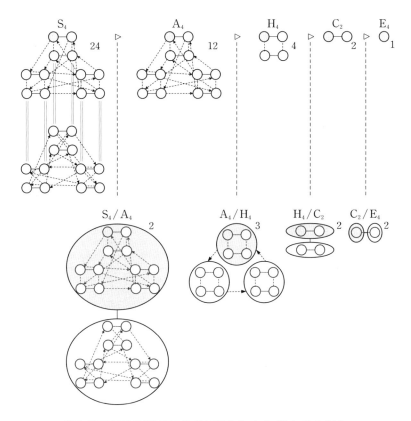

일반 사차방정식의 갈루아군 S_4의 분해($S_4 \triangleright A_4 \triangleright H_4 \triangleright C_2 \triangleright E_4$)

"S_4/A_4, A_4/H_4, H_4/C_2, C_2/E_4의 위수는……." 테트라가 말했다.

"2, 3, 2, 2이고 전부 소수!" 유리가 대꾸했다.

"일반 사차방정식의 갈루아군은 대칭군 S_4." 미르카가 말했다. "갈루아군 의 축소는 이 그림처럼 이렇게 돼."

$$S_4 \triangleright A_4 \triangleright H_4 \triangleright C_2 \triangleright E_4$$

"위수의 변화는 이렇게 되고."

$$24 \xrightarrow{\frac{1}{2}} 12 \xrightarrow{\frac{1}{3}} 4 \xrightarrow{\frac{1}{2}} 2 \xrightarrow{\frac{1}{2}} 1$$

"일반 사차방정식을 풀 때는 2제곱근 → 3제곱근 → 2제곱근 → 2제곱근의 순서로 거듭제곱근을 추가해. p제곱근의 추가와 위수의 변화 $\frac{1}{p}$과의 호응을 잘 알 수 있어."

"정말 그러네요." 테트라가 말했다.

"이걸로 일반 사차방정식 $ax^4+bx^3+cx^2+dx+e=0$에 대해 '체의 탑'과 '군의 탑'이 세워져. $K=\mathbb{Q}(a,b,c,d,e,\zeta_2,\zeta_3)$으로 한 그림은 이렇게 돼."

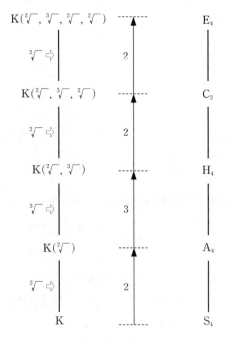

일반 사차방정식의 '체의 탑'과 '군의 탑'

"갈루아는 첫 번째 논문에 갈루아군의 축소가 어떤 모습인지 썼어." 미르카가 말했다. "하지만 탑의 그림을 그린 건 아니야. 갈루아는 근을 나열한 표로 갈루아군의 축소를 나타냈어. 여기서는 근을 $\alpha_1, \alpha_2, \alpha_3, \alpha_4$로 바꾸고,

$\frac{1}{2} \rightarrow \frac{1}{3} \rightarrow \frac{1}{2} \rightarrow \frac{1}{2}$ 이라는 축소 모습을 알기 쉽게 가로로 나열해 봤어."

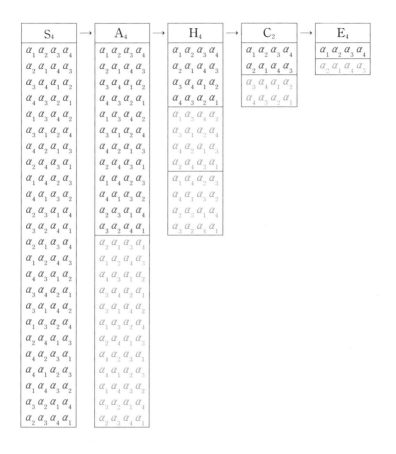

"이건······ 근이 나열되어 있네요." 테트라가 말했다.

"그는 근의 순열을 모아서 치환군을 나타냈어. 갈루아의 표기법을 설명할
게." 미르카가 말했다.

◆◆◆

예를 들어 이건 4개의 순열로 이루어진 집합이고, 4개의 원소로 이루어진
치환군을 나타낸 거야.

$$\begin{array}{cccc} \alpha_1 & \alpha_2 & \alpha_3 & \alpha_4 \\ \alpha_2 & \alpha_1 & \alpha_4 & \alpha_3 \\ \alpha_3 & \alpha_4 & \alpha_1 & \alpha_2 \\ \alpha_4 & \alpha_3 & \alpha_2 & \alpha_1 \end{array}$$

여기서 첫 번째 줄의 순열 $\alpha_1\,\alpha_2\,\alpha_3\,\alpha_4$에서 이 4개의 순열을 만들어 내는 치환을 모으면 치환군이 생긴다는 사실을 알 수 있어.

$\alpha_1\,\alpha_2\,\alpha_3\,\alpha_4$에서 $\alpha_1\,\alpha_2\,\alpha_3\,\alpha_4$를 만들어 내는 치환 → [1234]

$\alpha_1\,\alpha_2\,\alpha_3\,\alpha_4$에서 $\alpha_2\,\alpha_1\,\alpha_4\,\alpha_3$을 만들어 내는 치환 → [2143]

$\alpha_1\,\alpha_2\,\alpha_3\,\alpha_4$에서 $\alpha_3\,\alpha_4\,\alpha_1\,\alpha_2$를 만들어 내는 치환 → [3412]

$\alpha_1\,\alpha_2\,\alpha_3\,\alpha_4$에서 $\alpha_4\,\alpha_3\,\alpha_2\,\alpha_1$을 만들어 내는 치환 → [4321]

어느 줄의 순열부터 시작해도 같은 치환군이 돼. 예를 들어 두 번째 줄의 순열 $\alpha_2\,\alpha_1\,\alpha_4\,\alpha_3$에서 이 4개의 순열을 만들어 내는 치환을 모으면, 순서는 바뀌지만 같은 치환군이 나타나. 이게 갈루아가 치환군을 정의할 때 사용한 '최초 순열에 의존하지 않는다'는 말의 뜻이야(p. 368).

$\alpha_2\,\alpha_1\,\alpha_4\,\alpha_3$에서 $\alpha_1\,\alpha_2\,\alpha_3\,\alpha_4$를 만들어 내는 치환 → [2143]

$\alpha_2\,\alpha_1\,\alpha_4\,\alpha_3$에서 $\alpha_2\,\alpha_1\,\alpha_4\,\alpha_3$을 만들어 내는 치환 → [1234]

$\alpha_2\,\alpha_1\,\alpha_4\,\alpha_3$에서 $\alpha_3\,\alpha_4\,\alpha_1\,\alpha_2$를 만들어 내는 치환 → [4321]

$\alpha_2\,\alpha_1\,\alpha_4\,\alpha_3$에서 $\alpha_4\,\alpha_3\,\alpha_2\,\alpha_1$을 만들어 내는 치환 → [3412]

이렇게 근의 순열 모임을 치환군으로 간주한다면, 갈루아가 정리 2에서 'p개의 군으로 분할된다'고 썼던 마음도 잘 알 수 있어(p. 402). p개로 분할된 잉여류는 모두 치환군으로 볼 수 있으니까.

일반 이차방정식

"일반 이차방정식에서도 '체의 탑'과 '군의 탑'을 그릴 수 있어요?" 유리가 질문했다.

"물론." 미르카가 답했다. "작은 탑이지만 잉여군의 위수 2는 확실히 소수야."

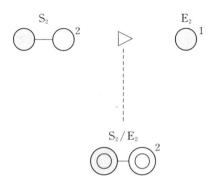

일반 이차방정식의 갈루아군 S_2의 분해 ($S_2 \triangleright E_2$)

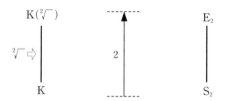

일반 이차방정식의 '체의 탑'과 '군의 탑'

"귀여운 탑이네요." 테트라가 말했다. "2층짜리예요."

"그럼 유리에게 **퀴즈**를 낼게." 미르카가 말했다. "여기서 추가한 $\sqrt[2]{\ }$ 란 구체적으로 뭘 말할까?"

"음……." 유리는 곰곰 생각했다. "아! 아까 말했죠! $\sqrt{}$ 판별식?"

"그거면 됐어. 일반 이차방정식의 해는 '계수체에 판별식의 제곱근을 추가한 체'에 속해."

$$\frac{-b \pm \sqrt{b^2-4ac}}{2a} \ \in \ \mathbb{Q}(a,b,c,\zeta_2,\sqrt{b^2-4ac})$$

"미르카 언니!" 유리가 흥분한 목소리로 외쳤다. "왠지 근의 공식이 지금까지 봤던 것과 다르게 보여요!"

"흐응?" 미르카가 반문했다.

"그게, 지금까지……."

이에이 분의 마이너스 비
플러스마이너스
루트 비 이제곱 마이너스 사 에이시

"이렇게 노래 부르듯이 암기했거든요. 하지만 근의 공식은 문자와 기호가 단순히 나열되어 있는 게 아니라 의미가 제대로 있는 거구나 하는 생각이 들었어요. 설명하기 어렵지만."

"유리는 근의 공식과 친구가 됐구나." 테트라가 말했다. "수학자가 보낸 '메시지'를 받은 거야!"

테트라의 말을 들은 유리는 기분이 좋은지 활짝 웃어 보였다.

오차방정식에는 근의 공식이 존재하지 않는다

"루피니와 아벨이 증명한 '오차방정식에는 근의 공식이 존재하지 않는다', 이걸 갈루아 이론으로도 설명할 수 있어." 미르카가 말을 이었다.

◆◆◆

'오차방정식에는 근의 공식이 존재하지 않는다'는 건 '일반 오차방정식의 갈루아군은 가해군이 아니다'라고 하면 돼. 일반 오차방정식의 갈루아군은 대칭군 S_5니까 아래 표에서 S_5의 정규부분군 열을 보자. 군에서의 정규부분군의 지수를 잘 알 수 있도록 ▷ 위에 수를 넣은 표가 이거야.* 군에서의 정규부분군의 지수가 소수일 때는 ②처럼 동그라미를 쳤어.

* 여기서는 p. 425의 C_3을 A_3으로 표현했다.

$$일반\ 이차방정식 \quad S_2 \overset{②}{\triangleright} E_2$$
$$일반\ 삼차방정식 \quad S_n \overset{②}{\triangleright} A_3 \overset{③}{\triangleright} E_3$$
$$일반\ 사차방정식 \quad S_4 \overset{②}{\triangleright} A_4 \overset{③}{\triangleright} H_4 \overset{②}{\triangleright} C_2 \overset{②}{\triangleright} E_4$$
$$일반\ 오차방정식 \quad S_5 \overset{②}{\triangleright} A_5 \overset{60}{\triangleright} E_5$$
$$일반\ 육차방정식 \quad S_6 \overset{②}{\triangleright} A_6 \overset{360}{\triangleright} E_6$$
$$일반\ 칠차방정식 \quad S_7 \overset{②}{\triangleright} A_7 \overset{2520}{\triangleright} E_7$$
$$일반\ 팔차방정식 \quad S_8 \overset{②}{\triangleright} A_8 \overset{20160}{\triangleright} E_8$$
$$\vdots$$

이 표처럼 일반 n차방정식의 갈루아군 S_n이 가해군이 되는 건 $n=2, 3, 4$ 일 때뿐이야. $n \geqq 5$에서 정규부분군은 이렇게 돼.

$$S_n \overset{②}{\triangleright} A_n \overset{\frac{n!}{2}}{\triangleright} E_n$$

$n \geqq 5$일 때, 군 A_n은 자신과 항등군 이외의 정규부분군을 갖지 않고, 위수는 소수가 아니야. 따라서 대칭군 S_n은 $n \geqq 5$에서 가해군이 되지 않아.

◆◆◆

"미르카 언니." 유리가 불렀다. "모르는 부분이 아주 많지만 재미있는 부분도 아주 많다는 사실은 알았어요! 하지만, 그래서 저기……."

"응?" 미르카가 유리를 쳐다보았다.

"그래서 저기…… 이제 슬슬 점심 먹는 게 어떨까요? 배가 고파서."

"성장기니까." 내가 말했다.

7. 여름의 막바지

갈루아 이론의 기본 정리

"이 셔벗 맛있다!" 유리가 말했다.

"카시스 소르베." 리사가 말했다.

여기는 나라비쿠라 도서관 3층에 있는 카페 레스토랑 옥시젠. 지금은 점심식사를 마치고 디저트 타임이다. 지쳐 있던 유리도 부활했다.

"'sorbet'은 프랑스어네요." 테트라가 대답했다. "영어로는 셔벗……. 아, 갈루아 씨에 맞춰서 메뉴도 프랑스 느낌으로?"

리사는 말없이 고개를 끄덕였다.

쇼콜라를 먹는 미르카에게 테트라가 물었다.

"그런데…… 결국 갈루아 이론이란 '체의 확대'와 '군의 축소'의 관계를 말하는 건가요?"

"맞아." 미르카가 답했다. "오늘날에는 '갈루아 이론의 기본 정리'라고 하지."

갈루아 이론의 기본 정리

K 위에서 중근을 갖지 않는 다항식 $f(x)$의 최소분해체는 L이다.

K 위의 방정식 $f(x)=0$의 갈루아군은 G이다.

사상 φ와 ψ를 아래와 같이 정의한다.

φ는 'L의 부분체 전체의 집합'에서 'G의 부분군 전체의 집합'으로 옮겨 가는 사상으로,

$$\varphi(M) = 'M의 원소를 불변하게 하는 G의 부분군'$$
$$= \{\sigma \in G \mid M의 \ 모든 \ 원소 \ a에 \ 대하여 \ \sigma(a)=a\}$$

라고 한다(M은 L의 부분체). 또한,

ψ는 'G의 부분군 전체의 집합'에서 'L의 부분체 전체의 집합'으로 옮겨 가는 사상으로,

$$\psi(H) = 'H \ 때문에 \ 불변인 \ L의 \ 부분체'$$
$$= \{a \in L \mid H의 \ 모든 \ 원소 \ \sigma에 \ 대해 \ \sigma(a)=a\}$$

라고 한다(H는 G의 부분군).

이때 φ와 ψ는 모두 전단사이며 서로의 역사상(逆寫像)이 된다.

즉, 아래 식이 성립한다.

$$\psi(\Phi(M))=M, \quad \Phi(\psi(H))=H$$

φ와 ψ에 따른 부분체와 부분군의 대응을 **갈루아 대응**이라고 한다.

"갈루아 대응은 '체의 탑'과 '군의 탑'이 정확히 나란히 서 있다는 걸 나타내." 미르카가 말했다. "그리고 갈루아 대응은 '군이 불변한 체'와 '체를 불변하게 만드는 군'과의 대응이라고도 할 수 있어."

'불변성에 주목하라. 불변하는 것에는 이름을 붙일 가치가 있다.'

"갈루아 씨는…… 천재 수학자네요." 테트라가 말했다.

"갈루아는 천재지." 미르카가 대답했다. "하지만 갈루아도 거인의 어깨 위

에 올라가 있는 것은 틀림없어. 가우스가 연구한 원분다항식, 라그랑주가 연구한 근의 치환과 라그랑주 분해식까지…… 갈루아는 선대의 수학자에게서 배웠으니까. 그런 뜻에서 갈루아와 리샤르 선생의 만남은 중요하지. 리샤르는 라그랑주의 수학을 배울 수 있도록 갈루아를 지도했어."

"그렇군요." 테트라가 고개를 끄덕였다.

미르카는 노래하듯 말했다.

추상화를 거쳐 발견은 이론이 되고
언어화를 거쳐 이론은 논문이 된다.

그 말을 받아 테트라도 말했다.

메타포를 얻어 발견은 이야기가 되고
멜로디를 얻어 이야기는 노래가 된다.

유리는 그런 둘을 지그시 바라보고 있었다.

"갈루아는 천재야." 미르카가 말을 이었다. "게다가 감사하게도 논문을 써 주었어. 갈루아는 자신의 발견을 후세의 우리에게 남겨 주었어. 갈루아는 논문을 몇 개 남겼고, 결투 전날 밤에는 친구 슈발리에게 편지를 썼어. 이 편지는 갈루아가 사망한 후에 출판되었지만 반향은 일으키지 못했지. 갈루아가 사망하고 14년이 지나서야 첫 번째 논문을 포함한 『갈루아 전집』이 리우빌 덕분에 겨우 출판되었어."

"14년이나!" 유리가 깜짝 놀라 말했다.

"그 후부터 조금씩 갈루아가 생각했던 것들이 수학자들에게 퍼졌지." 미르카가 설명했다. "조르당은 갈루아군을 계산한 서적 『치환과 방정식론』을 간행했어. 데데킨트는 갈루아 이론을 처음으로 대학에서 강의했어. 100년의 시간이 흐른 후에 아르틴은 방정식을 일단 제쳐 두고 『체의 자기동형군』으로 갈루아군을 다시 정의했어. 원래 갈루아군은 방정식의 가해성 문제에서 정의되었지만, 오늘날 방정식의 가해성 문제는 '대수방정식의 갈루아 이론'이라 불리며 갈루아 이론의 응용 중 하나로 분류돼. 추상화가 진행되면 응용 범위가 넓어져. 수학적 대상에 군의 구조를 넣어서 군론의 성과를 살리려는 건 자연스러운 접근이 되었고, 갈루아 이론은 수학자가 일반적으로 사용하는 준비 재료가 되었어. 갈루아 이론은 앤드루 와일스가 푼 페르마의 마지막 정리 증명과도 관련이 있어. 갈루아는 계속 이어졌던 방정식론에 마침표를 찍고 새로운 수학의 시작을 알렸어. 그건 괴델의 불완전성 정리처럼 새로운 수학 이론이 시작된 것과 비슷해."

"그렇구나." 나는 감탄했다.

"갈루아는 자신이 남긴 수학을 풀이할 수학자를 기대했고, 후세의 수학자들은 그 기대에 부응했어. 생각하는 사람, 전달하는 사람, 배우는 사람, 가르치는 사람, 널리 퍼뜨리는 사람. 다양한 사람들이 있기 때문에 수학이 성립하는 거야."

우리는 한참 동안 수학에 관여한 많은 사람들을 생각했다.

"그럼 수다도 이쯤 해서 그만할까?" 미르카가 물었다.

"네? 더 가르쳐 주세요!" 테트라가 아쉬움을 표했다.

"갈루아군에 대해 더 알려 주라웅." 유리가 말했다.

"테트라, 유리, 우리 생각해 보자." 미르카는 양팔을 크게 벌리며 말했다.

'책은 무엇을 위해 있는가?'

"군론이든, 갈루아 이론이든, 갈루아 위인전이든, 쉬운 것부터 어려운 것까지 많은 책들이 우리를 기다리고 있어. 이미 우리의 배움은 시작된 거야."

군과 체의 정의, 선형공간과 확대차원, 잉여군과 군지수, 체와 부분체, 군과 부분군, 군과 체의 대응, 체의 확대와 군의 축소, 정규확대와 정규부분군, 잉여류와 잉여군……

"더 읽자. 더 배우자. 책이 우리에게 손짓하고 있어."

미르카의 말을 듣고 우리 마음속에는 뜨거운 무언가가 끓어올랐다.

전시 둘러보기

오후가 되자 나라비쿠라 도서관의 갈루아 페스티벌을 찾은 일반 참가자들도 늘어났다. 여기저기 놓여 있는 의자나 탁자에서는 수학 이야기로 꽃을 피우고 있다.

유리와 함께 우리 그룹이 그린 대칭군 S_4의 케일리 그래프는 꽤나 인기 있었다. 그러고 보니 유리의 남자 친구인 '개'가 기획했던 각의 3등분 문제의 방에도 사람들이 모여 있었다. 실제로 자와 컴퍼스로 작도하는 코너에서는 어른이나 아이 할 것 없이 왁자지껄 떠들며 그림을 그리고 있었다.

"각의 3등분 문제는 오해받기 쉬워요." 유리는 방에 찾아온 사람에게 '각의 3등분 문제'를 해설하고 있었다. "'존재'와 '작도 가능'을 혼동하면 안 돼요."

그렇게 오후 시간은 눈 깜짝할 새에 흘러갔다.

밤의 옥시젠

나는 나라비쿠라 도서관의 3층 옥시젠에서 홀로 커피를 마시고 있었다.

두 세계.

이쪽 세계에서 저쪽 세계로…… 다른 세계로 연결하는 다리를 놓는다.

이쪽 세계에서 어려운 문제가 저쪽 세계에서 쉽게 풀릴 때가 있다.

수학은 그야말로 다른 세계 이야기인 것이다.

갈루아 이론은 그 이야기를 가장 아름다운 모습으로 우리에게 전해준다.

문득 정신이 들자……

밖은 어느새 캄캄해져 있었다.

미르카에게 등 떠밀려 참가한 갈루아 페스티벌.

갈루아의 첫 번째 논문을 마음껏 즐긴 축제도 이제 끝났다.

여름방학도 곧 끝이다.

마지막은 왜 오는 걸까?

갈루아.

갈루아는 진정한 문제와 맞서

열일곱 살에 논문을 썼다.

하지만 나는…….

나는 진정한 문제와 맞서고 있을까?

"아야!"

누군가가 갑자기 뒤에서 귀를 잡아당겼다.

돌아보자 미르카가 서 있었다.

"여기에 있었니?" 그녀는 옆에 앉았다. 시트러스 향.

"응." 나는 귀를 문지르며 대답했다.

"멍 때리고 있었어."

"흐응."

그녀는 내가 남긴 커피를 마셨다.

내 옆자리에 미르카가 있다.

미르카의 옆자리에 내가 있다……. 적어도 지금은.

"넌 그렇게 어두운 표정 짓는 게 취미니?" 미르카가 얼굴을 바짝 갖다 댔다.

"취미 아니야." 나도 모르게 몸을 뒤로 뺐다.

"항상 '하지만, 난'이라는 말로 엔딩이지." 미르카가 말했다.

"난 그냥…… '아무것도 못 한다'고 생각했던 것뿐인데."

"넌 갈루아가 아니야." 미르카가 작은 목소리로 말했다.

"천재도 아니고…… 아야!" 그녀의 팔꿈치에 찔렸다.

"넌 다른 누구도 아니야." 그녀는 작게 말했다. "넌 너야."

"아무것도 못 하더라도?" 내 목소리도 덩달아 작아졌다.

"넌 여기에 존재하잖아."

"하지만 존재만 한다는 거……." 나는 거기서 입을 닫았다.

'그는 스물한 살이 되지 못했어'

결투 전날 밤. 갈루아는 '시간이 없어'라고 외치면서 죽을힘을 다해 썼다. 미래의 수학자들에게 보내는 메시지를.

시간이 없어. 하지만, 난…….

시간이 없어. 그래서, 난…….

둘도 없이 소중한 것

두둥! 창밖에서 느닷없이 큰 소리가 났다.

대체 뭐야?

나와 미르카는 서둘러 3층에 있는 테라스로 나갔다.

평소에는 발코니에서 해변과 바다가 보인다. 하지만 지금은 어둡다.

다시 큰 소리와 함께 빛의 큰 고리가 밤하늘에 펼쳐졌다.

불꽃놀이다!

해변 쪽에서 들리는 함성과 박수.

다시 한번 불꽃이 터졌다. 이번에는 파랑, 하양, 빨강의 삼색이다.

순간적으로 뻗으며 펼쳐지는 빛이…… 이내 사라졌다.

"저렇게 큰 원을 그리는구나." 내가 말했다.

"실제로는 구(球)지만." 미르카가 답했다.

"아, 그런가……."

"다음 불꽃이 안 올라가네." 미르카는 밤하늘을 쳐다보았다.

나는 그녀의 옆모습을 쳐다보았다. 그리고 유리의 질문을 떠올렸다.

있잖아, 오빠에게 '둘도 없이 소중한 것'은 뭐야?

다른 것과 바꿀 수 없을 정도로 소중한 것은 무엇인가?

둘도 없이 소중한 것은…… 무엇인가?

"어딜 보니?" 그녀가 이쪽을 처다보았다.

나는 그녀를 보았다. 미르카도 나를 보았다.

……기나긴 침묵.

"아, 이제 여름도 다 갔네." 나는 침묵을 견디지 못한다.

"모든 것은 언젠가 끝나." 미르카가 말했다.

"하지만……." 미르카는 손가락을 흔들었다.

1 1 2 3…

"하지만?"

나는 그녀의 피보나치 사인에 오른손을 펼쳐 대답했다.

…5

"하지만…… 그게 새로운 시작이 될 거야."

그렇게 말하며 그녀는 나를 바라보았다.

그 어떤 것과도 바꿀 수 없는 소중한…… 둘도 없는 그 미소로.

여기서 휘갈겨 쓴, 알기 힘든 사연을 모두 풀어내며
그것들을 더 발전시켜 줄 사람이 나타나기를 기대합니다.
_갈루아

"숨어 있어도 소용없어."

수업이 끝난 텅 빈 교실에 말을 걸었다.

전시물 뒤에서 남녀 몇몇 학생들이 모습을 나타냈다.

"선생님, 조금만 더요!"

리더인 소녀가 소리를 높였다.

"시간 다 됐어. 하교 시간은 진작에 지났어."

"한 시간만 더!"

끈질기게 매달리는 소녀.

그녀의 뒤에서 멤버들도 하소연을 했다.

"연장해 주세요."

"준비할 시간이 오늘밖에 없어요."

"내일 써야 해요."

"흠, 준비는 끝난 것처럼 보이는데?"

교실을 빙글 둘러보았다.

내일 축제를 위한 전시 포스터나 오브제가 설치되어 있었다.

"마무리가 남았어요."

소녀가 대답했다.

"조금만 더 하면 완성이에요."

"진짜 조금만 하면 되는데."

"시간이 없어요."

"이번 수학 동호회 발표 주제는 갈루아 이론인가?"

"네, 역대 최고의 전시로 만들 거예요!"

소녀는 가슴을 활짝 폈다.

"흠, 역대 최고의 전시 말……. 그럼 리더에게 설명을 들어 볼까?"

"뭐든지 설명할게요."

소녀는 자신만만하게 말했다.

"앗싸. 지금만 잘 넘기면 연장이야."

"이 식은 뭐야?"

그렇게 말하며 전시 포스터 중 하나를 가리켰다.

$$\cos\frac{2\pi}{17} = -\frac{1}{16} + \frac{1}{16}\sqrt{17} + \frac{1}{16}\sqrt{2(17-\sqrt{17})}$$
$$+ \frac{2}{16}\sqrt{17+3\sqrt{17}-\sqrt{2(17-\sqrt{17})}-\sqrt{2(17+\sqrt{17})}}$$

"이건 정17각형이 자와 컴퍼스로 작도 가능하다는 사실을 나타낸 식이에요." 소녀는 바로 답했다. "우변에서 사용되는 연산은 사칙연산과 $\sqrt{}$ 뿐이라서 자와 컴퍼스로 작도 가능. 가우스는 이 작도법을 발견하면서 수학에 대한 진로를 결심했죠. 1796년 3월 30일, 가우스가 열여덟 살 되던 봄이었어요. 이 식은 우리의 나이와 연관 지어 16과 17에 포커스를 맞춰 썼어요."

"흠, 정17각형이 작도 가능한 건 17이 소수이기 때문인가?"

"아니에요." 소녀가 답했다. "정17각형이 작도 가능한 이유는……."

$$17 = 2^{2^2} + 1$$

"이런 형태를 띤 소수이기 때문이죠."

"오호."

"정n각형이 작도 가능한 것은 n이 이런 형태가 되는 것이 필요충분조건."

$$n = 2^r p_1 p_2 p_3 \cdots p_s$$

"r은 0 이상의 정수이고 $p_1, p_2, p_3, \cdots, p_s$는 상이한 0개 이상의 페르마 소수. 페르마 소수란 m을 0 이상의 정수로 했을 때 다음 형태를 띤 소수를 말하죠."

$$2^{2^m} + 1$$

"오호. 그럼 이쪽 정12면체는 뭐야?"

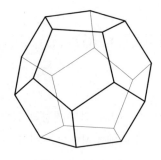

"정12면체를 놓는 방법은 다 해서 60가지." 소녀는 교실 중앙에 전시되어 있는 정12면체의 오브제를 손에 들고 빙글빙글 돌리며 대답했다. "밑면을 고르는 방법이 12가지 있고, 각각 밑면의 방향이 5가지 있으니까 $12 \times 5 = 60$가지죠. 순환군을 의식해서 세면……."

- **처음에 놓는 방법이 <u>1가지</u>.**
- **마주 보는 면의 중심을 지나는 회전축이 6개 있다.**

그 주변을 회전시켜 놓는 방법은 5가지 있지만,

그중 1가지는 처음에 놓는 방법이기 때문에 나머지는 4가지.

회전축 6개로 각각 놓는 방법이 4가지씩 있으므로

$6 \times 4 = 24$가지.

- 마주 보는 꼭짓점을 지나는 회전축이 10개 있다.

그 주변을 회전시켜 놓는 방법은 3가지 있지만,

그중 1가지는 처음에 놓는 방법이기 때문에 나머지는 2가지.

회전축 10개로 각각 놓는 방법이 2가지씩 있으므로

$10 \times 2 = 20$가지.

- 마주 보는 두 변의 중심을 지나는 회전축이 15개 있다.

그 주변을 회전시켜 놓는 방법은 2가지 있지만,

그중 1가지는 처음에 놓는 방법이기 때문에 나머지는 1가지.

회전축 15개로 각각 놓는 방법이 1가지씩 있으므로

$15 \times 1 = 15$가지.

"총 $1 + 24 + 20 + 15 = 60$가지예요."

"흠, 갈루아 이론과 무슨 관계가 있지?"

"정12면체를 놓는 방법에 관한 군…… 정12면체군은 교대군 A_5와 동형이에요." 소녀가 대답했다. "교대군 A_5는 5차 대칭군 S_5의 정규부분군이고, 짝수 개의 교환으로 생성된 치환군. 정12면체를 놓는 방법 60가지는 A_5의 60개의 원소에 대응. A_5의 정규부분군은 자신과 항등군밖에 없으니까 A_5에는 소수 위수의 잉여군을 만들 수 있는 정규부분군은 존재하지 않는다. 즉, A_5는 가해군이 아니다. 그 사실과 갈루아 이론을 사용해서 오차방정식의 근의 공식이 존재하지 않는다는 것을 증명할 수 있다. 우리 수학 동호회에서 이 정도는 식은 죽 먹기죠, 선생님."

"질러 버렸네."

"리더 너무 도발하는데."

"끝났다."

"오호. 그럼 이쪽 축구공을 설명해 볼래?"

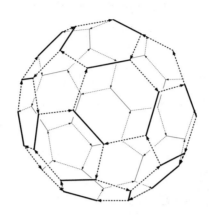

"이것도 교대군 A_5의 형태 중 하나. 케일리 그래프예요!" 소녀는 기분이 좋은 듯 말했다. "축구공의 꼭짓점 60개는 A_5의 60개 원소에 대응. 실선은 2차 순환군을 생성하는 원소의 작용에 대응하고, 점선으로 된 화살표는 5차 순환군을 생성하는 원소의 작용에 대응. 실선과 점선, 2개의 원소로 교대군 A_5를 생성할 수 있어요."

"흠……."

"선생님, 어때요?" 소녀가 자신만만하게 물었다.

"좋아, 특별히 연장하도록 하자. 한 시간 후에 교무실로 보고하러 오도록."

"성공했네."

"선생님 남자답네."

"빨리 준비하자."

"역시 리더야."

멤버 전원이 손뼉을 치며 작업을 다시 시작했다.

◆◆◆

정확히 한 시간 후에 소녀가 교무실로 찾아왔다.

"선생님, 시간 연장 해 주셔서 살았어요! 무사히 준비 끝!"

"벌써 어두워졌는데 집에 갈 때 괜찮겠니?"

"괜찮아요. 다 같이 갈 거니까."

"수학 동호회 애들은 다들 사이가 좋네."

"유쾌한 친구들이죠. 왜 그러세요?"

"아니, 옛날 생각이 나서."

"선생님도 부 활동이나 동호회 하셨어요?" 소녀가 물었다.

"학교가 끝나고 도서실에서. 다 같이 수학을 공부했지."

"선생님! 그거 전에 봤던 사진 속 여성분이랑?"

"잘도 기억하네. 아까 설명 재미있었어."

"그래요?"

"더 연구해서 더 재미있는 이야기를 들려 줘."

"선생님이 학생 같네요." 소녀는 크흐흐 하고 웃었다.

"그래, 역할 교환이네."

"역할 교환?"

"선생님과 학생 역할은 가끔 '뒤집기' 하고 뒤집기하니까."

"뒤집기?"

"자, 다들 기다리지 않니?"

"아, 그랬지! 그럼 선생님, 내일 발표도 보러 오세요!"

소녀는 손가락을 팔랑팔랑 흔들며 갔다.

나는 생각에 잠겼다.

마지막 날 밤.

그는 홀로 메시지를 적고 있었다.

그리고 지금…….

수학을 사랑하는 수많은 동료가 그의 메시지를 통해 이어져 있다.

젊은 나이에 새로운 수학을 만들어 낸 그.

젊은 나이에 세상을 떠난 그.

그를…….

나는, 결코 잊지 못한다.
우리는, 결코 잊지 못한다.

나의 운명은 조국이 나의 이름을 기억할 만큼
길게 살아갈 것을 허락해 주지 않았으므로
당신들이 부디 나를 기억해 주시오.
나는 당신들의 친구로 사라질 테니…….
_갈루아

혼란스럽게 울면 남과 슬픔을 나눌 수 없다.
남의 슬픔을 제대로 느끼며 살 수 없기 때문이다.
인간은 슬픔 속에서 기쁨을 찾을 수 없지만
슬픔을 다스릴 수는 있다.
슬픔 속에서 슬픔을 구제하려는 노력,
그것이 다름 아닌 노래다.
_고바야시 히데오, 『말』

『미르카, 수학에 빠지다』 제5권을 세상에 내보냅니다.

이번 편의 등장인물은 나, 미르카, 테트라, 사촌동생 유리, 그리고 리사입니다. 다섯 명을 중심으로 늘 그렇듯 수학과 청춘 이야기가 펼쳐집니다. 이번 편에는 피아노 소녀 예예도 잠깐 등장합니다.

이 책에서 가장 고민했던 것은 10장의 구성이었습니다. 미르카는 갈루아의 첫 번째 논문을 소개하면서 갈루아가 논문에서 생략했던 것까지 보충하는 증명을 시도했지요. 하지만 거기까지 발을 들이면 분량이 늘어나고 난이도도 높아지게 마련입니다. 그래서 첫 번째 논문의 주장을 압축하는 데 많은 시간을 들였습니다. 그렇게 해서 갈루아 페스티벌을 둘러보며 갈루아의 첫 번째 논문을 따라가는 이야기가 완성되었습니다.

이 책에 대한 독자들의 반응이 궁금합니다. 이 책이 다루는 잉여군, 확대체, 군지수, 확대차수, 정규부분군, 정규확대, 가해군, 그리고 갈루아 대응을 여러분들이 보다 깊이 이해할 수 있다면 기쁠 것입니다. 갈루아 이론에 대해 더 자세히 알고 싶은 분은 관련 서적을 읽어 보시기를 권해 드립니다.

마지막까지 이 책을 읽어 주신 독자 여러분들께 감사드립니다. 언제 어딘가에서 다시 만나길 기원합니다.

유키 히로시

수학 걸 웹사이트 www.hyuki.com/girl

입학식이 끝나고 교실로 가는 시간이다. 나는 놀림감이 될 만한 자기소개를 하고 싶지 않아 학교 뒤쪽 벚나무길로 들어선다. "제가 좋아하는 과목은 수학입니다. 취미는 수식 전개입니다."라고 소개할 수는 없지 않은가? 거기서 '나'는 미르카를 만난다. 이 책의 주요 흐름은 나와 미르카가 무라키 선생님이 내주는 카드를 둘러싸고 벌이는 추리다.

무라키 선생님이 주는 카드에는 식이 하나 있다. 그 식을 출발점으로 삼아 문제를 만들고 자유롭게 생각해 보는 일은 막막함에서 출발한다. 학교가 끝나고 도서관에서, 모두가 잠든 밤에는 집에서, 그 식을 찬찬히 뜯어보고 이리저리 돌려보고 꼼꼼히 따져 보다가 아주 조그만 틈을 발견한다. 그 틈을 비집고 들어가 카드에 적힌 식의 의미를 파악하고 정체를 벗겨 내는 일, 위엄을 갖고 향기를 발산하며 감동적일 정도로 단순하게 만드는 일. 그 추리를 완성하는 것이 '나'와 미르카가 하는 일이다. 카드에는 나열된 수의 특성을 찾거나 홀짝을 이용해서 수의 성질을 추측하는 나름 쉬운 것이 담긴 때도 있지만 대수적 구조인 군, 환, 체의 발견으로 이끄는 것이나 페르마의 정리의 증명으로 이끄는 묵직한 것도 있다.

빼어난 실력을 갖춘 미르카가 간결하고 아름다운 사고의 전개를 보여 준다면 후배인 테트라와 중학생인 유리는 수학을 어려워하는 독자를 대변하는 등장인물이다. 테트라와 유리가 깨닫는 과정을 따라가다 보면 '아하!' 하며 무릎을 치게 된다. 그동안 의미를 명확하게 알지 못한 채 흘려보냈던 식의 의미가 명료해지는 순간이다. 망원경의 초점 조절 장치를 돌리다가 초점이 딱 맞게 되는 순간과 같은 쾌감이 온다. 그래서 이 책은 수학을 좋아하고 즐기는 사람에게도 권하지만, 수학을 어려워했던, 수학이라면 고개를 절레절레 흔들었던 사람에게도 권하고 싶다. 누구에게나 '수학이 이런 거였어?' 하는 기억이 한 번쯤은 있어도 좋지 않은가? 더구나 10년도 더 전에 한 권만 소개되었던 책이 6권 전권으로 출간된다니 천천히 아껴 가면서 즐겨보기를 권한다.

남호영

미르카, 수학에 빠지다 ⑤
사랑과 갈루아 이론

초판 1쇄 인쇄일 2022년 7월 29일
초판 1쇄 발행일 2022년 8월 8일

지은이   유키 히로시
옮긴이   김소영
펴낸이   강병철

펴낸곳   이지북
출판등록   1997년 11월 15일 제105-09-06199호
주소   04047 서울시 마포구 양화로6길 49
전화   편집부 (02)324-2347, 경영지원부 (02)325-6047
팩스   편집부 (02)324-2348, 경영지원부 (02)2648-1311
이메일   ezbook@jamobook.com

ISBN 978-89-5707-249-3 (04410)
     978-89-5707-224-0 (세트)

• 잘못된 책은 교환해 드립니다.